Sergey Kazakov

Projekt przęseł kratowych mostu kolejowego

Sergey Kazakov

Projekt przęseł kratowych mostu kolejowego

Wydawnictwo Bezkresy Wiedzy

Imprint
Any brand names and product names mentioned in this book are subject to trademark, brand or patent protection and are trademarks or registered trademarks of their respective holders. The use of brand names, product names, common names, trade names, product descriptions etc. even without a particular marking in this work is in no way to be construed to mean that such names may be regarded as unrestricted in respect of trademark and brand protection legislation and could thus be used by anyone.

Cover image: www.ingimage.com

Publisher:
Wydawnictwo Bezkresy Wiedzy
is a trademark of
International Book Market Service Ltd., member of OmniScriptum Publishing Group
17 Meldrum Street, Beau Bassin 71504, Mauritius

Printed at: see last page
ISBN: 978-620-0-54327-1

Drogi czytelniku,

książka, którą posiadasz, została pierwotnie wydana pod tytułem
"Проектирование решетчатых пролетных строений железнодорожных мостов",
ISBN 978-613-9-45501-0.

Jego publikacja w języku polskim jest możliwa dzięki zastosowaniu najbardziej zaawansowanej sztucznej inteligencji dla języków.

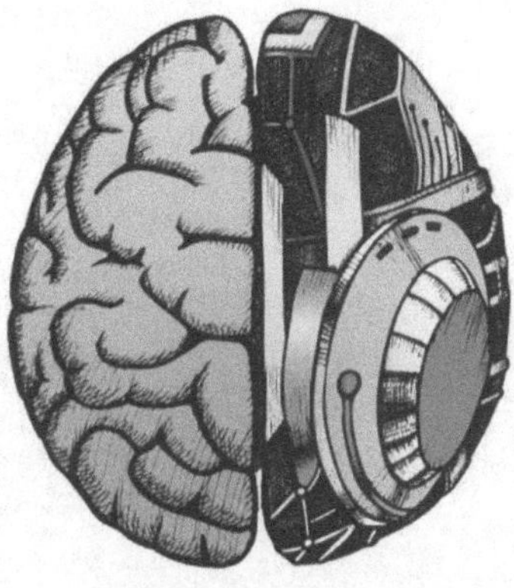

Technologia ta, uhonorowana pierwszą w historii Honorową Nagrodą Sztucznej Inteligencji w Berlinie we wrześniu 2019 r., naśladuje sposób działania ludzkiego mózgu, dzięki czemu jest w stanie uchwycić i przetłumaczyć nawet najmniejsze niuanse w bezprecedensowy sposób.

Mamy nadzieję, że znajdą Państwo wiele satysfakcji z tej książki i uprzejmie prosimy o uwzględnienie wszelkich rozbieżności językowych, które mogłyby wyniknąć z tego procesu.

Miłego czytania!

IMPRINT NAME

Sergiej Kazakow

Projektowanie przęsła kratowe mosty kolejowe

Jest dedykowany mojej żonie.

Kazakowa Nina Siemionowna

Z wdzięcznością za twoją pomoc w

praca projektowa

Spis treści

WPROWADZENIE

Mosty kolejowe kratowe są budowane w Rosji od ponad stu lat. W tym okresie zwiększyły się obciążenia właściwe dla taboru kolejowego. Tak więc na początku XX wieku wagon kolejowy towarowy był dwuosiowym wagonem o nośności 20 ton, biorąc pod uwagę jego własną wagę, każda z jego osi miała ładunek 12-13 ton. W połowie lat 50-tych obciążenie na oś wagonu lub lokomotywy wynosiło już do 19 ton, jak nawet ówczesna marka lokomotywy elektrycznej: - VL19 (19 ton na oś). W latach 70. XX wieku obciążenia wzrosły do 23 ton na oś lokomotywy: są to lokomotywy elektryczne ZSRR - H8, PL23 - 23 tony na oś lokomotywy. Na początku XXI wieku głównym typem wagonu towarowego jest czteroosiowy wagon o pojemności do 70 ton z pustym opakowaniem wagonowym do 24 ton, co stanowi średnie obciążenie osi wagonu - 23,5 tony.

Prędkość pociągu wzrosła z 40-60 km/hour w czasie Wielkiej Wojny Ojczyźnianej do obecnie dopuszczalnej prędkości pociągu ekspresowego pasażerskiego do 140 km/hour. I ten proces przyspieszania trwa nadal - obecnie projektowane są szybkie autostrady Moskwa - Niżny Nowogród, Moskwa - Mineralnyje Vody (kierunek kaukaski) z prędkością 200 km/h i więcej. Takie prędkości prowadzą do znacznego wzrostu obciążeń dynamicznych określonych w normach projektowych o współczynniku dynamicznym $1+ \mu \geq 1,3$, tzn. obciążenie wzrasta o 30 % lub więcej w porównaniu ze statycznym sposobem obciążenia.

Podstawowy metal wymieniony w określonym okresie budowy i eksploatacji mostu. Nadal jest to stal jako najlepszy materiał budowlany do budowy mostów. Prawidłowo dobrany (zaprojektowany) przekrój poprzeczny stalowego pręta lub belki mostowej zapewnia zarówno określoną nośność w warunkach wytrzymałościowych, jak i niezbędną sztywność konstrukcji - odkształcenia sprężyste konstrukcji nie przekroczą maksymalnych dopuszczalnych wartości. Jeśli jednak na początku XX wieku do budowy mostów stosowano stal w pobliżu St3sp, a później stal mostową M16S - to była to stal o niskiej wytrzymałości, a nie o wysokiej odporności na zimno, ale ten poziom odporności na zimno był wystarczający do budowy mostów w europejskiej części Rosji i w strefie Kolei Transsyberyjskiej. Obecnie przy eksploatacji złóż ropy naftowej i gazu ziemnego poza kołem podbiegunowym na Półwyspie Jamalskim, gdzie zimą temperatury spadają do minus 50 °C i poniżej, udarność stali St3sp i M16C przy takich temperaturach staje się poniżej minimalnego wymaganego poziomu KCU ≥ 30 j/cm2. Ten poziom KCU zapewniają niskostopowe stale mostowe 15XСНД i 10XСНД, a przy T≤ -60 °C stal 10XСНД. Przy dużych grubościach δ ≥ 20 mm, stale te są już w ograniczonym stopniu nadające się do spawania, co komplikuje proces spawania i wymaga dokładniejszej kontroli połączeń spawanych pod kątem ewentualnych pęknięć na zimno, które zdecydowanie nie mogą być dopuszczone w gotowych konstrukcjach mostowych.

Wszystkie powyższe właściwości metali nieszlachetnych i połączeń spawanych, warunki pracy mostu powinny być brane pod uwagę w nowoczesnych metodach projektowania.

Metoda projektowania nowoczesnych mostów w Rosji jest sformułowana w normach i przepisach budowlanych "SNiP 2.05.03-84 Mosty i rury". Ten dokument normatywny został opracowany w 1984 roku, a ostatnia zaktualizowana wersja "SNiP 2.05.03-84 Mosty i rury" została zatwierdzona w 2011 roku.

Osobliwością obliczeń na etapie projektowania mostu jest metoda wyznaczania sił w prętach konstrukcji przęsłowej pod obciążeniem ruchomym. Określony SNiP przewiduje wykorzystanie linii wpływu jako wykresów zmian siły w analizowanym pręcie rolnym w zależności od położenia pojedynczego ładunku poruszającego się po jezdni mostu. Takie linie wpływu muszą być zbudowane jak najwięcej prętów w konstrukcji całego mostu. A jeżeli na przykład pręt pasowy kratownicy głównej jest włączony do pracy zarówno kratownicy głównej pionowej, jak i odpowiedniej kratownicy komunikacyjnej, to dla takiego pręta należy zbudować dwie linie oddziaływania, a przy określaniu całkowitej siły w tym pręcie należy prawidłowo uwzględnić jego siły w obu płaszczyznach. (Zasady obliczeń za pomocą linii oddziaływania podane są w SNiP 2.05.03-84 Załącznik K (obowiązkowy) *Normatywne tymczasowe obciążenie pionowe SC z taboru kolejowego oraz zasady obciążania przez niego linii oddziaływania*). Zasady te przewidują równomierne rozłożenie obciążenia równoważnego w celu obliczenia siły w pręcie poprzez obliczenie powierzchni jego linii oddziaływania. Kształt linii wpływu jest często albo zakrzywiony, albo składa się z oddzielnych odcinków o wspólnej linii łamanej. Policzenie powierzchni linii wpływu w tym przypadku będzie przybliżone, więc maksymalna siła znajdująca się w wędzisku również będzie przybliżona. Metoda ta utrudnia automatyzację projektowania mostów kratowych, gdzie liczba prętów jest mierzona w setkach i może przekroczyć tysiąc prętów.

Ta wada jest pozbawiona metody obliczania systemów rdzeniowych metodą elementów skończonych. Metoda elementów skończonych (MES) dla systemów prętowych jest z definicji metodą dokładną. Metoda pozwala opisać geometrię farmy przestrzennej jako jednolity układ 3D, obciążyć ją siłami zewnętrznymi we wszystkich kierunkach zadanej przestrzeni 3D, określić mocowania (podpory) we wszystkich kierunkach oraz przeprowadzić obliczenia sił w rdzeniach, wielkości podstawowych reakcji i przemieszczeń każdego punktu węzłowego w dowolnej kombinacji obciążeń przyłożonych do farmy przestrzennej w jej węzłach.

Oferowana książka zawiera zarówno klasyczne obliczenia na liniach wpływu, jak i obliczenia sił w rdzeniach, podstawowych reakcji i przemieszczeń punktów węzłowych na metodzie elementów końcowych z wykorzystaniem programu 3D FERM.

Rozdział 1: Mosty. INFORMACJE OGÓLNE

Mosty są konstrukcjami umożliwiającymi kontynuację drogi przez przeszkodę.

Mosty dzielą się na wiadukty (przez drogi), wiadukty (przez wąwozy i jary) oraz same mosty (przez przeszkody wodne). Mosty posiadają również wiadukty - podnoszące podłoże pod rozładunek materiałów sypkich i innych celów. Wiadukty składają się z szeregu podpór i konstrukcji przęsłowej.

Mosty dzielą się na mosty kolejowe, drogowe, miejskie, piesze i kombinowane do celów zaopatrzenia w wodę - akwedukty, do przesyłu gazu - i produktów naftowych itp.

Zgodnie z podstawowym materiałem, mosty dzielą się na drewniane, kamienne, żelbetowe i metalowe.

Mosty należą do klasy obiektów inżynierskich o najbardziej odpowiedzialnym przeznaczeniu. Podlegają one szczególnym wymaganiom w zakresie wytrzymałości, niezawodności i trwałości.

Główne części mostu to konstrukcja przęsła i podpory (Rysunek 1). W konstrukcji przęsła znajduje się jezdnia do transportu, korytarze dla pieszych, rurociągi itp. W przypadku mostów z wjazdem poniżej jezdni, jezdnia znajduje się poniżej głównych konstrukcji nośnych konstrukcji przęsła (rysunki 1, 2, *d*). Przy mostach z przejazdem nad jezdnią znajduje się nad głównymi konstrukcjami nośnymi (Rysunek 2 *a, b, c*).

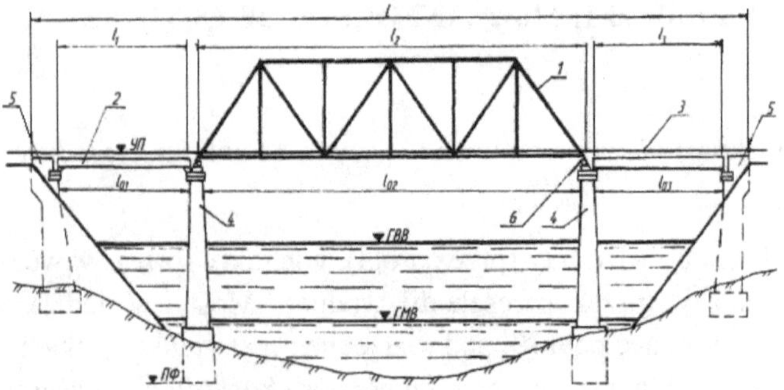

1 - *rozpiętość rzeczna*; 2 - *rozpiętość* brzegowa; 3 - koryto mostu; 4 - byki; 5 - *fundamenty;* 6 - podpory rozpiętości rzecznej; UP - *poziom koryta* mostu; GWV i GWV - *poziom* wód wysokich i śródmiąższowych (odpowiednio); PF - poziom podeszwy fundamentów byka.

Rysunek 1 - Główne części mostu

Główne wymiary mostu (Rysunek 1): pełna długość L; obliczone rozpiętości *l1, l2, l3,* mierzone pomiędzy środkami podpór konstrukcji przęsłowych, rozpiętości w świetle pomiędzy podporami *l01, l02, l03*; wysokość i szerokość rozpiętości w świetle, odpowiadające wymiarom zbliżającego się transportu kolejowego (Rysunek 23), pełne wymiary konstrukcji przęsłowych. Położenie obiektów mostowych w stosunku do poziomu konwencjonalnego (poziom zerowy) określają oznaczenia poziomu przejścia (oznaczenia DH), poziomy wód śródmiąższowych (niskich) (GMW), wód wysokich (HWW), piwnice fundamentów podporowych (PF).

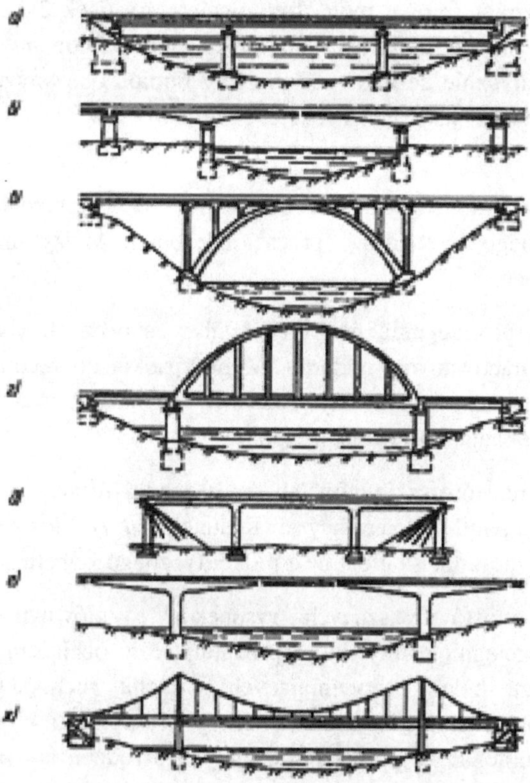

a - z belką nierozłączną; *b* - konsola belki; *c* - łukowa bez dokręcania; *d* - łączona (konstrukcja przęsła rzecznego - łuk z dokręcaniem; nadbrzeżna - belki szczelinowe); *e* - rama; *f* - rama-zwieszka; *g* - *zawieszka* (wisząca)

Rysunek 2 - Systemy mostowe

Szerokość jezdni konstrukcji przęsła mostowego w świetle pod jednym torem kolejowym w Rosji powinna wynosić co najmniej 4,9 m.

Zgodnie z systemem głównych konstrukcji nośnych mosty dzielą się na belkowe, łukowe, ramowe, wiszące (podwieszane), linowe i zespolone (Rysunek 2). Specjalna grupa mostów obejmuje mosty składane, podnoszone i pontonowe.

Mosty belkowe posiadają konstrukcje rozporowe z konstrukcjami nośnymi w postaci kratownic przelotowych lub belek z litą ścianą (Rysunek 1).

Konstrukcje rozpiętościowe mogą być niecięte (rysunek 2a) lub dzielone, tzn. składają się z pojedynczych belek lub kratownic pracujących niezależnie. Statycznie definiowane systemy ramion obrotowych mogą być również stosowane jako konstrukcje przęsłowe dla tego typu mostów (Rysunek 2 *b*).

Mosty łukowe są bardziej ekonomiczne pod względem materiału wykorzystywanego do budowy przęseł niż belki. Mosty łukowe nie są jednak dokręcone.

(rys. 2 *c*), do postrzegania poziomych sił rozstawczych wymagana jest konstrukcja opracowanych podpór. W przypadku dokręconych mostów łukowych (Rysunek 2 *d*), siły rozstawu są absorbowane przez siłę dokręcania i nie mają wpływu na podpory.

W przypadku mostów szkieletowych, belki jezdni (dźwigary) są sztywno połączone ze słupami podpierającymi (Rysunek 2 *d, f*). Mosty o konstrukcji szkieletowej wznoszone są głównie z monolitycznego żelbetu.

W przypadku mostów wiszących (rysunek 2 *g*) głównymi elementami nośnymi są rozciągnięte liny, które przejmują całe obciążenie z własnego ciężaru, ciężaru belek usztywniających i ruchu ruchomego. Liny są prowadzone przez słupy w kształcie litery U (pylony) i mocowane na końcach w "podłożu" za pomocą specjalnych urządzeń kotwiących. Belki lub kratownice jezdni są przymocowane do lin za pomocą wieszaków. Nowoczesne mosty podwieszane pozwalają na pokonywanie olbrzymich rozpiętości do 3000 m bez podpór pośrednich. Główną wadą mostów podwieszanych jest ich niewystarczająca sztywność i stabilność, a co za tym idzie, ich wrażliwość na wiatr. Z tych powodów są one używane tylko jako mosty drogowe.

Rozdział 2: Z historii budownictwa

1 Mosty na przestrzeni czasu

Według dostępnych informacji, jednym z pierwszych stałych mostów był Most Sublitcjusza, wybudowany w Starożytnym Rzymie w VI wieku p.n.e. przez rzekę Tyber. Była to drewniana konstrukcja na podporach-stopach, przeznaczona zarówno dla ruchu pieszego, jak i pojazdów o większym natężeniu ruchu. Najprawdopodobniej podobne mosty były budowane w dawnych czasach. Podbijając i rozwijając nowe terytoria, Rzymianie nadawali priorytet i stałą uwagę budowie dróg, budując jednocześnie mosty nad przeszkodami wodnymi. W czasie, gdy starożytny Rzym osiągnął szczyty swojej potęgi (I wiek p.n.e. - I wiek n.e.), jego granice rozciągały się od Zakaukazia do Oceanu Atlantyckiego i od Wysp Brytyjskich do Morza Śródziemnego, łącznie z prowincjami Azji Mniejszej i terytoriami dzisiejszej Turcji i Iraku. Cała ta przestrzeń została pokryta siecią dróg, a długość dróg o twardej nawierzchni wynosiła 75 tys. km. Wiele mostów (drewnianych i kamiennych) zostało wybudowanych na wszystkich większych rzekach, w tym na Renie i Dunaju. Zachowały się zdjęcia i opis mostu na rzece Dunaj (Most Trajana, I wiek n.e.). Nawet według nowoczesnych pomysłów, była to imponująco duża konstrukcja inżynierska. Most łukowy miał 21 przęseł po 36 m każdy (rysunek 3).

Rysunek 3 - Most Trajana na rzece Dunaj

Mosty belkowe pojawiły się jako pierwsze. Przecież najprostszą belką *jest* kłoda rzucona przez potok. Tu jest mostek. Jeśli bal nie jest wystarczająco długi, można wbić fundamenty drewniane lub kamienne w dno i połączyć je z belkami z bali. Następnie most belkowy staje się mostem wieloprzęsłowym.

Pierwszy znany historykom drewniany most belkowy o kamiennych fundamentach został zbudowany w Babilonie za czasów króla Nabuchodonozora II (605-562 p.n.e.) nad rzeką Eufrat, rzeką przepływającą przez twierdzę. Most łączył dwie części twierdzy i znajdował się w pobliżu Wieży Babel i słynnych wiszących ogrodów Semiramidy. Jezdnia mostu była wyłożona drewnianymi deskami z cedru.

Przed pojawieniem się nowoczesnych technologii i materiałów inżynieryjnych, przy tworzeniu długich mostów, kamienne belki były układane w dużych ilościach na podporach położonych blisko siebie. Przykładem takiego mostu z kamiennymi belkami (kratami) jest most Luoyang w Kwangzhou, w Chinach, zbudowany w 1060 roku. Most istnieje obecnie i ma ponad jeden kilometr długości (Rysunek 4).

Rysunek 4 - Most belkowy w Chinach z belkami granitowymi i podporami kamiennymi

Ogromne płyty granitowe Mostu Luoyang układane są na kamiennych podporach. Przy długości monolitycznych belek kamiennych 20 metrów i wystarczającej grubości, waga każdej z nich wynosi co najmniej 200 ton. Aby stworzyć niezbędną szerokość jezdni, równolegle ułożono 8 masywnych belek, co jest wyraźnie widoczne na zdjęciu wykonanym dzisiaj.

Most dźwigarowy wykonany z długiego kamienia wymaga dużej liczby podpór, które utrudniają żeglugę i przepływ wody, a w starożytności przechodziły od mostów dźwigarowych do łukowych.

Most łukowy zbudowany w latach 595 - 605 zachował się w Chinach do dziś. Most Jiaozhou w prowincji Hebei *jest* najstarszym kamiennym mostem w kształcie łuku na świecie (rysunek 5). Dodatni łuk segmentowy i antrwolt przelotowy zmniejszyły obciążenie statyczne konstrukcji, a w konsekwencji ilość kamienia użytego do budowy. Połączenie wapienia i związków metali, takich jak jaskółczy ogon, było również nietypowym rozwiązaniem na tamte czasy. Całkowita długość mostu wynosi 50 metrów, rozpiętość 37 metrów, szerokość mostu 9 metrów.

Rysunek 5 - Most łukowy Jiaozhou w prowincji Hebei (Chiny) wykonany z kamienia z metalowymi łącznikami na jaskółczy ogon (zbudowany w VI wieku n.e.)

Mosty łukowe z kamienia i cegły zostały zbudowane w czasach starożytnych zarówno w Chinach, jak i w Cesarstwie Rzymskim, łącząc w jedną sieć dróg i rozległe obszary od Atlantyku po Turcję i Iran.

W Iranie w XVII wieku zbudowano 33 z cegieł spalonych w piecu - łukowy most Siose Paul (w Persji), jeden z najstarszych i najdłuższych mostów ceglanych na świecie (Rysunek 6). Zbudowany nad rzeką Zayande w mieście Isfahan, ten 295-metrowy most składa się z centralnego, utwardzonego odcinka przeznaczonego do ruchu drogowego i zadaszonego odcinka dla pieszych podzielonego 66 łukami (łuki są ułożone pionowo w dwóch rzędach).

Rysunek 6 - cegła 33 - most łukowy o długości 295 metrów przez rzekę Zayanda w Isfahanie (XVII wiek).

W średniowieczu nie było znaczącego postępu w budowie mostów, ponieważ główny transport lądowy i towarowy pozostawał gęsty, mosty były budowane na wzór antyczny - drewniany i kamienny. W krajach północnych, w tym w Rosji, mosty były wówczas rzadkością, ponieważ większość ładunku transportowano zimą, kiedy rzeki pokryto lodem i założono tor saneczkowy.

Warto wspomnieć o kamiennym moście Trezzo nad r. Addu (Włochy, 1377). Centralna rozpiętość mostu, wynosząca 72 m, została zaprojektowana jako delikatny łuk. Pod względem architektonicznym i wielkości przęsła, most był wybitnym przykładem architektury kamiennej. Niestety, w 1415 roku został zniszczony.

W Rosji, bogatej w lasy, do końca XV wieku budowano tylko drewniane mosty. To były mosty miejskie. Pierwsze kamienne mosty zostały zbudowane w Moskwie. Najstarszym z nich był Most Trójcy Świętej wzniesiony przy Bramie Trójcy Kremla (koniec XV w.). Największym był "Wielki Kamienny Most" przez rzekę Moskwę. Miał siedem przęseł i całkowitą długość 146 m. W 1859 r. most został przebudowany, a kamienne przęsła zastąpiono przęsłami metalowymi. Ale nadal ma stare imię.

Na przełomie XVIII i XIX wieku rozpoczął się nowy etap w historii budownictwa mostowego, który miał rewolucyjny charakter. Gwałtowny wzrost produkcji i obrotów towarowych w Europie i Ameryce Północnej w tym okresie wymagał bardziej rozwiniętych połączeń transportowych. Transport lądowy haczyków nie odpowiada już potrzebom produkcji i handlu. Wynaleziono lokomotywę parową, zaczęto budować tory kolejowe. Obciążenia kolejowe nałożyły na mosty nowe, wcześniej niewidoczne wymagania. Rozpoczęto projektowanie i budowę specjalnych mostów kolejowych. Szybko okazało się, że drewno i kamień jako podstawowe materiały nie nadają się do budowy przęseł dużych mostów kolejowych.

Materiały te zostały zastąpione przez metal, który w postaci stali walcowanej w znacznie większym stopniu spełniał nowe wymagania. W transporcie lądowym nadeszła era kolei i metalowych mostów. Do ich budowy potrzeba było coraz więcej metalu. Rozpoczęto również budowę statków metalowych w transporcie wodnym. Wszystko to z kolei okazało się potężnym impulsem dla rozwoju hutnictwa.

Chiny jako pierwsze zastosowały żelazo w budowie mostów, tworząc silne łańcuchy do zawieszania mostów. Chińscy historycy przypisują pojawienie się żelaza w budowie mostów jako techniczną innowację do XV wieku. Podróżni przybywający z Europy, podobnie jak Marco Polo, byli zaskoczeni złożoną konstrukcją chińskich mostów wiszących. W każdym razie, żelazo nie znalazło innego zastosowania w budowie mostów aż do końca XVIII wieku, kiedy to w Colebrookdale w Anglii zbudowano pierwszy na świecie most żeliwny. Żelazo stało się popularne jako materiał budowlany w czasie rewolucji przemysłowej. Później został zastąpiony przez stal.

Żaden z żeliwnych mostów nie był tak popularny jak Severn Bridge w Wielkiej Brytanii. Kiedyś sama jego nazwa - Żelazny Most (Żeliwny Most) - brzmiała jak reklama tego materiału budowlanego. Most został zaprojektowany przez Thomasa Farnoldsa Pritcharda. W pobliskich wielkich piecach wyprodukowano około 378 ton metalu do budowy; duże części były ładowane na miejscu, gdzie czekały na ostateczny montaż. Most łukowy "Humpback" został otwarty pierwszego dnia 1781 roku.

Rysunek 7 - Żelazny most na rzece Severn w Wielkiej Brytanii, pierwszy żeliwny most zbudowany w 1781 roku. o rozpiętości 27,5 metra.

Ten żeliwny most łukowy na rzece Severn w Anglii, zbudowany w 1781 roku, otworzył nową erę w historii światowego budownictwa mostowego. Od tego czasu, pomimo trwającej dwieście lat budowy mostów kamiennych, najbardziej postępowym kierunkiem w budownictwie mostowym jest rozwój konstrukcji i metod obliczania mostów metalowych.

Jednym z pierwszych mostów kolejowych zbudowanych z metalu był most brytyjski, zbudowany w 1850 r. przez Menai Bay w Anglii (rysunek 8). Most łączy Anglsea z lądem stałym Walii. Most został zaprojektowany przez inżyniera Roberta Stephensona (1803-1859). W swojej pracy wykorzystał doświadczenia z poprzedniej konstrukcji - mostu transportowego z kratownicami skrzynkowymi wykonanymi z żeliwa ciągliwego. Łącząc gospodarstwa, Stephenson otrzymał solidny, poziomy element, wewnątrz którego biegały pociągi. Most opierał się na kamiennych podporach. W 1970 roku w wyniku pożaru konstrukcja osłabła, a most został przebudowany na łukowy z kratownicami przelotowymi. W tym samym czasie zachowały się stare podpory.

Rysunek 8 - Most Britannia, wzniesiony przez Menai Bay w Anglii w 1850 roku, jeden z pierwszych mostów kolejowych zbudowanych z metalu (zdjęcie z 1970 roku).

Przed rozpoczęciem budowy tego mostu Stephenson był zaangażowany w budowę mostów podwieszanych i oczywiście znał ich zalety i wady. Główną wadą mostów wiszących jest ich nadmierna elastyczność. Okoliczność ta doprowadziła R. Stephensona do wniosku, że mosty podwieszane nie są odpowiednie dla kolei. Należy zauważyć, że wniosek ten nie został do tej pory odrzucony. Autor projektu wybrał wariant mostu, którego konstrukcja przęsłowa jest nierozłączną belką o całkowitej długości 420 m i trzech podporach pośrednich. W przekroju poprzecznym belki ma postać prostokątnej cienkościennej rury wykonanej z blachy stalowej, wewnątrz której, zgodnie z planem autora, powinien poruszać się pociąg (Rysunek 9).

Rysunek 9 - Przekrój konstrukcji rurowej Mostu Brytyjskiego, zbudowanej w 1850 roku.

Wytrzymałość mostu Stephensona determinowała jego budowę. Każda sekcja wykonana była z blachy stalowej ciągliwej połączonej nitami na górze i na dole z mniejszymi belkami skrzynkowymi. Tory kolejowe zostały ułożone wewnątrz struktury połączonych ze sobą odcinków. Most został wykonany dokładnie według pierwotnego projektu, zbudowany, podniesiony z barek na ponad sto metrów i obciążony na podporach.

Most Britannia, stworzony przez R. Stephensona, okazał się być niezawodną i trwałą konstrukcją. Od momentu, gdy został podniesiony na podporach, era metalowych mostów kolejowych została faktycznie otwarta. Praca R. Stephensona i jego grupy w gruncie rzeczy wyznaczyła dalszy kierunek rozwoju budownictwa mostowego i była genialnym przykładem kreatywności inżynierskiej zarówno w oryginalności pomysłu, jak i jego praktycznym wcieleniu. I na temat owocności całej pracy: nietrudno zauważyć, że mosty kolejowe z dźwigarami w nowoczesnym projekcie i noszą cechy mostu "Britannia", jako ogólnego schematu obliczeniowego, oraz na temat indywidualnych rozwiązań inżynieryjnych.

Budowa kolei w Rosji rozpoczęła się mniej więcej w tym samym czasie co w Anglii. Pierwsze tory kolejowe zostały ułożone pomiędzy

Petersburg i Pawłowsk (1837) oraz Petersburg i Moskwa (1851). Ale pierwsze mosty na tych drogach zostały zbudowane w drewnie. Na Kolei Moskiewskiej wybudowano 184 drewniane mosty. Mosty te zostały zaprojektowane przez P.P. Melnikowa, D.I. Żurawskiego i N.O. Krafta. Wkrótce drewniane mosty zostały zastąpione przez mosty metalowe z nitowanymi kratownicami. Później w Rosji budowano stałe mosty kolejowe z wykorzystaniem wyłącznie metalowych konstrukcji przęsłowych. Pracami nad zastąpieniem drewnianych mostów metalowymi kierował N.A. Belelyubsky (1845-1922). Później wykładał w Petersburskim Instytucie Inżynierów Transportu Kolejowego i zajmował się praktyczną pracą inżynierską. Zgodnie z jego projektami wybudowano mosty na Wołdze, Wiatce, Dnieprze, Ob, Jeniseju i innych rzekach. Niektóre z nich są nadal w użyciu (rysunki 10, 11).

Rysunek 10 - Most na rzece Vyatce w pobliżu Kirowa (1900)

W 1885 r. N.A. Belelyubsky opracował i wydał "Kurs mechaniki budowlanej", pierwszą pełną pracę naukową w języku rosyjskim na temat podstaw projektowania mostów kolejowych. Wiele pokoleń inżynierów mostów studiowało tę książkę.

W drugiej połowie XIX wieku w Rosji miała miejsce intensywna budowa kolei. Pod koniec wieku Moskwa była już połączona z prawie wszystkimi prowincjami części europejskiej, z Uralem, Kaukazem i Syberią. Rozpoczęto budowę Wielkiej Drogi Syberyjskiej, którą ukończono w 1904 r. Konieczna była budowa mostów na wielu rzekach, w tym Irtysz, Jenisej i Amur.

Rysunek 11 - Most na rzece Jenisei (1896)

Budowa mostów w tym okresie ledwo nadążała za szybkim tempem budowy kolei. Samo projektowanie i budowa mostów, można powiedzieć, było prowadzone równolegle i równocześnie z badaniami naukowymi nad wszystkimi pojawiającymi się problemami związanymi z budową mostów. To był nowy biznes dla Rosji, brakowało mu doświadczenia, a Rosja spieszyła się. I to zmusiło ją do zrobienia, w szczególności, godnych ubolewania wyników wojny krymskiej z lat 1854-1855.

Boom na budownictwo kolejowe przejął nie tylko Rosję z jej rozległymi terenami, ale także Amerykę Północną - USA i Kanadę.

Most w Quebecu jest mostem wspornikowym o najdłuższej rozpiętości na świecie (rysunki 12, 13). Pierwsza próba jego budowy w 1907 roku zakończyła się katastrofą - konstrukcja zawaliła się z powodu utraty stabilności sprasowanych prętów, a projekt musiał być znacznie przebudowany.

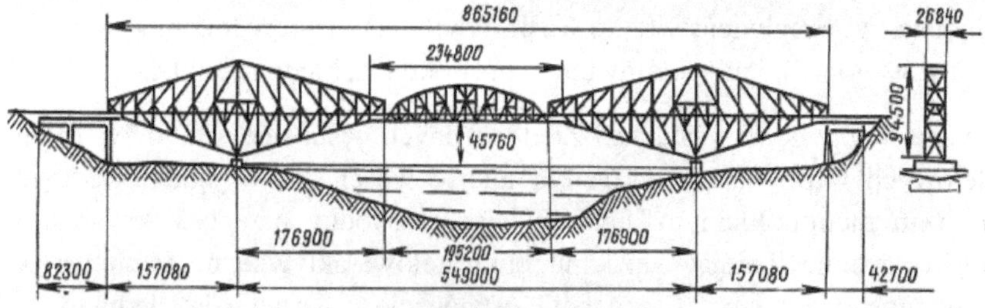

Rysunek 12 - Schemat Quebec Cantilever Bridge

Rysunek 13 - Quebec Cantilever Bridge (Kanada) z najdłuższym wspornikiem na świecie, 177 m (budowa rozpoczęła się w 1907 r.)

Głównym elementem stalowej konstrukcji nitującej 865 m jest kratownica przelotowa. Podobnie jak most kolejowy na Fert-of-Fort, most w Quebecu składa się z dwóch sekcji wspornikowych połączonych sekcją wiszącą, która tworzy główną rozpiętość. Trasy kolejowe, autostradowe i piesze biegną wzdłuż szerokiego na 29 m łoża mostu.

Pod koniec XIX wieku Stany Zjednoczone i Kanada praktycznie nie różniły się od Rosji pod względem poziomu rozwoju przemysłu i transportu i pilnie potrzebowały rozwoju systemów transportowych. Jednak Ameryka Północna, w przeciwieństwie do Rosji, tkwiła nie tylko w lokomotywie, ale także w wagonie i, jak widzimy teraz, nie dokonała błędnych obliczeń.

Obecnie na przykład w Stanach Zjednoczonych gęsta sieć asfaltowych linii kolejowych i dróg łączy wszystkie miejscowości bez wyjątku z jednym obszarem metropolitalnym, umożliwiając swobodny przepływ towarów i usług oraz umożliwiając każdemu obywatelowi aktywne uczestnictwo w życiu gospodarczym. Fakt ten ostatecznie okazał się jednym z najskuteczniejszych warunków dla zaskakująco szybkiego postępu gospodarczego kraju. Na początku II wojny światowej Stany Zjednoczone zajęły pierwsze miejsce na świecie pod względem potencjału przemysłowego i bogactwa narodowego.

Nietrudno zauważyć, że nie tylko Stany Zjednoczone, ale także wszystkie gospodarczo rozwinięte kraje świata mają doskonałe drogi.

Znany Brooklyn Bridge w Nowym Jorku może służyć jako symbol industrializacji USA (rys. 14). Pod koniec budowy, w 1883 roku, Most Brooklyński stał się najdłuższym mostem wiszącym na świecie. Do pokrycia tak dużej przestrzeni, zamiast dwóch kabli nośnych, użyto czterech. Rozciągnięte są przez siodła w dwóch kamiennych pylonach, nad pięknymi spiczastymi łukami. Kable pomocnicze, które odchodzą od pylonów wyglądają jak wentylator i sprawiają, że część, która jest bliżej pylonów, jest swego rodzaju hybrydą zawieszenia i mostu kablowego.

Most Brooklyński był pierwszym mostem wiszącym, w którym do jego budowy użyto stalowych lin. Przed nim stosowano łańcuchy żeliwne, które były ciężkie i mniej efektywne pod względem konstrukcyjnym. Na dnie mostu znajdują się dwa wiadukty kolejowe, dwa pasy transportu publicznego, dwa pasy transportu drogowego. Na środku wiaduktu znajduje się chodnik. Blacha jest podparta po zewnętrznej stronie podłużnymi kratownicami stalowymi oraz dużymi kratownicami, które oddzielają szynę od taśm zewnętrznych.

Całkowita długość mostu wynosi prawie dwa kilometry, główna rozpiętość między pylonami wynosi 480 metrów, a maksymalna wysokość nad poziomem wody wynosi 41 metrów.

Rysunek 14 - Most Brooklyński. Po ukończeniu w 1883 r. stał się on najdłuższym mostem wiszącym na świecie o głównej rozpiętości 480 metrów między pylonami.

W Rosji stan systemów transportu lądowego pozostawia wiele do życzenia, a w niektórych regionach występuje znaczny brak dróg jako spuścizny z dawnych czasów i epok. A off-road to nie tylko "niemożliwe lub trudne do prowadzenia". Bezdroża **to** tragedia ludzi. To sprawia, że ludzie rozwiązują problemy, które są frustrujące. Czas i energia są marnowane, a zdrowie podważane. Zużywa się ogromna ilość paliwa, maszyny są okaleczone. W środowisku off-road, życie ludzi jest zniszczone. Są oni pozbawieni możliwości aktywnego uczestnictwa w biznesie i życiu kulturalnym kraju. Tak więc potencjał ludzki bardzo dużej części ludności Rosji jest produktywnie niewykorzystany lub w ogóle nie jest wykorzystywany.

Dlatego budowa dróg, mostów, tworzenie rozwiniętych systemów drogowych i transportowych **jest kluczem** do rozwiązania całego kompleksu istotnych problemów, w tym gospodarczych, priorytetowych.

Wynika z tego, że rola budowy mostu w rozwiązywaniu tych problemów jest nie do przecenienia.

Ale wracając do tematu tego podręcznika, projektowania mostu. Ameryka Północna, podobnie jak Rosja, przeszła przez fazę budowy drewnianych mostów dla kolei, dobra z drewna było dużo, a to było tanie. Metalowe mosty zaczęto wznosić, gdy własny przemysł metalurgiczny był wystarczająco silny. Były to ostatnie dwie dekady XIX i początek XX wieku. Podobnie jak w Rosji, mosty były typu belkowego i wspornikowego, ale były bardziej zróżnicowane pod względem wielkości przęseł i kształtu pasa. Niektóre z wybudowanych mostów są uderzająco gigantycznych rozmiarów. Tak więc most Quebec (Kanada, 1917) ma główną rozpiętość 549 m długości. W konstrukcji przęsła mostu zastosowano belki wspornikowe przechodzące przez kratownice.

Pod koniec XIX w. i na początku XX w. Rosja kontynuowała układanie linii kolejowych o nieprzerwanej intensywności. Oczywiście konieczne było zbudowanie wielu mostów jednocześnie. Ten wielki projekt budowlany wymagał ogromnej inwestycji. Rosja wpadła w długi.

Z tego powodu inżynierowie mostów podjęli ogromne wysiłki w celu znalezienia sposobów i metod obniżenia kosztów i przyspieszenia budowy mostu. W tym czasie w krajowym budynku mostowym określono przejście od kratownic przelotowych z różnymi i złożonymi kratami do kratownic z prostymi kratami trójkątowymi. Okazały się one bardzo skuteczne w odniesieniu do wszystkich głównych kryteriów (więcej szczegółów znajduje się w rozdziale 4). Z czasem kratownice z kratownicą trójkątną znalazły zastosowanie we wszystkich przęsłach krajowych mostów metalowych typu belkowego. Można powiedzieć, że pod tym względem w krajowym budownictwie mostowym istniała pewna tendencja do typizacji i unifikacji konstrukcji stalowych konstrukcji przęsłowych, która z pewnością była postępowa.

W tym okresie L.D. wniósł znaczący wkład w rozwój krajowego budownictwa mostowego. Proskuryakow (1858-1926). Mając wybitny talent jako inżynier, po ukończeniu studiów w Petersburskim Instytucie Transportu Kolejowego (1884) poświęcił całe swoje życie budowie mostów. Według jego projektów wybudowano mosty kolejowe na rzekach Narwa, Z. Bug, Wołkow, Oka, Jenisej i Amur. Ucieleśniał on swoje pomysły i osiągnięcia stosowane w budownictwie mostowym do dziś. W 1896 roku podczas układania Wielkiej Drogi Syberyjskiej według projektu L.D.. Wzniesiono most Płoskuriakowa na rzece Jenisej (Rysunek 11), w którego przęsłach po raz pierwszy w praktyce światowej zastosowano główne gospodarstwa z trójkątną siatką szprychową. Projekt przyniósł autorowi złoty medal na Wystawie Światowej w Paryżu (1900). Most na rzece Jenisei działa do dziś, tzn. działa sprawnie od ponad 100 lat. L.D. Płoskuriakow wniósł bardzo konkretny wkład w rozwój mechaniki budowy mostów, opracował i wprowadził do praktyki projektowej bardzo efektywną i owocną metodę obliczania rozpiętości przęseł *wzdłuż linii wpływów*.

Pod koniec XIX wieku mechanika budowlana rozwijała się w kierunkach, które odpowiadały przede wszystkim na problemy budowy mostów metalowych. A sukcesy mechaniki budowlanej znalazły szybką realizację w konstrukcyjnych formach mostów metalowych, które na pracy, jak każda inna konstrukcja, są bliskie idealnych modeli (schematów rozliczeń) mechaniki budowlanej. Na przełomie XIX i XX wieku mechanika budowlana została w pełni ukształtowana jako dyscyplina precyzyjna z dobrze wypróbowaną i praktycznie sprawdzoną aparaturą obliczeniową, co pozwoliło na przejście od empiryzmu w projektowaniu mostów metalowych do precyzyjnych obiektywnych rozwiązań wykorzystujących metodę obliczeń na linii wpływu.

Do tego czasu w konstrukcjach przęseł mostowych kratownice główne wielotorowe zostały zastąpione kratownicami z trójkątną kratownicą strzemionową, które okazały się bardziej wydajne pod względem kosztów metalu, czasu trwania cyklu produkcyjnego, łatwości montażu itp.

Jako podstawowy materiał konstrukcji przęseł mostowych "spawanie" żelazo zostało prawie całkowicie zastąpione przez walcowaną na gorąco stal niskowęglową firmy Bessemer, a następnie wytapiane z otwartym sercem.

Jedynymi rodzajami połączeń stosowanymi w tym czasie, zarówno w produkcji, jak i montażu, były połączenia nitowane.

Od zakończenia wojny domowej, koleje w kraju przeszły długi okres odbudowy. Odbywało się to w bardzo trudnych warunkach, przy wyjątkowo dużym niedoborze metalu, maszyn i wykwalifikowanego personelu.

W poszukiwaniu dróg wyjścia z tej sytuacji, w latach 1924-25, pierwszych w historii budowy mostów, opracowano typowe projekty przęseł stalowych z kratownicami przelotowymi. Jednocześnie opracowano regulowany system obliczania rozpiętości przęseł (również po raz pierwszy), odpowiadający głównie rozpiętościom najczęściej spotykanym w istniejących mostach. Opracowanie tych dokumentów miało głównie na celu oszczędność metalu podczas napraw, wymiany i budowy nowych konstrukcji przęsłowych. W tym sensie standardowy projekt okazał się miarą progresywną i odegrał pozytywną rolę zarówno w omawianym okresie, jak i w kolejnych etapach rozwoju budownictwa mostów krajowych.

Pod koniec lat 20. transport kolejowy został w pełni przywrócony.

Na początku pierwszego planu pięcioletniego zaczęto odczuwać niewystarczającą przepustowość kolei. Rozwiązanie to zostało określone w zakresie ważenia pociągów z odnową taboru (lokomotyw i wagonów) oraz przebudową samych kolei, w tym mostów. W pierwszym pięcioletnim okresie, podczas rekonstrukcji transportu z powodu ciężkich pociągów, wprowadzono nowy tymczasowy projekt ładunku HK-1931, a w 1932 r. zatwierdzono nowe specyfikacje (TU) dotyczące projektowania mostów.

W tych latach w 1935 r. wybudowano i oddano do użytku most kolejowy na rzece Wołdze w pobliżu Saratowa (rysunek 15). Na zdjęciu widać, że pierwsze loty z brzegu rzeki odbywają się z przejażdżką na górze i mają trójkątną siatkę. W środkowej części koryta rzeki, w celu zapewnienia żeglugi, zainstalowane są kratownice z kratownicami trójkątnymi z kołowrotkami spinającymi jadącymi w dół rzeki.

Rysunek 15 - Most kolejowy na rzece Wołdze w pobliżu Saratowa o długości 1850 metrów (otwarty dla ruchu w 1935 r.)

Zgodnie z nowymi specyfikacjami technicznymi (TU) dotyczącymi projektowania mostów, w 1934 roku Ludowy Komisariat Transportu Kolejowego Gyprotrans (NKPS) opracował nowe standardowe konstrukcje przęseł o rozpiętości od 33,6 do 158,4 m. Wiele mostów zostało zbudowanych według tych typowych projektów, zarówno przed jak i po Wielkiej Wojnie Ojczyźnianej. Okazały się one jednak bardzo pracochłonne w produkcji, ponieważ stopień unifikacji elementów i węzłów w formie i wielkości był niski, główny materiał budowanych w tym okresie przęseł mostowych - niskoemisyjna stal mostowa, połączenia elementów - nitowane.

Należy zauważyć, że w latach przedwojennych podejmowano nieliczne próby wykonania przęseł mostowych (głównie miejskich) całkowicie spawanych. Ale nie wszystkim się udało. Na przykład w 1938 roku w Belgii zawalił się całkowicie spawany most stalowy nad kanałem Alberta. Prawdziwe przyczyny wypadku pozostają niejasne. W ZSRR w latach 1936-40 pilotażowe stalowych konstrukcji mostowych zostało przeprowadzone przez akademickiego E.O. Patona (1870-1953). Prace pokazały, że zastosowanie złączy spawanych zamiast nitowanych w budowie mostów jest bardzo obiecujące. Złącza i zespoły spawane są łatwiejsze do wykonania niż złącza nitowane, ponieważ nie ma potrzeby stosowania podkładek, uszczelek i nitów. Jednocześnie, intensywność metalu i pracochłonność konstrukcji spawanych przęseł jest znacznie zmniejszona. Istnieją inne korzyści wynikające ze stosowania spawania.

Jednak korzyści i zalety planu techniczno-ekonomicznego, które otwierają się na zastosowanie spawania jako technologii łączenia, towarzyszą niestety szeregowi negatywnych konsekwencji wynikających z przebiegu procesów spawania termomechanicznego. Zostanie to omówione bardziej szczegółowo poniżej.

Zanim jasno określono rolę i miejsce technologii spawania w budowie mostów, potrzeba było lat ciężkiej pracy, dużego doświadczenia i badań teoretycznych.

Owocność idei standaryzacji geometrycznych wymiarów konstrukcji rozpiętościowych nie budziła wątpliwości. Oferowano wiele opcji rozwiązań. Niektóre z nich zostały tymczasowo zatwierdzone jako standardowe (np. projekty TCOP, 1945 i 1951). Ale te zmiany nie były całkowicie zadowalające.

Dopiero w 1956 roku organizacji projektowej Transmosproekt udało się opracować optymalny wariant systemu projektowania standardowych konstrukcji rozpiętościowych. Nowe projekty przęseł, zwane ujednoliconymi, zostały zatwierdzone jako standardowe przez Ministerstwo Kolei (MRA) i są stosowane z kolejnymi uzupełnieniami i udoskonaleniami (tabela 4.1). Praktyczne zastosowanie modelowych projektów rozwojowych okazało się bardzo owocne. W produkcji konstrukcji przęsłowych udało się uzyskać znaczną oszczędność metalu, ujednolicono i ujednolicono wyposażenie i oprzyrządowanie fabryk mostowych, to samo stało się z techniką pociągów montażowych. Zmniejszono koszty produkcji i instalacji oraz skrócono cykl produkcyjny.

W latach 60. i później rozwój budownictwa mostowego był ściśle związany z rozwojem Dalekiego Wschodu i Północy, czyli z rozwiązaniem problemu funkcjonowania metalowych konstrukcji mostowych w niskich temperaturach.

W 1969 r. przeprojektowano standardowe projekty z 1956 r. (uwzględniając ich zastosowanie na obszarach północnych oraz w związku z wprowadzeniem nowego obciążenia projektowego). Schematy projektowe głównych kratownic nie uległy zmianie, ale warunki zastosowania niskoemisyjnych i niskostopowych stali mostowych jako głównych materiałów zostały wyraźnie uregulowane.

Określono również warunki stosowania do produkcji i montażu mostowych konstrukcji stalowych połączeń spawanych, nitowanych i ciernych na śrubach o dużej wytrzymałości. Dokumenty regulacyjne dotyczące projektowania (TU) obejmowały regulację konieczności wytwarzania konstrukcji mostowych w wykonaniu "północnym" wyłącznie z niskostopowych gatunków stali mostowej odpornej na zimno 10ХСНД oraz 15ХСНД według GOST 6713-75 z połączeniami montażowymi na śrubach o wysokiej wytrzymałości.

W latach 60. w kraju powstały nowe fabryki mostów - Ułanudinsky, Kurgansky i Borisowski. Ich produkty **są** typowymi konstrukcjami przęsłowymi mostów kolejowych, zarówno masywnych jak i z kratownicami przelotowymi. Wyposażenie techniczne zakładów **jest** standardowe, ujednolicone. Automatyczne spawanie łukiem krytym jest szeroko stosowane w produkcji.

Na przestrzeni lat zakłady te wytworzyły wiele konstrukcji rozpiętościowych, w tym dla regionów północnych i wschodnich. Podczas pracy, konstrukcje te okazały się niezawodne i bezproblemowe.

Jednym z najważniejszych problemów, który musi zostać przyspieszony w trakcie reformowania gospodarki rosyjskiej, jest rozwój i poprawa systemów transportowych, w tym kolejowych. Konstruktorzy mostów mają do odegrania bardzo odpowiedzialną rolę w rozwiązaniu tego problemu, ponieważ niezawodność i odporność na uszkodzenia mostów jest głównym warunkiem stabilnego funkcjonowania transportu lądowego.

Mosty na torach kolejowych Rosji powstawały w ciągu stulecia i były budowane zgodnie z różnymi normami budowlanymi. Dlatego też różnią się one podstawowym materiałem konstrukcji przęseł, technologią ich wytwarzania, konstrukcją elementów, połączeń i zespołów. Ich nośność, "wiek" i stopień zużycia są różne.

W czasie ich budowy były one w pełni zgodne z obowiązującymi przepisami. Są one dziś nadal dość niezawodne i funkcjonalne i mogą być używane przez długi czas, jeśli są odpowiednio konserwowane. Jednak większość z tych mostów nie spełnia w pełni nowoczesnych wymagań.

Tak więc, na przykład stalowy nitowany most kolejowy Transsib nad Amur (16 przęseł po 125 m) służył "wierze i prawdzie" przez 83 lata i mógł pracować jeszcze przez wiele lat. Ale w 1999 roku rozpoczął się demontaż przęseł mostu. I to nie dlatego, że stan techniczny budynków budził pewne obawy. Innym powodem **jest to, że** most ma niewystarczającą szerokość pasma, ponieważ jest jednotorowy.

Rozpiętości przęseł mostu w starej konstrukcji mają inną niż określona wadę. Można powiedzieć, że głównym z nich jest niezgodność konstrukcji metalowych zgodnie ze specyfiką jego urządzenia z wymaganiami "Środowiskowej normy jakości" konstrukcji. Norma określa, że konstrukcja może być zaklasyfikowana jako bezpieczna i niezawodna tylko wtedy, gdy możliwe jest przeprowadzenie niezakłóconej kontroli wszystkich jej elementów i połączeń pod kątem uszkodzeń, takich jak pęknięcia zmęczeniowe we wczesnych fazach ich rozwoju.

Przeprowadzenie określonych przepisami kontroli, niezbędnych napraw i badań starych mostów nie jest możliwe bez całkowitego lub częściowego demontażu jednostek konstrukcji przęsłowej. Na istniejących mostach operacje te prowadzą do ograniczenia ruchu pociągów i poważnych strat różnego rodzaju.

Dostępne doświadczenie daje podstawy, aby sądzić, że tworzenie bardziej zaawansowanych konstrukcji przęseł mostów kolejowych wolnych od wyżej wymienionych wad jest możliwe na drodze szerszego zastosowania technologii spawania.

2. Przykłady nowoczesnych mostów

Most przez Amur w Autonomicznym Regionie Żydowskim, budowany w 2016 roku w celu utworzenia linii kolejowej Rosja-Chiny, może służyć jako przykład obecnie stosowanych standardowych projektów budowy mostów. Klasyczny system trójkątnych krat pomostowych bez sprężyn. Po stronie chińskiej zbudowano już 16 przęseł o rozpiętości 110 m każdy i przyszłej długości mostu 2200 metrów (Rysunek 16).

Rysunek 16 - Most w budowie na rzece Amur o rozpiętości 2200 m.

Esej historyczny kończy się na najbardziej okazałych mostach naszych czasów.

Russky Most, Władywostok

Ten most wantowy (Rysunek 17) ma największą rozpiętość spośród wszystkich tego typu mostów - 1104 metry! A najwyższe pylony mają 324 metry. Rosyjski rekord, jak nazywa się we Władywostoku przeprawę mostową na Wyspę Rosyjską przez Cieśninę Bosfor Wschodni, jest wizytówką Dalekiego Wschodu Rosji. Na szczyt regionu Azji i Pacyfiku, który odbył się w 2012 r. we Władywostoku, odbyła się budowa na dużą skalę. Największym obiektem jest most przez Cieśninę Bosfor Wschodni na wyspę Ruski, którego centralna przęsło o długości 1104 m stało się rekordem w światowej praktyce budowy mostów.

Firma KURGANSTALMOST CJSC dostarczyła 5,6 tys. ton konstrukcji stalowych do budowy rekordu mostu: jest to część paneli belki usztywniającej przyszłego skrzyżowania i konstrukcji stalowych pylonów nośnych.

Rysunek 17 - Największe rozpiętości przęseł mostu wantowego na świecie - Władywostok na wyspę Ruski, którego centralna rozpiętość wynosi 1104 m (2012)

Vent Bridge Millow, Francja Największy wiszący most na świecie o długości 2460 m znajduje się prawie 350 m nad doliną jeziora Carais, w południowej Francji. Maksymalna wysokość podparcia do poziomu jezdni wynosi 245 m, a wysokość pylonu nad jezdnią 90 m. Turyści świętują, kiedy przejeżdżasz przez to architektoniczne cudo, czujesz się jakbyś startował. Budowa mostu nad Wieżą Eiffla - Millow, otwartego w grudniu 2004 roku, zajęła trzy lata. Ale cieszenie się malowniczą scenerią doliny z tak oszałamiającej wysokości nie **jest** dla osób o słabym sercu. Platforma Millow Bridge wspierana jest przez 7 podpór i waży około 36000 ton.

Rysunek 18 - Most linowy Millow Cable jest największym mostem wiszącym na świecie o długości 2460 m (otwarty w grudniu 2004 r.).

Akashi-Kaikyo, Japonia

Najbardziej okazały most, jaki istnieje dzisiaj, wznosi się w pobliżu Osaki. Japończycy ponownie zaskoczyli wszystkich i stworzyli prawdziwy most do przyszłości. W latach 1988-1998 kontynuowano budowę mostu nad cieśniną Akashi. W tym czasie budowniczowie w pełni odczuli szalone ciśnienie tajfunu, przebiegłość prądów morskich, niszczycielską siłę trzęsień ziemi, oraz zdradliwą podatność dna morskiego. Zbudowanie jej zajęło 4,5 miliarda dolarów, ale było tego warte: warto było zbudować dwukilometrową rozpiętość pomiędzy wieżami, z których każda ma wysokość wieży Eiffla (297 m) i wewnątrz podpory zamontowanej na windzie, a stalowe liny o średnicy 1,12 m są tego warte. Drut użyty do wykonania kabli wystarcza do 7-krotnego owinięcia Ziemi wokół równika. Do budowy mostu zużyto 181 tys. ton stali i 1,4 mln m3 betonu.

Rysunek 19 - Wiszący Most Akashi-Kaikyo w Japonii. Centralna rozpiętość wynosi 1991 m długości, a całkowita długość 3911 m. Otwarty dla ruchu w 1998 r. Średnica każdej liny nośnej (liny) - 1,12 m

Wiadukt Tanyan-Kunshan, Chiny

Danyang-Kunshan Grand Bridge o długości 164,8 km jest absolutnym rekordzistą wśród wszystkich mostów na świecie. Budowa mostu rozpoczęła się w 2008 roku, ale mimo ogromnych nakładów pracy, w czerwcu 2011 roku, pierwszy samochód przejechał przez most. Podczas budowy pracowało tam 10.000 osób dzień i noc. Most został wzniesiony jednocześnie na obu końcach. Do jego budowy użyto ogromnej ilości materiałów: 500 tys. ton stali i 2,5 mln m3 betonu. Most jest tak silny, że jest w stanie wytrzymać nawet trzęsienie ziemi o sile 8 stopni, potężne tsunami czy zderzenie z dużym statkiem. Około 9 km mostu przebiega nad powierzchnią wody jeziora Yangcheng. Most jest częścią bardzo ważnej dla Chin Kolei Dużych Prędkości Pekin Szanghajskiej. Znajduje się we wschodnich Chinach, w prowincji Jiangsu, pomiędzy miastami Nanjing i Shanghai. Okres budowy: 2008-2010.

Rysunek 20 - Wiadukt Tanyan-Kunshan, najdłuższy most kolejowy na świecie. 164,8 km przebiegają zarówno nad powierzchnią wody (najdłuższy dystans to 9 km), jak i nad lądem

Największy most łukowy Dashengguan Bridge, Chiny.

Most Dashengguan jest częścią pekińskiej kolei dużej prędkości w Szanghaju i przecina rzekę Jangcy w Nanjing w prowincji Jiangsu w Chinach. Budowa mostu rozpoczęła się w 2006 roku i została zakończona w 2010 roku. Most składa się z dwóch głównych przęseł, każda o długości 336 m. A całkowita długość mostu wynosi 9,2 km. Ciągła stalowa farma łukowa o całkowitej długości 1615 m obejmuje obszar wodny.

Obliczona prędkość na drodze szybkiego ruchu wynosi 350 km/h, co narzuca surowe wymagania co do sztywności konstrukcji mostu, odchylenie wszystkich zakresów nie powinno przekraczać 1/1000, a dopuszczalny pionowy kąt skrętu końca gospodarstwa powinien być mniejszy niż 2%.

Rysunek 21 - Most Dashengguan, największy most łukowy w Chinach, składa się z dwóch głównych przęseł o rozpiętości 336 m każdy, o łącznej długości 9,2 km oraz ciągłej stalowej kratownicy łukowej o długości 1615 m.

Most o największej rozpiętości łuku, Novosibirsk (2014).

Rysunek 22 - Budowa mostu drogowego Bugrzyński na rzece Ob w Nowosybirsku o największej w Rosji i WNP rozpiętości łuku 380 m.

Most Bugryński nad Obem jest strategicznie ważnym obiektem dla Nowosybirska, ponieważ pojemność dwóch istniejących mostów została wyczerpana. Całkowita długość mostu z drogami dojazdowymi wyniesie 5,82 km - 14,8 mld rubli. Dzięki takiemu parametrowi jak reticulum łuku mostu, jest ono największe na świecie. Ponadto, po raz pierwszy na świecie, łuk został przesunięty nie poziomo jak zwykle, ale pod kątem na sklepieniu. Przygotowania do budowy trzeciego mostu przez Ob w Nowosybirsku rozpoczęły się w 2009 roku. Projekt mostu kombinowanego został opracowany przez Instytut Stroyproject z Sankt Petersburga z łukiem siatki o rozpiętości kanału. Przepustowość nowego mostu wynosi 60 tysięcy samochodów dziennie, co odpowiada sześciu pasom ruchu (trzy w każdym kierunku). Testy dynamiczne zostały przeprowadzone przez specjalistów, którzy za pomocą specjalnych mechanicznych czujników naprężeń obserwowali stan konstrukcji mostowych pod obciążeniem. W rezultacie most wytrzymał obliczone obciążenie i wykazał wiele marginesów bezpieczeństwa.

Nowy most ma znaczenie federalne, ponieważ łączy dwie autostrady federalne - M51 "Bajkał" (Czelabińsk - Kurgan - Omsk - Nowosybirsk) i M52 "Chui Trakt" (prowadzi z Nowosybirska przez Ałtaj do granicy z Mongolią).

Rysunek 23 - Most drogowy Bugrinsky nad Obem w Nowosybirsku (5,82 km długości z drogami dojazdowymi)

Rozdział 3 : Projektowanie konstrukcji metalowych konstrukcji rozpiętościowych

1) Przepisy ogólne [6]

Metalowe przęsła mostów kolejowych w Rosji, w zależności od temperatury eksploatacji, produkowane są w jednej z trzech wersji:

- w wersji standardowej w temperaturach do minus 40 °C włącznie;
- na północy A w temperaturze do minus 50 °C;
- na północy Krótko przy temperaturach poniżej minus 50 °C.

Wariant wykonania narzuca pewne ograniczenia:

- wybór odpowiedniego gatunku stali mostowej (główny materiał przęsła); wybrany gatunek stali mostowej w obliczonej minimalnej temperaturze musi mieć udarność KCU (Menage) wynoszącą co najmniej 29 j/cm2; właściwość ta nazywana jest odpornością na zimno stali w temperaturze roboczej;

- wartość nośności obliczeniowej stali; główna nośność obliczeniowa Ry jest zredukowana dla mostów kolejowych o około 10-15% w porównaniu z innymi typami konstrukcji przemysłowych budynków;

- wartość obliczonych nośności metalu połączeń spawanych;

- stosowanie złączy spawanych, nitowanych i ciernych na śrubach o wysokiej wytrzymałości; złącza montażowe konstrukcji przęsłowych w północnej wersji A i B mogą być wykonywane wyłącznie za pomocą złączy ciernych na śrubach o wysokiej wytrzymałości.

Oprócz powyższego, istnieje szereg innych ograniczeń, w większości o charakterze konstruktywnym, które zostały omówione poniżej.

Przy projektowaniu stalowych konstrukcji mostowych należy uwzględnić następujące wymagania:

- wybór optymalnych schematów, systemów i konstrukcji przęseł, przekrojów elementów, ekonomicznych kształtowników walcowanych i wydajnych gatunków stali;

- do stosowania, co do zasady, ujednoliconych standardowych wzorów oraz standardowych elementów i części;

- aby zapewnić kompleksowy, zaawansowany technologicznie projekt;

- zapewnić stosowanie, niezależnie od minimalnej temperatury projektowej i przeznaczenia mostu, spawanych elementów fabrycznych, zwykle łączonych na śrubach o dużej wytrzymałości;

- zapewnienie możliwości inspekcji, czyszczenia, malowania i naprawy konstrukcji; wykluczenie stref, w których nagromadzenie wody i wentylacja są utrudnione; zapewnienie uszczelnienia wewnętrznych ubytków elementów i bloków;

- wskazanie na rysunkach roboczych etapu rozwoju konstrukcji stalowych KM gatunków stali i materiałów połączeń oraz dodatkowych wymagań wobec nich, przewidzianych przez normy i specyfikacje techniczne;

- w złożonych odcinkach elementów kratownic przelotowych, obliczonych na podstawie warunków wytrzymałości i stateczności, podnapięcie nie powinno przekraczać 5 %;

- Należy wyznaczyć metody kontroli jakości konstrukcji stalowych konstrukcji przęsłowej, części, elementów i połączeń, szczególnie w przypadku połączeń spawanych;

- należy określić metody i częstotliwość monitorowania stanu budynku w trakcie eksploatacji.

Przyjrzyjmy się niektórym wymaganiom bardziej szczegółowo.

Oszczędzanie metalu. W pracy projektanta wykonanie tego warunku nie jest celem samym w sobie, a zasadą projektowania, która powinna znaleźć odzwierciedlenie we wszystkich decyzjach projektu. Projektant powinien zdawać sobie sprawę, że konsekwentnie kierując się tą zasadą w pracy, rozwiązuje nie tylko specyficzny, utylitarny problem taniości opracowanego projektu, ale także w pewnym stopniu problem planu ekologicznego o znacznie szerszej skali.

W projektowaniu edukacyjnym powinny być obowiązkowo prowadzone prace nad znanymi sposobami i metodami redukcji specyficznej metalowej intensywności projektów, a także podejmowane są próby ich realizacji w opracowywanym projekcie.

Zmniejszenie intensywności metalu konstrukcji nie powinno negatywnie wpływać na jej wytrzymałość, sztywność i inne właściwości konstrukcji przęsłowej.

W projektach roboczych konstrukcji przęseł mostów kolejowych kwestia zmniejszenia ciężaru konstrukcji stalowych dzięki zastosowaniu środków konstrukcyjnych jest traktowana z najwyższą starannością. Praktyczne wdrożenie nowych rozwiązań jest możliwe dopiero po przeprowadzeniu kompleksowego audytu, który zwykle wymaga poniesienia poważnych kosztów i długiego czasu. Dlatego wolą stosować politykę zdrowego konserwatyzmu w budownictwie mostowym. Jest to oczywiście całkiem uzasadnione, ponieważ metalowe przęsła mostów kolejowych należą do obiektów o wysokim stopniu odpowiedzialności, zaprojektowanych na długi okres eksploatacji (100 - 120 lat).

Transportowalność. Konstrukcje metalowe konstrukcji przęsłowych są obecnie z reguły produkowane w specjalistycznych zakładach mostowych, a następnie transportowane w częściach (elementach wyjściowych) na miejsce montażu. Kwestia podziału konstrukcji przęsła na części powinna być opracowana w projekcie, z uwzględnieniem możliwości pojazdów pod względem wymiarów i ładowności. Złącza montażowe muszą być zaprojektowane w taki sposób, aby używały śrub o wysokiej wytrzymałości.

Technologiczność. Konstrukcje lotnicze powinny być projektowane z obliczeniem ich produkcji zgodnie z najbardziej wydajną technologią przy maksymalnym wykorzystaniu zmechanizowanych i zautomatyzowanych procesów technologicznych, aby zapewnić produkcję wysokiej jakości konstrukcji stalowych przy najmniejszym nakładzie pracy, energii, materiałów i czasu produkcji.

Efektywna produkcja konstrukcji przęsłowych jest organizowana w krajowych zakładach mostowych na podstawie ich typizacji (tabela 4.1). Więcej informacji na temat projektów modelowych znajduje się w rozdziale IV.

W projekcie szkoleniowym nie jest wykluczona możliwość opracowania niestandardowych konstrukcji przęseł. Należy jednak pamiętać, że może to spowodować problemy w ich produkcji. Prawdopodobnie, jeśli konstrukcja przęseł pojedynczej instalacji mostowej ma być produkowana, będzie ona musiała być ponownie wyposażona w pewne niestandardowe urządzenia procesowe, takie jak przewody do wiercenia otworów do montażu połączeń śrubowych. Koszty wytworzenia i warunki produkcji takiego budynku znacznie wzrastają. Istnieje wiele sposobów na poprawę przetwarzalności struktury przęseł w poszczególnych projektach. Najskuteczniejszą z nich jest unifikacja pod względem ogólnych wymiarów, rodzajów przekrojów poprzecznych oraz projektowania najbardziej odpowiedzialnych i czasochłonnych elementów produkcji, takich jak pręty głównych kratownic, belki jezdni, węzłowe koniugacje, z podobnymi elementami typowych konstrukcji przęsłowych.

Szybka instalacja. Konstrukcja rozpiętościowa musi spełniać wymóg zdolności do wykonywania prac montażowych w krótkim czasie. Realizacja tego wymogu jest możliwa na zasadzie montażu dużych urządzeń na "ziemi" przy minimalnym nakładzie pracy przy montażu na górze. Zastosowanie złączy ciernych na wysokowytrzymałych śrubach w złączach montażowych przyczynia się do szybkiego montażu w każdych warunkach temperaturowych i klimatycznych.

2. Ładunki i uderzenia.

Przy obliczaniu stalowych konstrukcji przęseł mostu kolejowego należy uwzględnić następujące obciążenia i uderzenia (tabela 3.1).

Tabela 3.1 - Obciążenia i oddziaływania

№ w/w	Nazwy obciążeń i oddziaływań	Nie liczone w połączeniu z obciążeniem poza
Stałe obciążenia		
1	Masa własna konstrukcji	-
2	Obciążniki mostkowe	-
Tymczasowe obciążenia ruchome i ich skutki		
3	Obciążenia pionowe z taboru (pociągów)	-
4	Poziome poprzeczne obciążenie od sił odśrodkowych	5, 10
5	Poziome oddziaływania poprzeczne taboru kolejowego	4, 6, 7, 10
6	Poziome obciążenie wzdłużne spowodowane hamowaniem	5, 8, 10
Inne presje i oddziaływania czasowe		
7	Obciążenie wiatrem	5, 10
8	Obciążenie lodem	6, 10
9	Narażenie na wahania temperatury	10
10	Obciążenie sejsmiczne	4 – 9
11	Obciążenia budowlane	-
12	Narażenie na korozję*	

*Uwaga - współczynnik korozyjności zgodnie z normami projektowymi nie jest uwzględniany w kombinacjach obciążeń i uderzeń; projektant ma prawo do określenia specjalnych środków ochrony konstrukcji metalowych rozpiętości przed uszkodzeniem korozyjnym z uwzględnieniem specyficznych warunków pracy.

Kombinacje obciążeń i oddziaływań brane pod uwagę w obliczeniach dzieli się przez prawdopodobieństwo ich jednoczesnej koincydencji na :

- Główna kombinacja, składająca się ze stałych obciążeń (nr 1 i nr 2 w tabeli 3.1.), tymczasowego ruchomego obciążenia pionowego (nr 3) i poprzecznego obciążenia wiatrem (nr 7);

- dodatkowe kombinacje, w których jedno lub więcej innych obciążeń, innych niż sejsmiczne i konstrukcyjne, jest dołączone do głównych obciążeń kombinacyjnych;

- specjalne kombinacje, które obejmują, wraz z dodatkowymi kombinacjami, obciążenia sejsmiczne lub konstrukcyjne.

Na szkoleniu projektowanie wszystkich obliczeń konstrukcji stalowych konstrukcji rozpiętościowych wykonywane jest w pierwszym ograniczającym stanie, który gwarantuje trwałość, stabilność i wytrzymałość wszystkich elementów i połączeń konstrukcji.

W tym przypadku utrata wytrzymałości będzie rozumiana jako początek płynności (odkształcenie plastyczne) materiału, utrata stabilności - utrata kształtu ściskanego pręta lub płyt belki pod obciążeniem, utrata wytrzymałości - pojawienie się pęknięć zmęczeniowych.

Pojawienie się płynnego materiału, utrata stabilności i pojawienie się pęknięć zmęczeniowych oznacza, że konstrukcja stalowa wyczerpała swoją nośność i jej dalsza eksploatacja jest niemożliwa.

W obliczeniach wytrzymałości na pierwszy graniczny stan obciążenia i wpływu na konstrukcje przęsłowe przyjmuje się podstawową kombinację, która zawiera obciążenia standardowe № 1, № 2, № 3 i № 7 według tabeli 3.1.

W praktyce, wartości tych obciążeń mogą przybierać wartości powyżej normy. Fakt ten jest uwzględniany poprzez zastosowanie współczynników korekcyjnych, które w aktualnych normach obliczeniowych [6] nazywane są "współczynnikami niezawodności" i oznaczane są indeksem γf.

Stałe obciążenia normatywne nr 1 i nr 2 są uwzględniane z uwzględnieniem współczynnika niezawodności γf o dwóch wartościach. Na liniach oddziaływania jednego znaku (panel pasów głównych gospodarstw) $\gamma f = 1{,}3$. Na liniach oddziaływania z obszarami o różnych znakach (rozpórki siatki) $\gamma f = 0{,}9$. Jedną z tych dwóch wartości przyjmuje się z tego powodu, że łączny wpływ wszystkich obciążeń głównej kombinacji na obliczony element konstrukcji stalowej przęsła był największy.

Wartość współczynnika niezawodności γf dla normatywnego obciążenia czasowego nr 3 zależy od długości obciążenia λ linii wpływu [6], na długości obciążenia:

$\lambda < 50$ m $\gamma f = 1$,30

$\lambda = 50...150$ m $\gamma f = 1{,}20$

$\lambda > 150$ m $\gamma f = 1$,10

W przypadku linii wpływu pojedynczego znaku przyjmuje się, że λ jest równe obliczonej rozpiętości głównego gospodarstwa.

Tymczasowe obciążenie ruchome (nr 3), w odróżnieniu od obciążenia stałego, ma składową dynamiczną (od uderzeń zestawów kołowych na złączach toru kolejowego, itp.) Ten specyficzny charakter wpływu obciążenia ruchomego na konstrukcję przęsła uwzględnia się poprzez zastosowanie "współczynnika dynamiki" o wartości $1+\mu > 1$. Przy pewnym założeniu przyjmujemy, że dla wszystkich elementów kratownic głównych konstrukcji rozpiętościowych wartość współczynnika dynamiki jest taka sama i wynosi $1+\mu = 1{,}30$ w obliczeniach dla wytrzymałości oraz $1+\mu = 1{,}10$ w obliczeniach dla wytrzymałości.

Przyjmuje się, że współczynnik niezawodności dla normatywnego obciążenia wiatrem jest równy $\gamma f = 1{,}10 \ldots 1{,}30$ [6].

Stałe obciążenia i uderzenia

Do określenia wartości obciążenia stałego stosuje się charakterystykę masy typowych konstrukcji przęsłowych zgodnie z tabelą 4.1 (rozdział 4). Niniejsza tabela zawiera dane dotyczące zużycia wyrobów walcowanych z metalu dla konstrukcji przęsłowych o rozpiętości od 33,0 do 145,6 m w różnych konstrukcjach.

Zgodnie z normami obciążenia obliczeniowego z ciężaru własnego przyjmuje się, że jest ono równomiernie rozłożone na długości przęsła, którego natężenie określa wzór:

$$q_{n1} = \frac{Q}{L}, \qquad (3.1)$$

gdzie qn1 jest natężeniem równomiernie rozłożonego obciążenia od ciężaru własnego konstrukcji przęsła, t/m;

Q - masa własna konstrukcji przęsłowej, t; jest określona przez zużycie metalu na konstrukcji przęsłowej;

L - rozpiętość, m.

Po wybraniu analogu z projektów standardowych pod względem wielkości przęsła, metalu nieszlachetnego i wykonania, za pomocą wzoru (3.1) obliczyć wartość, która w pierwszym przybliżeniu przyjmowana jest jako obliczone obciążenie od ciężaru własnego.

Jako przykład zdefiniujmy wartość qn1 konstrukcji rozpiętościowej II rzędu o rozpiętości $L = 66$ m w czterech wersjach.

1 Wersja nitowana ze stali Art. 3 mostu

qn1 = 236,6/66 = 3,52 t/m;

2 Wersja zanitowana i spawana ze stali M16C*

qn1 = 217,08/66 = 3,3 t/m;

3 Wersja nitowana ze stali 15ХСНД

qn1 = 194,6/66 = 2,9 t/m;

4 Wersja stal spawana śrubami 15ХСНД

qn1 = 174,8/66 = 2,65 t/m.

Stałe obciążenie od ciężaru łopaty mostu

Podłoże mostowe przeznaczone jest do układania i mocowania torów kolejowych oraz przenoszenia obciążeń z taboru na konstrukcje nośne konstrukcji przęsłowej.

Znane są dwa główne warianty konstrukcji dna mostu.

W pierwszej wersji (Rys. *24a*) podsypka mostowa składa się z prętów mostowych - drewnianych podkładów o przekroju znormalizowanym 20x24 cm oraz toru kolejowego. Belki mostowe są układane bezpośrednio na podłużnych belkach jezdni, a szyny są układane na belkach za pomocą pasów metalowych. Pręty mostowe są ułożone w poprzek osi wzdłużnej jezdni. Szyny, belki mostowe i belki wzdłużne (górne pasy) są sztywno połączone ze sobą za pomocą specjalnie zaprojektowanych śrub. W konstrukcji mostów ten wariant konstrukcji tkaniny mostowej nazywany jest "cross-over".

* Uwaga - Stale mostowe niskowęglowe St 3 i gatunki M16C zostały wycofane z produkcji. Obecnie zamiast tych stali w budownictwie mostowym stosuje się niskowęglową stal mostową gatunku 16D zgodnie z GOST 6713-75 z dodatkiem miedzi.

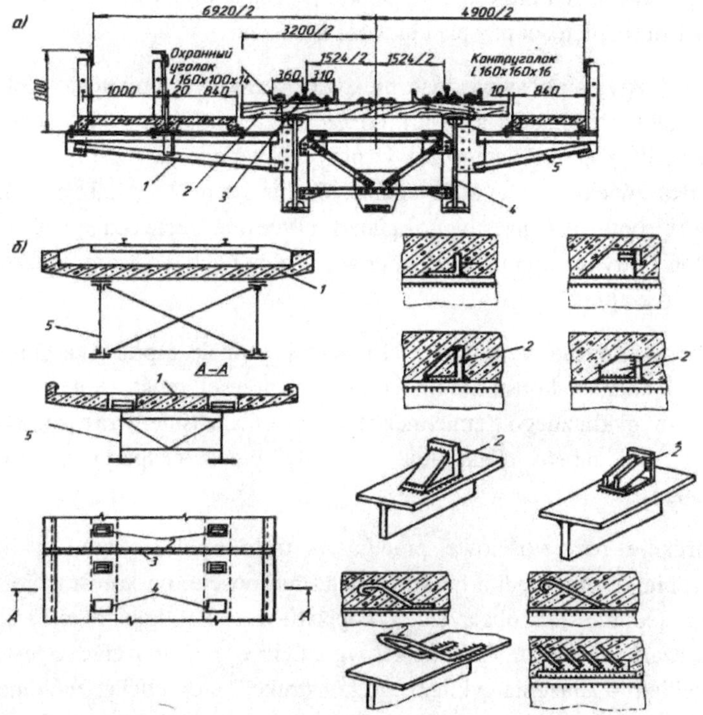

a - z przejazdem kolejką poprzeczną: 1 - konsola schronu; 2 - drewniana belka mostowa (podkład); 3 - tor kolejowy; 4 - belka wzdłużna (klatka belkowa) jezdni; 5 - konsola normalna;

b - z jazdą balastową: 1 - płyta żelbetowa; 2 - przystanki; 3 - połączenie montażowe płyt; 4 - otwory na przystanki; 5 - gradowanie belek wzdłużnych

Rysunek 24 - Rozpiętość mostu **kolejowego**

W drugiej wersji pokład mostu składa się z toru kolejowego, prętów mostowych i żelbetowej płyty korytkowej wypełnionej kruszonym tłuczniem kamiennym. Płyta jest umieszczona na dźwigarze jezdni i sztywno z nim związana (Rysunek 24 b). Pręty mostowe połączone z szynami umieszczone są na podsypce. Nietrudno zauważyć, że przy takiej konstrukcji płótna mostowego na moście budowana jest taka sama ścieżka jak na sąsiednich odcinkach nasypu. Rozpatrywany drugi wariant wykonania płótna mostowego nazywany jest w budownictwie mostowym płótnem mostowym z jazdą na balastie.

Jazda na tarasie ma niewątpliwe zalety: przede wszystkim niską wagę (do 2 ton na 1 m rozpiętości mostu) i łatwość montażu.

Podczas jazdy na podsypce znacznie zwiększa się waga podłoża mostu (do 6 tf na 1 metr rozpiętości przęsła), co zwiększa zużycie metalu do produkcji konstrukcji przęsła. Dlatego też w przypadku podłoża mostowego z jazdą podsypką zwiększają się stałe obciążenia (nr 1 i nr 2 wg tabeli 3.1), co na pierwszy rzut oka jest niepożądane, ponieważ zwiększają się również obliczone siły w elementach kratownic głównych i jezdni oraz wzrasta zużycie metalu.

Obliczona kontrola wytrzymałości pokazuje jednak, a praktyka potwierdza, że wytrzymałość konstrukcji metalowych przęseł mostu kolejowego pod wpływem cyklicznego (zmiennego) obciążenia rośnie wraz ze wzrostem ciężaru dna mostu. Fakt ten, ustalony przez eksperyment, wymaga wyjaśnienia.

Konstrukcje rozpiętościowe pracują w trybie pulsującego, cyklicznego obciążenia. W przypadku braku pociągu na moście, na konstrukcję przęsła wpływa jedynie stałe obciążenie od ciężaru własnego konstrukcji stalowych oraz ciężaru dna mostu (№ 1 i № 2 wg tabeli 3.1). Obciążenie to jest stałym składnikiem obciążenia cyklicznego konstrukcji. Gdy pociąg znajduje się na moście i zajmuje całe przęsło, obciążenie konstrukcji wzrasta do wartości maksymalnej, ponieważ do elementu stałego dodaje się tymczasowe obciążenie taboru (nr 3, tabela 3.1). Gdy pociąg przejeżdża przez most i całkowicie zwalnia przęsło, tymczasowe obciążenie konstrukcji przęsła jest usuwane, pozostaje tylko stała. Jest to jeden cykl powtarzających się (cyklicznych) obciążeń oddziałujących na konstrukcję przęsła podczas całego okresu eksploatacji mostu.

Jedną z głównych cech obciążenia cyklicznego jest współczynnik asymetrii cyklu:

$$r = \frac{Q_{\min}}{Q_{\max}}, \tag{3.2}$$

gdzie Qmin jest minimalnym obciążeniem dla konstrukcji przęsła, równym w naszym przypadku składnikowi stałemu;

Qmax = Qmin + Qvr - maksymalne obciążenie konstrukcji przęsła;

Qvr jest tymczasowym składnikiem maksymalnego obciążenia.

Wartość współczynnika r dość obiektywnie odzwierciedla stopień "sztywności" obciążenia cyklicznego, tj. stopień wpływu niszczącego (zmęczeniowego) obciążenia na materiał konstrukcyjny lub element. W tym sensie najbardziej niebezpiecznym obciążeniem cyklicznym dla wytrzymałości konstrukcji lub elementu (wszystkie inne warunki są jednakowe) jest symetryczne obciążenie zmienne przy $r = -1$. Stopień zagrożenia obciążeniem cyklicznym zmniejsza się w procesie zbliżania się wielkości jego współczynnika asymetrii do wartości $r = +1$, gdy obciążenie wpływające na konstrukcję lub element staje się statyczne, tzn. niezmienne w stosunku do wartości w czasie. Obciążenie statyczne nie może prowadzić do uszkodzenia zmęczeniowego, dlatego czasami określa się je jako "miękkie" w porównaniu z uszkodzeniem cyklicznym (lub udarowym).

W naszym przypadku obciążenie cykliczne na konstrukcję przęsła będzie miało wartość współczynnika asymetrii $r > 0$.

Nietrudno zauważyć, że składowa stała pulsującego obciążenia cyklicznego na konstrukcji przęsła wzrasta, a wartość współczynnika asymetrii cyklu r przybliża się do wartości +1. Wskazuje to, jak wspomniano powyżej, że obciążenie cykliczne konstrukcji przęsłowej jest w tym wyborze mostu łagodniejsze. Wynika z tego, że zastosowanie cięższego dna mostu z jazdą na balastu, paradoksalnie na pierwszy rzut oka, ma pozytywny efekt - zwiększa żywotność konstrukcji przęsła.

Zostało to potwierdzone badaniami eksperymentalnymi i odpowiednio odzwierciedlone w metodzie stosowanej do badań wytrzymałościowych konstrukcji stalowych rozpiętościowych.

Warto również zwrócić uwagę na fakt, że zastosowanie podłoża mostowego z przejażdżką na podsypce w dużym stopniu tłumi składowe wysokiej częstotliwości widma rzeczywistego obciążenia cyklicznego konstrukcji przęsła, co dodatkowo przyczynia się do zwiększenia trwałości konstrukcji.

Podsypka podsypki mostu ma wysoką zdolność tłumienia i prawie całkowicie pochłania energię impulsów uderzeniowych, które powstają podczas przejeżdżania taboru przez most. Impuls uderzeniowy jest bardzo niebezpiecznym czynnikiem inicjującym kruche pękanie konstrukcji stalowych. Z tego powodu stosowanie tkanin mostowych balastowych jest szczególnie wskazane w przypadku konstrukcji przęsłowych pracujących w niskich temperaturach, gdy twardość (odporność na pękanie) stali mostowych maleje, wówczas wzrasta prawdopodobieństwo kruchego pękania konstrukcji metalowych konstrukcji.

W procesie projektowania konstrukcji rozpiętościowych najważniejszym i odpowiedzialnym zadaniem, które należy rozwiązać, jest zapewnienie wytrzymałości zmęczeniowej i wymaganej żywotności konstrukcji. Należy wyraźnie zaznaczyć, że konstrukcje rozpiętościowe tracą nośność i z reguły nie ulegają zniszczeniu na skutek płynności materiału podczas przeciążania poszczególnych sekcji i stref, lecz na skutek pęknięć zmęczeniowych, które występują i rosną bez widocznych śladów odkształceń plastycznych.

Pęknięcie zmęczeniowe jest bardzo niebezpieczne, ponieważ jest trudne do wykrycia, szczególnie w początkowej fazie wzrostu. Wzrost pęknięcia zmęczeniowego jest stosunkowo powolny. Ale wraz ze wzrostem jego wielkości, zwłaszcza pod względem głębokości wnikania do grubości metalu, tempo wzrostu rośnie. Jeżeli pęknięcie zmęczeniowe nie zostanie wykryte na czas i nie zostaną podjęte odpowiednie środki, w pewnych okolicznościach przekształci się ono w pęknięcie kruche, gdy osiągnie wymiary krytyczne. Kruche pęknięcie, w przeciwieństwie do pęknięcia zmęczeniowego, rozprzestrzenia się w materiale z bardzo dużą prędkością i może prawie natychmiast zniszczyć konstrukcję lub jej elementy nośne całkowicie, z podziałem na części. W przypadku mostu proces ten często kończy się zawaleniem się konstrukcji przęsłowej.

Dlatego wykonawca projektu musi podjąć wszelkie środki, aby zapobiec powstaniu takiej sytuacji.

Projektowanie kursów ma na celu przede wszystkim realizację celów edukacyjnych, ale także daje możliwość kreatywnych badań i studiów teoretycznych. Najbardziej efektywną i owocną metodą pracy w tym kierunku jest projektowanie wariantowe. Dzięki tej metodzie, realizator projektu, w oparciu o badanie standardowych, typowych rozwiązań, może zaproponować alternatywne, autorskie warianty rozwiązania, pozwalające przypuszczalnie uzyskać pozytywny efekt planu techniczno-ekonomicznego, np. zmniejszenie intensywności metalu w stosunku do typowego rozwiązania. Intensywność metalu konstrukcji jest dość ważnym kryterium wydajności metalu. Ale porównanie opcji w celu wybrania najlepszej powinno być dokonane poprzez porównanie nie jednej, ale wszystkich głównych kryteriów rozważanych powyżej. Priorytetowymi kryteriami są wśród nich tylko wytrzymałość zmęczeniowa i żywotność konstrukcji stalowej konstrukcji nośnej. W związku z tym można przyjąć do rozważenia i analizy porównawczej alternatywę dla standardowego wariantu rozwoju, dającą jakikolwiek prywatny pozytywny efekt, tylko pod warunkiem, że proponowany rozwój nie zmniejszy wytrzymałości zmęczeniowej i trwałości użytkowej konstrukcji stalowych konstrukcji rozpiętościowej.

Projektowanie opcji może być skutecznie stosowane jako metoda umożliwiająca znalezienie optymalnego rozwiązania na wszystkich etapach projektu. Kwestia wyboru łoża mostu dla rozpatrywanej powyżej konstrukcji przęsłowej może służyć jako pewien przykład zastosowania tej metody na początkowym etapie projektowania.

Do tego, co zostało powiedziane, należy jeszcze dodać, co następuje. Istnieją wady w porównaniu z jazdą na moście i balastem. Główne z nich to większa złożoność i pracochłonność prac instalacyjnych, dodatkowe koszty produkcji koryta żelbetowego - koryta, pewne trudności z odprowadzaniem wody, itp. Jednak niewątpliwe zalety w zakresie kryteriów pierwszeństwa, jak pokazano powyżej, pozostają w tyle za nawierzchnią balastową.

Obciążenie od ciężaru dna mostu przyjmuje się jako równomiernie rozłożone na całej długości przęsła z intensywnością:

- w wersji krzyżowej qn1 = 2 tf/m;

- dla wersji z jazdą pod balastem qn1 = 6 tf/m.

Ładunki tymczasowe

Tymczasowe standardowe obciążenie pionowe z taboru C-K (dla nowoczesnych mostów C=1, K=14) przyjmuje się jako równoważnik kroczącego obciążenia równomiernie rozłożonego na całej długości przęsła.

"e, tc/m, którego natężenie zależy od kształtu linii oddziaływania, długości obciążenia i klasy obciążenia (obciążenie numer 3 w tabeli 3.1).

Dokładna wartość obciążenia równoważnego jest obliczana za pomocą wzoru:

$$''e =(1 + 1.1\text{-}e0^{\cdot 04l} +4.4/l\ 2)\text{-}(1\text{-}a/4)\text{-}K \qquad (3.3)$$

gdzie λ jest długością obciążenia linii oddziaływania, m;

$a=X/L$ - położenie wierzchołka linii wpływu; określone zgodnie z tabelą 3.2;

K=14 - klasa obciążenia, tc/m;

e = 2,718 - podstawa logarytmów naturalnych.

W trakcie projektowania, niezależnie od wartości parametru, *należy go* zaakceptować:

- przy długości obciążenia λ od 20 do 40 m "e = 17 tf/m";

- przy długości obciążenia λ od 40 do 150 m (i więcej) "e = 14 tc/m;

- Jeżeli długość ładunku λ < 20 m, wartość SE należy określić za pomocą wzoru (3.3) lub zgodnie z tabelą 1 w załączniku 5 do SNiPa 2.05.03-84.

*Uwaga. Wartości intensywności bazują na masie chodników, wiat, kabli, rurociągów i innych elementów technicznych systemu aranżacji mostu.

Tabela 3.2 - Określanie sił w prętach kratownic o rozpiętości przęsła głównego wzdłuż linii oddziaływania

Наимен. элемента	Схема фермы и линии влияния	α	λ	$\Omega\ (\omega)$
-	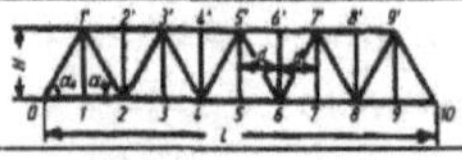	x/L	-	-
панель 2' - 3'		x/L	L	$\Omega_{вп} = \frac{x(L-x)}{2H}$
панель 2 - 3		d/L	L	$\Omega_{нп} = \frac{x(L-x)}{2H}$
раскос 3' - 4	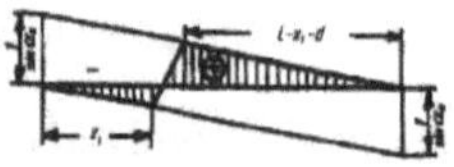	d/L	$\lambda_{лев} = \frac{x_1}{1-a}$ $\lambda_{пр} = \frac{L-x_1-d}{1-a}$	$\Omega_{лев} = \frac{x_1^2}{2(1-a)L\sin a_0}$ $\Omega_{пр} = \frac{(L-x_1-d)^2}{2(1-a)L\sin a_0}$
раскос 4 - 5'	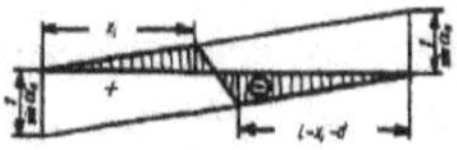	d/L	$\lambda_{лев} = \frac{x_1}{1-a}$ $\lambda_{пр} = \frac{L-x_1-d}{1-a}$	$\Omega_{лев} = \frac{x_1^2}{2(1-a)L\sin a_0}$ $\Omega_{пр} = \frac{(L-x_1-d)^2}{2(1-a)L\sin a_0}$
подвеска 1 - 1'		$1/2$	$2d$	$\Omega_{под} = d$

Normatywne poziome poprzeczne obciążenie wiatrem przyjmuje się jako równomiernie rozłożone na obliczonej powierzchni wiatru konstrukcji przęsłowej qw, tc/m2 (obciążenie numer 7 w tabeli 3.1).

Natężenie obciążenia wiatrem w obecności pociągu na moście jest równe 0,18 tf/m2*.

Obliczoną powierzchnię wiatru farmy głównej *Ff przyjmuje* się wzdłuż konturu projektowego, tzn. wzdłuż powierzchni rzutowej na płaszczyźnie pionowej, przy współczynniku bryłowym 0,2. Obliczona powierzchnia wiatru na jezdni *FPP jest* również pobierana z konturu strony projektowej. W tym przypadku wysokość jezdni zmniejsza się o 0,5 m, mamy tu na myśli nakładanie się wysokości jezdni dolnego pasa głównego gospodarstwa. Współczynnik ciągłości jezdni wynosi 1,0.

Przy określaniu powierzchni wiatru *Fps przyjmuje* się jako pełny pas o wysokości 3 m i długości *L*. Współczynnik solidności taboru wynosi 1,0.

*Uwaga. Przy normatywnym obciążeniu wiatrem qw o natężeniu 0,180 tf/m2 uwzględnia się współczynnik aerodynamiczny Cw = 2,15.

W związku z tym obciążenie wiatrem na głównej farmie jest równe:

"f = 0,18-0,2- Ff, tc; (3,4)

na jezdni

"ph = 0,18-0,04-Fph, tc; (3,5)

na taborze kolejowym:

"ps = 0,18-3-L, ps. (3.6)

Dolny pas kratownicy głównej, który jest jednocześnie pasem dolnej kratownicy komunikacji poziomej, jest przenoszony na kratownicę główną przez 0,6 obciążenia wiatrem i do 0,8 obciążenia wiatrem na jezdnię i tabor.

Natężenie równomiernie rozłożonego obciążenia wiatrem na dolnym pasie jest równe:

$$q_{wн} = g_{fw} \frac{0,6W_{ф} + 0,8W_{пч} + 0,8W_{пс}}{L}, тс/м. \quad (3.7)$$

Górny pas gospodarstwa głównego, który jest również górnym pasem komunikacji poziomej gospodarstwa, jest przenoszony na 0,6Wf, 0,4Wpts i

0,4Wpts. Przyjmuje się, że współczynnik rozkładu obciążenia wiatrem pomiędzy górnym i dolnym pasem jest taki sam i równy 0,6 z powodu niewystarczającej pewności rozkładu.

Natężenie równomiernie rozłożonego obciążenia wiatrem na górnym pasie jest równe:

$$q_{wв} = g_{fw} \frac{0,6W_{ф} + 0,4W_{пч} + 0,4W_{пс}}{L}, \text{тс / м}, \qquad (3.8)$$

gdzie = γ_{fw} = 1,10...1,30 - współczynnik niezawodności przy obciążeniu wiatrem [6];

Ln = *L* - długość dolnego pasa głównego gospodarstwa, m;

Lw= *L-2d* - długość górnego pasa, m.

3. stal mostowa.

Rozpiętości przęseł mostów kolejowych są budynkami o najwyższej odpowiedzialności. Dlatego do produkcji konstrukcji przęsłowych dopuszcza się stosowanie tylko tych gatunków stali, które spełniają podwyższone wymagania w zakresie udarności w niskich temperaturach, trwałości na wartość ciśnienia płynności, odporności na powstawanie i wzrost pęknięć zmęczeniowych, twardości korozyjnej.

Stale mostowe powinny być dobrze spawane, mieć wysoką odporność na gorące i zimne pęknięcia, nie tracić wytrzymałości pod wpływem cyklu termomechanicznego spawania.

Konstrukcje latające nie mają żadnej ochrony przed wiatrem i mrozem i znajdują się na wolnym powietrzu nad przeszkodami wodnymi. Dlatego też, w miarę spadku temperatury, szybko się schładzają. W związku z tym przyjęto specjalne normy dla konstrukcji stalowych mostów, aby wybrać obliczoną minimalną temperaturę powietrza Tmin, która określa potrzebę ich produkcji w wersji "północnej" przy zastosowaniu tylko określonych gatunków stali. W przypadku stalowych konstrukcji mostowych średnia temperatura najzimniejszych dni jest przyjmowana jako Tmin. Tmin od - 40° C do - 50° C określa łącznie "północną" wersję A, w Tmin od - 50° C do - 70° C konstrukcje stalowe powinny być wykonane w "północnej" wersji B.

Obecnie główne elementy nośne przęseł mostów kolejowych produkowane są zgodnie z normami SNIP i STO-GC Transstroy -012-2007 jako główny materiał ze stali o spokojnym topieniu zgodnie ze specjalną normą GOST 6713-91. Stały się one znane jako stal mostowa. Zgodnie z normą produkowane są tylko dwa gatunki stali mostowej (tabela 3.3).

Tabela 3.3 - Gatunek i skład chemiczny (%) stali mostowych

Marka	C	Si	Mn	Cr	Ni	Cu
15ХСНД	0.12-0.18	0.40-0.70	0.40-0.70	0.6-0.9	0.3-0.6	0.2-0.4
10ХСНД	0.12	0.80-1.10	0.50-0.80	0.6-0.9	0.5-0.8	0.4-0.6

Uwaga 1: Zawartość siarki i fosforu nieprzekraczająca 0,035 % każdy.

2 Wymienione gatunki stali mogą być stosowane do konstrukcji mostów spawanych o wskaźnikach A - 15ХСНДА oraz 10ХСНДА o wysokiej jakości w wykonaniu zwykłym i północnym; w wykonaniu północnym według SNIP zalecany jest tylko gatunek stali 10ХСНД-33.

3 Stosowanie złączy montażowych przy spawaniu dla północnej wersji B jest niedozwolone.

W zależności od obróbki cieplnej, stale te są dostarczane w trzech kategoriach jakości: 1 - bez obróbki cieplnej; 2 - znormalizowane; 3 - po hartowaniu i odpuszczaniu, wskazując 2 i 3 kategorię w nazwie gatunku stali, na przykład 10ХСНД-2.

Dane referencyjne dotyczące właściwości mechanicznych stali mostowej bez obróbki cieplnej podano w tabeli 3.4.

Tabela 3.4 - Właściwości mechaniczne stali mostowych

Gatunek stali	σB, MPa	σT, MPa	δ, %	a_n(co najmniej), j/cm2 w temperaturze, ° C	
	co najmniej			-20	+20
15ХСНД	450-490	315-345	21	45	81
10ХСНД	510-670	390	19	100	140

.

Stale wszystkich gatunków wymienionych w tabeli 3.5 są dostarczane w postaci blach walcowanych o grubości do 50 mm oraz kształtowników o grubości ścianek do 32 mm.

Do produkcji konstrukcji przęsłowych "północnych" wykonanie A, Tmin do - 50 ° C, używane stali 15HSND-2 i 10HSND-2 z gwarancją udarności w temperaturze - 50 ° C co najmniej 30 j/cm2.

Do produkcji konstrukcji stalowych rozpiętość "północnej" wersji B, Tmin do - 70 ° C, używany gatunek stali 10HSND-3 z gwarancją w temperaturze - 70 ° C co najmniej 30 j/cm2.

Normatywne i obliczeniowe nośności stali mostowych stosowanych do produkcji konstrukcji stalowych w wersji zwykłej (Tmin do - 40°C) podano w tabeli 3.5.

Tabela 3.5 - Normatywna odporność stali mostowych na korozję i obliczona oporność na korozję

Gatunek stali	Standard	Wynajem	Grubość wyroby walcowane, mm	Ryn, MPa	Ry, MPa
15ХСНД	GOST 6713-91	Jakiekolwiek .	8-32	345	295
15ХСНД	GOST 6713-91	Arkusz	33-50	330	285
10ХСНД	GOST 6713-91	Arkusz	16-32	390	350

Notatki:

1 Minimalne wartości granicy plastyczności $_{(\sigma 0,2)}$ stali przyjmuje się jako normatywną nośność Ryn;

2 Wartości nośności obliczeniowych Ry uzyskuje się dzieląc wartości Ryn przez współczynniki niezawodności Ry= Ryn/gm z zaokrągleniem do 50 kgf/cm2. Wartości współczynnika gm, patrz [6];

3 W tabeli przedstawiono obliczoną nośność przy rozciąganiu i ściskaniu; obliczona nośność przy zginaniu Ru=Ry;

4 Wartości obliczonej nośności przy ścinaniu Rs należy wyznaczyć za pomocą wzoru Rs=0,58·Ry;

5 Grubość walcowanych kształtów to grubość półki.

Normatywne i obliczeniowe nośności stali mostowych stosowanych do produkcji konstrukcji stalowych z północnej wersji A i B są przedstawione w tabeli 3.6.

Tabela 3.6 - Normatywna Ryn i obliczeniowa wytrzymałość stali mostowych na korozję

Gatunek stali	Standard	Wynajem	Grubość wyroby walcowane, mm	Ryn, MPa	Ry, MPa
15ХСНД-2	GOST 6713-91	Jakiekolwiek.	8-32	400	RA=270
15HSD-3	GOST 6713-91	Jakiekolwiek.	8-32	400	RB=270
10ХСНД	GOST 6713-91	Jakiekolwiek.	8-15	400	RA=320; RB=270
10ХСНД-2	GOST 6713-91	Jakiekolwiek.	8-40	400	RA=320
10ХСНД-3	GOST 6713-91	Jakiekolwiek.	8-40	400	RA=320; RB=270
15HSD-40	GOST 6713-91	Jakiekolwiek.	10-40	400	RA=320; RB=270

Notatki:

1 RA - obliczeniowa wartość nośności stali Ry dla projektu "północnego" A;

2 RB - odpowiednio dla projektu "północnego" B;

3 Wszystkie uwagi w tabeli 3.5. są również w pełni istotne dla danych w tabeli 3.6.

Przy wyborze podstawowego materiału konstrukcji metalowych projektowanej konstrukcji przęsłowej należy wyraźnie zaznaczyć, że główną wadą stali nie jest niewystarczająca wytrzymałość (Ry), ale niewystarczająca ciągliwość ($_{an}$) w temperaturze pracy. Jeżeli pierwszy błąd można skompensować przez zwiększenie pola przekroju poprzecznego (F) lub momentu bezwładności (J), drugi błąd nie może być skompensowany żadnymi środkami.

Rozdział 4 : BUDOWA RAMY RAMY ŚWIATA.

1 Przestronna konstrukcja z przejażdżką po dnie

Ogólną koncepcję układu rozpiętości przęseł można uzyskać z rysunku 25.

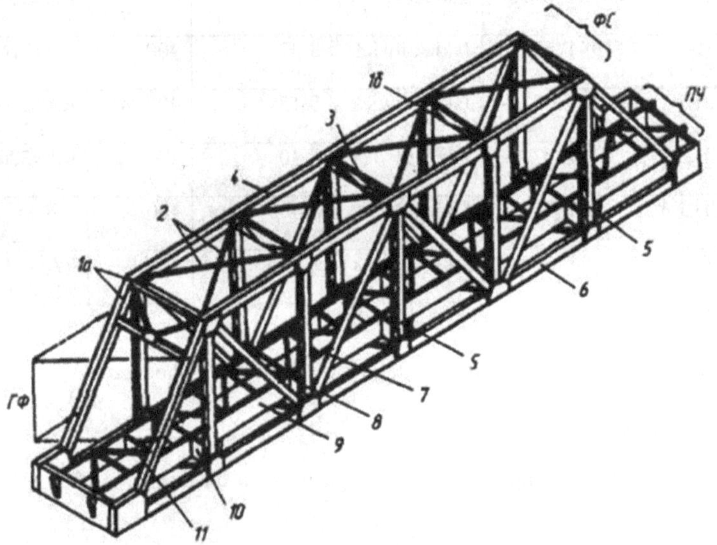

HF - kratownice główne; *FS* - wzdłużne kratownice poziome połączeń; *IF* - *klatka* belki (łazik) jezdni; 1 *a* - skrajne górne połączenia poprzeczne; 1 *b* - pośrednie górne połączenia poprzeczne; 2 - ukośne rozpórki kratownicy połączeniowej; 3 - rozstawy wiązarów kratownicowych; 4, 5, 6, 7, 8 - pas górny, wisiory kratownicowe, pas dolny, rozpórki i słupki kratownicy kratownicy głównej; 9, 10 - *belki* wzdłużne i poprzeczne biegnące po jezdni, odpowiednio; 11 - połączenia belek wzdłużnych.

Rysunek 25 - *Rozpiętość* **mostu kolejowego z jazdą po dnie**

Rysunek 25 przedstawia metalową konstrukcję przęsła (*SAR*) pod szyną jednotorową z jazdą zamkniętą u dołu. Głównymi elementami konstrukcyjnymi *PS* są dwie główne kratownice (*HF*), jezdnia (*PPP*) i górna wzdłużna kratownica łącząca pozioma (*LF*).

Schematy obliczeniowe podstawowych elementów typowej konstrukcji rozpiętościowej o rozpiętości $L = 66$ m pokazano na Rysunku 26.

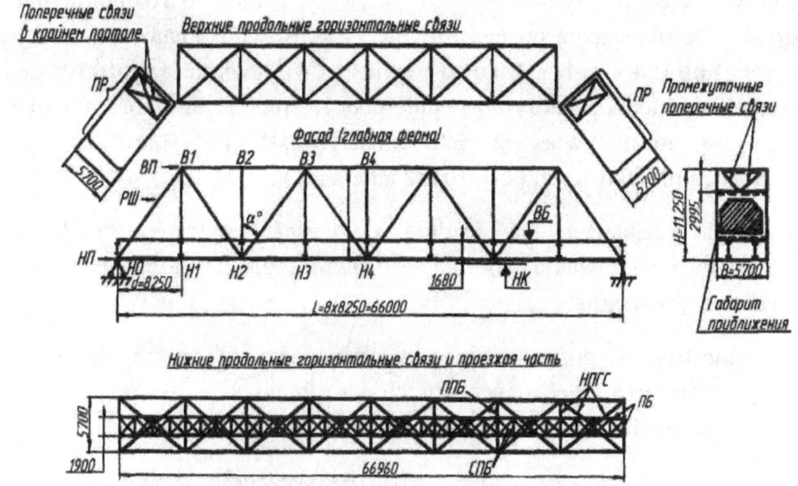

VP, *RS* i *NP* - odpowiednio pas górny, kratownica i pas dolny farmy głównej; *PB* i *PPB* - belki wzdłużne i poprzeczne kratownice jezdni; *SPB* - ogniwa belek wzdłużnych; *VB* - *górna* część belek wzdłużnych; *NK* - *dolna część* konstrukcji jezdni; *PR* - rama portalowa.

Rysunek 26 - Obliczone schematy geometryczne elementów typowej konstrukcji rozpiętościowej *L = 66* m

Główne gospodarstwa rolne pokrywają rozpiętość i przenoszą całe obciążenie pionowe na podpory. Głównymi elementami kratownicy głównej są pasy, górny *(VP) i* dolny *(NP)* oraz kratownica *(RS)* łącząca pasy. Kratownica z kolei składa się z rozpórek (*D*) oraz elementów pionowych - rozpórek i wieszaków (*V*). Podczas jazdy na dole zawieszenia są rozciągnięte, a słupki są elementami "zerowymi" - siła w słupkach jest równa zeru. W strukturę siatki przy wjeździe na dno regału wprowadza się w celu zachowania niezmienności geometrycznej schematu osadniczego gospodarstwa głównego oraz w celu przymocowania do nich belek poprzecznych jezdni. Podczas jazdy na "zerowych" prętach są wieszaki, a słupki pracują w kompresji. Pręty zbiegające się w jednostkach gospodarskich są łączone ze sobą za pomocą spawów, nitów lub śrub o dużej wytrzymałości. Kratownice główne konstrukcji przęsłowej pokazane na rysunkach 25 i 26 mają równoległe pasy i siatkę trójkątną z wiszącymi zawieszkami i słupkami.

Jazdnia konstrukcji przęsłowej działa zarówno pod obciążeniami pionowymi, jak i poziomymi. Obciążenie pionowe składa się z dwóch elementów - stałego i tymczasowego. Pierwszy z nich to równomiernie rozłożone stałe obciążenie od ciężaru (masy) konstrukcji metalowej samej jezdni i ciężaru dna mostu. Drugi to również równomiernie rozłożony, ale poruszający się ładunek, który występuje podczas przejazdu taboru. Oba te elementy są normatywne, a ich intensywność jest określona w specyfikacjach projektowych (TU) (patrz tabela 3.1).

Horyzontalnie działające na jezdnię obciążenie występuje podczas przyspieszania i hamowania taboru i jest przenoszone na dolne jednostki gospodarstwa głównego.

Stalowa konstrukcja nośna jezdni wykonana jest w postaci koszyka belkowego z zestawu belek poprzecznych i wzdłużnych. Belki poprzeczne spoczywają na węzłach głównych gospodarstw z ich końcami.

Praca i projekt jezdni zostały omówione bardziej szczegółowo poniżej.

Aby zapewnić sztywność konstrukcji rozpiętościowej w płaszczyźnie poziomej, kratownice główne (podczas jazdy poniżej) są łączone za pomocą górnych i dolnych połączeń wzdłużnych. Górne wiązania wzdłużne tworzą razem górną poziomą kratownicę łączącą (*UBF*), której pasy są jednocześnie górnymi pasami głównych kratownic. Dolne połączenia wzdłużne są zazwyczaj połączone z węzłami w dolnych pasach głównych gospodarstw.

Górne wiązania wzdłużne głównie podtrzymują poprzeczne obciążenie wynikające z bocznego naporu wiatru. Niższe wiązania wzdłużne podtrzymują nie tylko poprzeczne obciążenie wiatrem, ale również część obciążenia wzdłużnego, które występuje podczas przyspieszania i hamowania taboru.

Więzy krzyżowe rozmieszczone są w pionowych płaszczyznach podpór i wieszaków oraz nachylonych płaszczyznach skrajnych rozpór głównych gospodarstw rolnych. Połączenia te wykonywane są w postaci prętów lub pełnych śrub dwustronnych, które sztywno łączą określone elementy symetryczne kratownic głównych w ich górnych częściach. W tym przypadku w rozważanej konstrukcji przęsłowej tworzą się trzy pośrednie i dwie skrajne ramy. Te ostatnie są powszechnie określane jako ramy nośne lub portalowe w budownictwie mostowym. Wymiary wszystkich ram w świetle powinny zapewniać swobodne przejście taboru, tj. powinny odpowiadać wielkości zbliżających się konstrukcji (rysunek 27).

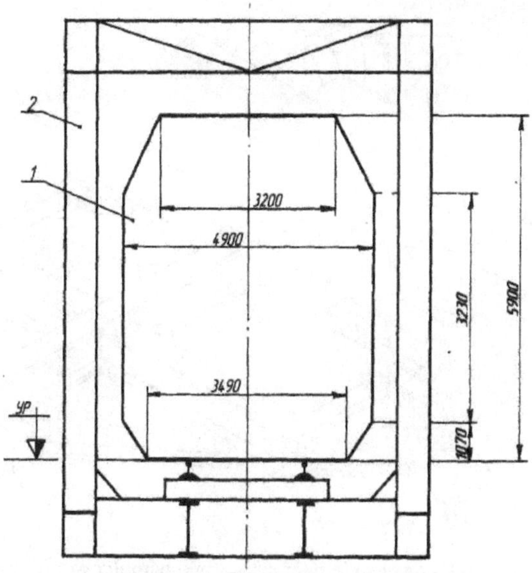

1 - tabor kolejowy; 2 - konstrukcja rozpiętościowa; *UR* - poziom główki szyny.

Rysunek 27 - Przybliżona wielkość (głównych) obiektów mostowych na liniach kolejowych

Wymóg ten może zostać spełniony, jeżeli odległość pomiędzy wzdłużnymi płaszczyznami symetrii kratownic głównych wynosi co najmniej 5,6-5,8 m, a najmniejsza obliczona wysokość kratownic wynosi 8,0-8,5 m. Z powyższego wynika, że głównym celem poprzecznych sztywnych ram jest zapewnienie dodatkowej stabilności danej geometrii przęsła przy bocznym naporze wiatru. Praktyka wykazała, że sztywność pozioma przęseł przy jeździe na dole jest zapewniona, jeżeli odległość między osiami wzdłużnymi kratownic głównych wynosi co najmniej *1/20 L.*

Wysokość belek poprzecznych i wzdłużnych jezdni jest zazwyczaj taka sama, a belki są na tym samym poziomie (Rysunek 28).

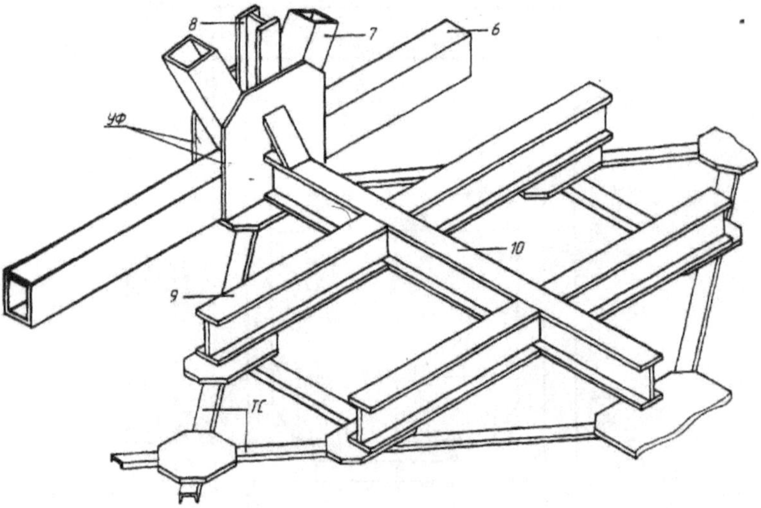

UV - fazowanie złączy; *TS* - linki hamulcowe;

inne oznaczenia, patrz rys. 25.

Rysunek 28 - Koniugacja elementów głównego gospodarstwa i belek konstrukcji jezdni.

Rozwiązanie to zapewnia najwygodniejsze i najbardziej racjonalne połączenie belek poprzecznych i wzdłużnych. Wewnątrz każdego panelu, dwie wzdłużne belki są połączone ze sobą za pomocą wiązań wzdłużnych i poprzecznych, co zwiększa ich lokalną i ogólną stabilność.

Siły wzdłużne występujące podczas hamowania i przyspieszania taboru są przenoszone na belki wzdłużne. Siły te deformują ogniwo dźwigara przy zginaniu belki poprzecznej w płaszczyźnie poziomej. Aby zapobiec temu niepożądanemu odkształceniu, belki wzdłużne są połączone z węzłami w dolnych pasach kratownic głównych za pomocą specjalnych połączeń hamulcowych (TC) (rysunek 28). Cztery ukośnie ułożone elementy ogniw hamujących z dodatkowymi odstępami tworzą sztywne ramy hamujące, jak widać na ilustracji. Ramy takie są rozmieszczone na całej długości konstrukcji przęsła. Nietrudno również zauważyć, że ramy hamulcowe wraz z pasami głównych kratownic tworzą dolną kratownicę poziomą pełniącą te same funkcje co górna kratownica pozioma.

Konstrukcja przęsła opiera się na przegubowej podpórce ruchomej na *jednym* końcu i przegubowej podpórce ruchomej na drugim końcu. Taki układ podparcia daje możliwość swobodnego ruchu wzdłużnego konstrukcji wynikającego ze zmian temperatury i odkształcenia dolnego pasa kratownic głównych pod wpływem obciążeń pionowych od taboru. Nietrudno zauważyć, że taki system podparcia zapewnia statyczną wyznaczalność kratownic głównych w stosunku do elementów podparcia, co jest odzwierciedlone na schematach obliczeniowych.

Konstrukcje części nośnych konstrukcji rozpiętościowych typu belka są uwzględnione w [5].

2. Praca konstrukcji przęsłowej jako układu przestrzennego

Konstrukcja rozpiętościowa składa się z układów płaskich - pionowo usytuowanych kratownic głównych, kratownic wiązanych poziomo oraz klatki dźwigarowej jezdni. Zakłada się, że systemy te działają w następujący sposób. Belki wzdłużne i poprzeczne jezdni, pracujące na zginaniu pod wpływem obciążenia pionowego, przenoszą to obciążenie przez węzły pasa dolnego na główne gospodarstwa. W ten sposób główne gospodarstwa rolne pracują pod obciążeniem działającym w ich samolotach. Połączyć gospodarstwa rolne pracują pod obciążeniem, którego kierunek pokrywa się również z ich samolotami.

Zgodnie z tym założeniem, każda z tych części konstrukcji działa jako niezależny system i jest odpowiednio obliczana. Innymi słowy, przy obliczaniu wytrzymałości i sztywności kratownic i belek konstrukcji rozpiętościowej nie bierze się pod uwagę ich współczynnika interakcji. Przy niewielkim stopniu interakcji, ta metoda obliczania struktury przęseł jest dość akceptowalna i stosowana w praktyce.

Niemniej jednak, struktura rozpiętości jest jednolita, niezmienna geometrycznie, ze sztywnym połączeniem wszystkich elementów i z dość pewną interakcją między elementami, co powinno być brane pod uwagę przy projektowaniu i podejmowaniu decyzji.

Wprowadzając rozważania na temat właściwości konstrukcji przęsłowej jako układu przestrzennego, zauważamy, co następuje. Obliczenia dotyczące wytrzymałości i sztywności kratownic przeprowadza się przy założeniu, że obciążenie kratownicy jest przyłożone w węzłach, a pręty (elementy) kratownic działają wyłącznie na siły osiowe (wzdłużne). To ostatnie założenie opiera się na hipotezie węzłów zawiasowych i idealnym ułożeniu elementów zbiegających się w węzłach. Schematy obliczeniowe kratownic stosowane w mechanice konstrukcji układów prętowych oparte są na tych hipotezach i założeniach jako założeniach roboczych.

W prawdziwych gospodarstwach rolnych nie są to idealne przeguby, lecz sztywne przeguby jednostkowe wykonane za pomocą połączeń spawanych, nitowanych lub skręcanych. Wyrównanie elementów w węzłach również nie jest idealne. Prawie wszystkie węzły są zmontowane z pewnymi nieścisłościami w ustawieniu. W rezultacie w prętach prawdziwego gospodarstwa pod obciążeniem występują nie tylko siły wzdłużne, ale również momenty gnące. Pręty w naturalny sposób generują dodatkowe naprężenia. Obliczenia systemów wędzisk wykonane według metody klasycznej nie implikują możliwości wystąpienia tych dodatkowych naprężeń w wędziskach gospodarstw. Zazwyczaj naprężenia te są niewielkie i rzeczywiście nie mogą mieć znaczącego wpływu na wytrzymałość i stabilność prętów, ale w warunkach, gdy niedokładności ułożenia są niewielkie, a stosunek największego przekroju liniowego pręta do jego długości nie przekracza *1/15*.

Rozpatrując kwestię interakcji składników struktury przęseł jako jednolitego systemu przestrzennego ograniczymy się do morfologicznego opisu tego zjawiska. Konsekwencje tego zjawiska powinny być brane pod uwagę przy projektowaniu i odzwierciedlane w decyzjach projektowych.

Problem analizy sił i odkształceń konstrukcji przęsłowej jako pojedynczego systemu 3D można teraz rozwiązać za pomocą Metody Elementów Skończonych (MES), która jest realizowana za pomocą programu komputerowego 3D FERM, opisanego w rozdziale VI proponowanej książki.

Rozważmy interakcję pomiędzy głównym gospodarstwem a górnym horyzontalnym gospodarstwem wiążącym (Rysunek 29). Z rysunku widać, że górne pasy głównych gospodarstw rolnych są jednocześnie pasami gospodarstwa łączonego.

Kiedy główne kratownice są poddawane obciążeniom pionowym, kratownica, odkształcona elastycznie, wygina się w dół. Naciągnięte dolne pasy są wydłużane, a górne pasy ściskane skracane. Jednak swobodne elastyczne cięcie górnych pasów kratownic głównych (o δ w każdym panelu) jest utrudnione przez ukośne rozpórki poziomej ramy łączącej (rysunek 29).

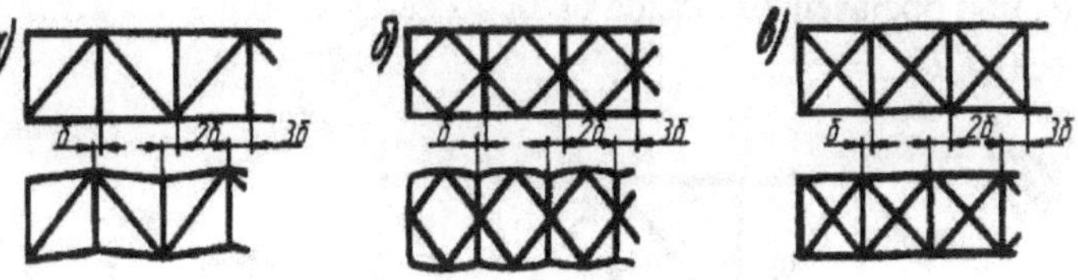

a- kratę trójkątną; *b-* kratę rombową z przekładkami;

c - kratownica poprzeczna (podwójna kratownica z rozpórkami).

Rys. 29 - Schematy odkształceń elementów wzdłużnej poziomej ramy łączącej (*FS* - Rys. 22) przy różnych systemach kratowych

W tym przypadku część sił ściskających działających w każdym panelu górnych pasów kratownic głównych przejmują ukośne rozpórki. W wyniku tej redystrybucji wysiłku następuje częściowy rozładunek górnych pasów.

Jeżeli wzdłużna pozioma rama sprzęgająca posiada trójkątną siatkę z elementami dystansowymi, górne pasy obciążonych kratownic głównych są odkształcone w płaszczyźnie poziomej, jak pokazano na rysunku (Rysunek *29a*).

W rombowej siatce ramy połączonej odkształcenie górnych pasów kratownic głównych w płaszczyźnie poziomej będzie nieco inne (rysunek 29 *b*).

Jeśli gospodarstwo komunikacyjne posiada sieć podwójnej kraty z

z rozpórkami, górne pasy głównych gospodarstw pozostają proste (Rysunek 29 *c*). Jednak siły ściskające w ukośnych wspornikach wiązań rosną, a rozładunek górnych pasów w głównych gospodarstwach jest jeszcze większy.

Weźmy pod uwagę wzajemne oddziaływanie dolnych pasów kratownic głównych i klatki jezdni z jezdnią w dół. Kratownice główne mają siatkę trójkątną z wisiorami i słupkami na każdej dolnej długości panelu pasa d i rozpiętości $L = 6d$ (rysunek 30).

Dla uproszczenia obrazu rozpatrywanego zjawiska przyjmijmy, że przy obciążeniu konstrukcji przęsłowej obciążeniem pionowym naprężenia rozciągające we wszystkich panelach są identyczne pod względem wartości.

Następnie, pod obciążeniem, każda płyta poszerzy się o δ, a cały *zakres* o *6δ* (Rysunek 30 *a, b*).

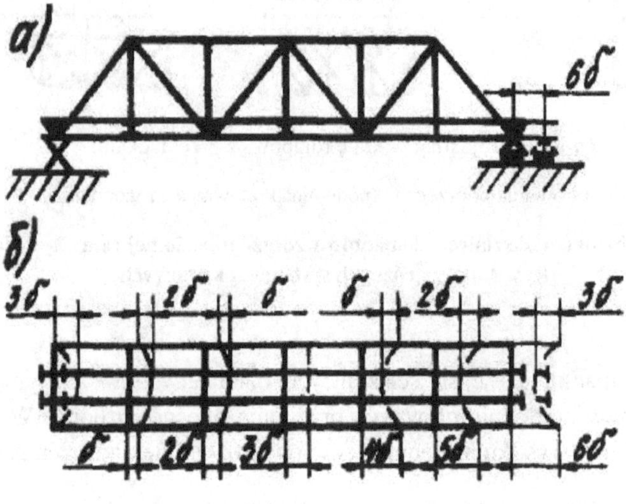

a - deformacja dolnego wydłużenia pasa; *b* - deformacja koszyka belki.

Rysunek 30 - Schemat odkształcenia belki jezdni przy wydłużeniu dolnych pasów obciążonych kratownic głównych

Długość podłużnych belek pod obciążeniem pozostaje praktycznie niezmieniona. Z tego powodu belki poprzeczne jezdni, sztywno połączone swoimi końcami z węzłami dolnych pasów kratownic głównych, otrzymują zgięcie poziome (rysunek 30 b). Największe zagięcie ma skrajne belki poprzeczne.

Siły rozciągające występują w belkach wzdłużnych. Dlatego też, ze względu na mechanizm redystrybucji, dolne pasy głównych gospodarstw są rozładowywane.

Dodatkowe siły w koszyku belki, zginanie belek poprzecznych i rozciąganie belek wzdłużnych mogą być bardzo duże. W przeszłości podejmowano szczególne konstruktywne działania w celu ograniczenia tych wysiłków. Jedną z opcji *jest* cięcie belek wzdłużnych i urządzenie w tych odcinkach par wzdłużno-przesuwnych. Doprowadziło to jednak do pogorszenia warunków pracy samych belek wzdłużnych, połączeń węzłowych belek wzdłużnych z belkami poprzecznymi, szynami i hamulcami. Dlatego też w konstrukcjach przęsłowych o nowoczesnej konstrukcji zrezygnowano z cięcia belek wzdłużnych i urządzeń do przesuwania wzdłużnego węzłów.

W nowoczesnych konstrukcjach rozpiętościowych belki wzdłużne są specjalnie włączane do prac łączeniowych z dolnymi pasami głównych gospodarstw rolnych. W tym celu końce konstrukcji przęsłowej kratownic głównych i belek wzdłużnych są połączone za pomocą membran poziomych (Rys. 31, *a*).

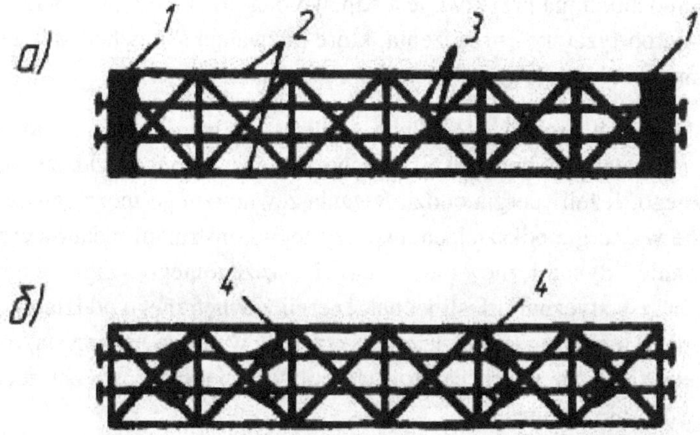

1 - membrany końcowe; 2 - pasy dolne; 3 - belki wzdłużne;

4 - membrany pośrednie.

Rysunek 31 - Schematy rozmieszczenia membran w celu włączenia komórki dźwigara do prac łączeniowych z dolnymi pasami kratownic głównych

W innym rozwiązaniu, we wszystkich (lub niektórych) panelach konstrukcji przęsłowej na końcach belek wzdłużnych są ułożone membrany pośrednie, sztywno łączące belki wzdłużne z dolnymi pasami kratownic głównych. Wzmocnione ramy hamulcowe są stosowane jako membrany (rys. 31 b).

Jako pomysł, włączenie podłużnych belek jezdni we współpracę z dolnymi pasami głównych gospodarstw *jest w* zasadzie rozwiązaniem progresywnym. Jednak realizacja tego pomysłu za pomocą potężnych membran łączących belki wzdłużne i pasy dolne w jednym układzie zwiększa sztywność i wagę dolnej części konstrukcji przęsła.

Jak wiadomo, zwiększona sztywność i ciężar każdej konstrukcji metalowej pracującej pod wpływem obciążenia dynamicznego, zmniejsza "gumę" konstrukcji. Wyjaśnijmy, że termin "guma" odnosi się do zdolności konstrukcji do absorbowania energii zewnętrznego oddziaływania dynamicznego, przekształcając ją w energię odkształcenia sprężystego elementów i odkształcenia sprężystego (ugięcia) całej konstrukcji. W uproszczeniu, "gumowość" to zdolność struktury do amortyzacji, łagodzenia dynamicznych (np. wstrząsów) impulsów bez szkody dla siebie. Wysoka "guma" samochodu, na przykład, jest zapewniona przez koła pneumatyczne, sprężyny i amortyzatory - urządzenia, które pozwalają samochód stopniowo uwolnić się od zakumulowanej energii sprężystej.

W konstrukcjach rozpiętościowych należy zrównoważyć "gumowe" konstrukcje metalowe konstrukcji i energię zewnętrznego oddziaływania dynamicznego. Jeżeli energia oddziaływania zewnętrznego może całkowicie zmienić się w energię odkształcenia sprężystego konstrukcji metalowych, to oddziaływanie dynamiczne nie stanowi szczególnego zagrożenia w porównaniu ze statycznym. Jeśli jednak energii zewnętrznego oddziaływania dynamicznego nie da się całkowicie przekształcić w energię sprężystą, reszta może przekształcić się w pracę deformacji plastycznej lub pracę zniszczenia poprzez tworzenie pęknięć.

Należy zauważyć, że zbyt wysoka "gumowość" konstrukcji metalowych jest również niedopuszczalna. Odkształcenie sprężyste takich konstrukcji pod wpływem obciążenia w warunkach eksploatacji może być niedopuszczalnie duże.

Sztuka projektowania polega na znalezieniu "złotego środka" pomiędzy niezbędną sztywnością a niezbędną giętkością konstrukcji, w tym rozpiętością.

Typowe projekty konstrukcji rozpiętościowych 3.

Przy projektowaniu metalowych konstrukcji przęsłowych mostów kolejowych praktyka budowy mostów kieruje się obecnie standardowymi projektami tych konstrukcji wymienionymi w tabeli 4.1.

Tabela 4.1 - Typowe projekty konstrukcji rozpiętościowych z wykorzystaniem głównych gospodarstw rolnych

Серия	Расстояние между фермами, м.	Пролет, м.	Схема фермы	Расход металла на пролетное строение, т.			
				клепаного 16Д	клепано-сварного 16Д	клепаного 15ХСНД	болто-сварного 15ХСНД
I	5,6	33,0 (33,8)	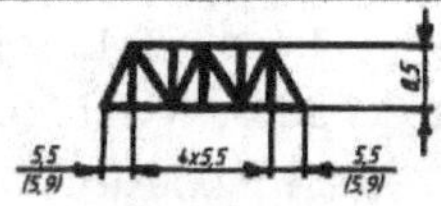	95,47	89,6	-	78,8
		44,0 (44,8)	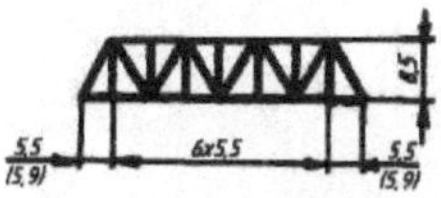	133,52	129,05	-	106,2
		55,0		185,95	177,11	152,8	139,5
II	5,7	66,0	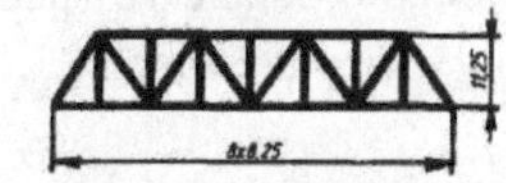	232,6	217,08	194,6	174,8
		77,0	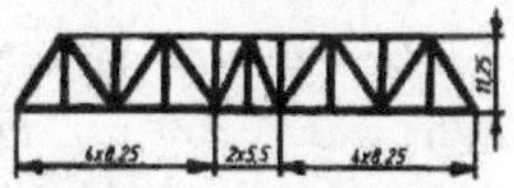	309,8	-	-	227,7
III	5,8	88,0 (87,52)	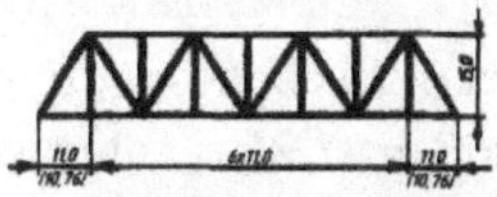	392,5	351,1	337,8	305,4
		110,0 (109,52)	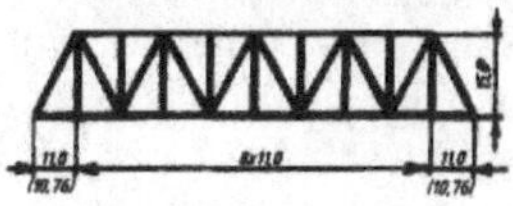	582,6	-	487,9	439,7
IV	7,5	127,4	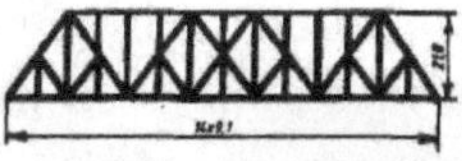	-	-	690,6	-
		145,6	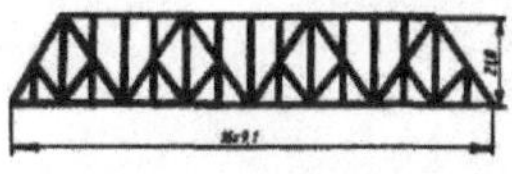	-	-	805,0	-

Wszystkie konstrukcje rozpiętościowe projektu standardowego wprowadzone w niniejszym dokumencie normatywnym są podzielone na cztery serie. W ramach każdej serii przęsła są łączone za pomocą standardowych rozmiarów paneli (*d*), wysokości kratownicy głównej (*H*) oraz rozstawu osi wzdłużnych kratownicy głównej (*B*). Rozpiętości wszystkich czterech serii mają ten sam typ kratownic głównych z równoległymi pasami i kratownicami trójkątnymi z zawieszkami i rozpórkami (seria I, II i III) oraz kołowrotki.

(IV odcinek).

Pierwsza seria (I), jak wynika z tabeli 4.1, obejmuje konstrukcje rozpiętościowe o obliczonej rozpiętości 33,0; 44,0 i 55,0 m; długość paneli i wysokość głównych kratownic tych konstrukcji są odpowiednio standardowe i równe,

$d = 5{,}5\ m$ i $H = 8{,}5\ m$.

W celu zbliżenia długości typowych konstrukcji przęsłowych do przedrewolucyjnej konstrukcji przyjmowanej w mostach, co jest konieczne przy przebudowie mostów z wymianą starych konstrukcji przęsłowych i budowie drugich torów, można zastąpić panele zewnętrzne o standardowej długości 5,5 m (w gospodarstwach o rozpiętościach 33,0 i 44,0 m) panelami o długości 5,9 m.

Wymiary w Rosji przedrewolucyjnej zostały wyznaczone, jak wiadomo, nie w metrach, ale w sazenach (1 sazh. = 2,13360 m). Przy długości 5,9 m, standardowa rozpiętość 44,0 m przyjmuje rozmiar 44,8 m (21 sadzonek).

Druga seria (II) składa się z przęseł o obliczonych rozpiętościach 66,0 i 77,0 m, wysokości kratownic głównych $H = 11{,}25\ m$ *i* długości płyty 8,25 m.

Trzecia seria (III) obejmuje przęsła o obliczonej rozpiętości 88,0 i 110,0 m, wysokości kratownic głównych $H = 15\ m$ *i* długości płyty 11,0 m.

Dla pokrycia szlaków żeglugowych pierwszej klasy wprowadzono dodatkowo standardowe projekty rozpiętości przęseł o obliczeniowej rozpiętości 127,4 m i 145,6 m, wysokości kratownic głównych $H = 21{,}0\ m$ *i* długości paneli 9,1 m.

(IV odcinek).

Należy zauważyć, że schematy obliczeniowe głównych rozpiętości kratownic w pierwszych trzech seriach są określone statystycznie, a czwarta seria *jest* statystycznie nieokreślona jeden raz.

Typowe projektowanie pozwoliło przy produkcji konstrukcji rozpiętościowych znormalizować (wewnątrz każdej serii) podstawowe wielkości liniowe elementów, rodzaje przekrojów, geometrię węzłów, kształt i wielkości faz, uszczelek itp. elementów pomocniczych. Pozwoliło to z kolei na uporządkowanie typowych technologii produkcji w zakładach mostowych, ujednolicenie i standaryzację urządzeń i oprzyrządowania technologicznego, w szczególności przewodów do wiercenia otworów pod śruby montażowe. Montaż konstrukcji rozpiętościowych został ułatwiony i przyspieszony. W rezultacie pozwoliło to na znaczne obniżenie kosztów na wszystkich etapach produkcji, w tym projektowania i instalacji. Fabryki mostów stały się bardziej wydajne i rytmiczne, cykl produkcyjny produkcji mostów został skrócony.

Podczas przetwarzania tych standardowych konstrukcji rozpiętościowych dla nowego obciążenia obliczeniowego C-14, pod warunkiem, że są one stosowane również w północnych obszarach kraju, zachowano schematy obliczeniowe głównych kratownic przedstawione w tabeli 4.1, wymiary i rodzaje przekrojów głównych elementów głównych kratownic, kratownic i jezdni. Podłużne belki jezdni zostały włączone do wspólnej pracy z dolnymi pasami głównych gospodarstw.

Powinieneś wiedzieć, że standardowy wzór w naszym kraju jest nakazowy. W praktyce oznacza to, że projektowanie i wykonywanie nietypowych konstrukcji przęsłowych na potrzeby ich zastosowania jako konstrukcji nośnych mostów kolejowych jest w naszym kraju niedozwolone. Ten nakaz nie jest konsekwencją formalnego wolontariatu w budowaniu mostów. Fakt, że jako standard wybrano konstrukcje rozporowe z kratownicami głównymi z równoległymi pasami i siatką trójkątną z wiszącymi i rozpórkami, nie jest przypadkowy. Wyboru dokonano na podstawie wielowymiarowych studiów teoretycznych, złożonych i kosztownych eksperymentów, praktyk produkcyjnych i instalacyjnych, a także wieloletniego doświadczenia w eksploatacji różnego rodzaju konstrukcji rozpiętościowych.

4. Schematy obliczeniowe głównych gospodarstw rolnych i gospodarstw objętych systemem więziennym

Gospodarstwa rolne będące częścią konstrukcji przęseł (gospodarstwa główne i gospodarstwa związane wzdłużnie) powinny być systemami niezmiennymi geometrycznie, przy założeniu węzłów przegubowych. Przy sporządzaniu systemów obliczeń dla gospodarstw rolnych należy dać pierwszeństwo systemom statystycznie zdefiniowanym, których obliczanie jest mniej skomplikowane niż w przypadku gospodarstw niedefiniowalnych statystycznie. Przed dokonaniem obliczeń należy obowiązkowo sprawdzić schemat obliczeniowy (podany lub samodzielnie opracowany) gospodarstwa pod kątem niezmienności geometrycznej i wyznaczalności statycznej. Jednocześnie należy mieć jasność co do tego, że układ zmienny geometrycznie nie może być stosowany jako konstrukcja nośna oraz że obliczanie kratownic, które są określone statycznie i nie do określenia statycznie, w szczególności określanie wartości siły w prętach kratownic, odbywa się za pomocą różnych metod.

Weryfikacja schematów projektowania gospodarstw rolnych pod kątem niezmienności i wyznaczalności statycznej przeprowadzana jest zgodnie z zasadami i metodami statyki strukturalnej.

Główne gospodarstwa rolne mogą być bardzo zróżnicowane pod względem konturów pasów i wzorów krat. Rysunek 32 przedstawia schematy kratownic kratownic głównych z równoległymi pasami. Niektóre z nich zostały wykorzystane w konstrukcjach przęseł starej konstrukcji, inne są obecnie wykorzystywane. Każdy z powyższych programów ma swoje wady i zalety.

Kratownica według schematu 1 nazywana jest trójkątną i nie posiada elementów pionowych - *podpór* i wieszaków. Farma z siatką trójkątną jest statystycznie rozpoznawalna. Zaletą kratownicy z siatką trójkątną jest minimalna liczba elementów i prostota projektu montażu. Wadą gospodarstwa jest stosunkowo duża długość elementów.

Siatka rolnicza według schematu 2 jest warunkowo nazywana trójkątną, ponieważ w składzie siatki trójkątnej są wprowadzone wieszaki i stojaki. Te ostatnie, jak wynika ze schematu obliczeń, pracują wyłącznie na lokalnym obciążeniu.

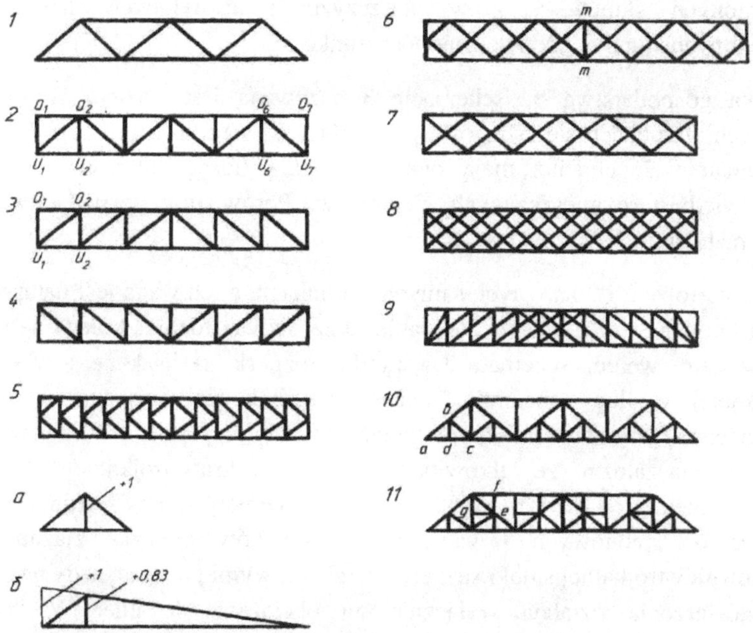

1 - *trójkątny*; 2 - trójkątny z wieszakami i słupkami;
3 - *skos* z rozpórkami, które wracają do środka nawy;
4 - *rozpórka* z rozpórkami opadającymi; 5 - pół rozpórki;
6 - romboidalny; 7 - podwójna siatka; 8 - *wielokrawędziowa*;
9 - wielożebrowe; 10 - trójkątne z dyblami (dyble są *a-v, c-c, a-s* i *c-d.*); 11 - trójkątne z dyblami i rozpórkami e-f i *e-g; a - linia* wpływu siły wzdłużnej w zawieszeniu O2-U2 (schemat 2); b - linia wpływu siły wzdłużnej w zawieszeniu *O2-U2* (schemat 3).

Rysunek 32 - Schematy kratownic rolniczych z pasami równoległymi

Wprowadzenie wieszaków i stojaków do kraty trójkątnej pozwala na zmniejszenie o połowę długości paneli pasa rolniczego, co w efekcie pozwala na zmniejszenie zużycia metalu walcowanego na urządzenie górnego pasa ściskanego i jezdni konstrukcji przęsła. Jednak całkowity ciężar konstrukcji rozpiętościowej nie może się zmienić, a nawet wzrosnąć ze względu na ciężar nowych elementów głównych kratownic - *wieszaków* i regałów. Należy również zauważyć, że w praktyce, w mostach z jazdą na dnie, elementy głównych gospodarstw *O1-O2* i *O1-U1* (schemat 2) są zazwyczaj wyłączone z programu jako nieoperacyjne. W tym przypadku ramy portalowe nie są ułożone w płaszczyznach pionowych najbardziej oddalonych słupów, lecz w płaszczyznach nachylonych najbardziej oddalonych słupów, jak pokazano na rysunku 25.

Siatka gospodarstwa na schemacie 3 nazywana jest skośną. W takich samych warunkach sieć ślizgowa jest cięższa od sieci trójkątnej zgodnie ze schematem 2, chociaż mają one taką samą liczbę równych długości odpowiednio rozmieszczonych elementów. Porównamy gospodarstwa w schematach 2 i 3.

Pasy startowe 2 i 3 są w tych samych warunkach, a ich waga jest naturalnie taka sama. Siły w rozpórkach są takie same. Jedyna różnica polega na tym, że w siatce według schematu 3 wszystkie rozpórki są ściskane, a w siatce trójkątnej według schematu 2 część rozpórek jest ściskana, a część rozciągana (przy równomiernym obciążeniu całej rozpiętości). W związku z tym można założyć, że całkowita masa rozpórek kraty trójkątnej 2 będzie nieco mniejsza od masy rozpórki (3). I na koniec porównamy warunki pracy elementów pionowych - *wieszaków* i stojaków podczas zjazdu. W kratownicy trójkątnej słupki są elementami zerowymi podczas jazdy na dole, a zawieszenia działają wyłącznie na obciążenia lokalne. W kratce przesuwnej kolumny pracują przy całym głównym obciążeniu pionowym. Widać to wyraźnie po porównaniu linii wpływu zawieszenia *O2-U2* na rysunku 2 i stojaka *O2-U2 na* rysunku 3 (rysunek *32a, b*).

Ponieważ są one bardziej obciążone, rozpórki kratownicy ślizgowej mają większy przekrój poprzeczny niż rozpórki i zawieszenia kratownic z siatką trójkątną, a tym samym większy ciężar przy tej samej długości tych elementów.

Na siatce skośnej zgodnie ze schematem 4 wszystkie rozpórki opadają do środka rozpiętości gospodarstwa, na siatce zgodnie ze schematem 3 - wznoszą się. Gdy cała rozpiętość gospodarstw zostanie obciążona równomiernym obciążeniem, rozpory wznoszące się będą ściskane, a opadające rozciągane. Ściśnięte rozpórki siatki mogą mieć nieco większą masę niż rozpórki rozciągnięte. W tym przypadku różnice między sieciami według schematu 3 i 4 kończą się i wszystko, co zostało powiedziane powyżej dotyczące sieci według schematu 3, może być w pełni przypisane do sieci według schematu 4.

Siatka na schemacie 5 nazywana jest półślizgową. Poprzednio w kratownicach głównych konstrukcji o dużej rozpiętości stosowano system półszynowy w celu zmniejszenia długości paneli przy zachowaniu korzystnego kąta nachylenia. Obecnie, ze względu na stosunkowo dużą intensywność metalu, w głównych gospodarstwach nie stosuje się systemu półszynowego kraty. Ponadto gospodarstwa posiadające taką sieć są niewygodne i pracochłonne w produkcji.

W kratownicach łączonych poziomo o znacznej szerokości przęseł (w mostach dwutorowych) kratownica półszynowa może być racjonalna.

Siatka na schemacie 6 nazywana jest rombową. Gospodarstwo z kratą wykonaną tylko z rombów jest systemem zmiennym geometrycznie, brakuje mu jednego pręta. Ten dodatkowy, zamykający drążek *m-n,* który jest zwykle umieszczony w środkowym panelu, zamienia gospodarstwo w statycznie rozpoznawalny, niezmienny system.

Krata w schemacie 7 nosi nazwę kraty podwójnej, ponieważ otrzymuje się ją przez nałożenie na siebie dwóch prostych trójkątnych krat i wprowadzenie do otrzymanego systemu dwóch skrajnych prętów pionowych. Farma z podwójną siatką jest statystycznie nie do określenia raz.

Wspólne wady kratownic głównych z rusztami według schematów 6 i 7 to duża liczba elementów i części oraz zwiększona złożoność montażu. Przy montażu głównych gospodarstw tego typu bardzo trudno jest precyzyjnie zachować schemat geometryczny określony w projekcie.

Opracowując projekt mostu, projektant powinien jasno zrozumieć, że konsekwencje odchylenia geometrii rzeczywistej farmy od teoretycznego schematu osiadania mogą być bardzo poważne. Farma ze zniekształconą geometrią nie będzie działać prawidłowo. W szczególności rzeczywiste siły działające w elementach (prętach) kratownicy mogą różnić się wartością od obliczonych, a rzeczywista nośność i sztywność kratownicy może nie odpowiadać zadaniu.

Rysunek 8 przedstawia gospodarstwo wielowarstwowe, Rysunek 9 - gospodarstwo *wielowarstwowe.* Oba gospodarstwa są statystycznie nie do określenia. Siatki tych gospodarstw, umownie rzecz biorąc, są tworzone poprzez nakładanie na siebie kilku prostych systemów. Gospodarstwa tego typu były dość szeroko stosowane w połowie ubiegłego wieku. Był to rodzaj hołdu dla epoki, w której budowa metalowych mostów stawiała pierwsze kroki i rozwijała się empirycznie, poprzez poszukiwania i zgadywanie. Nic dziwnego, że to właśnie w tym czasie ludzka wyobraźnia stworzyła wiele różnych konstrukcji mostowych, czasem egzotycznych pod względem kształtu i struktury. Dwa przykłady tego dziedzictwa są przedstawione na rysunkach 8 i 9.

Późniejsze badania teoretyczne i praktyka pokazały, że stosowanie tego typu kratownic w konstrukcjach mostowych nie jest uzasadnione.

Z powyższego można wnioskować, że jedną z najlepszych jest siatka trójkątna. Obecnie ten rodzaj kratownic stosowany jest do kratownic głównych w szerokim zakresie rozmiarów rozpiętości. Dla rozpiętości do 110 m stosuje się siatkę trójkątną z wieszakami i słupkami. Jeżeli rozpiętość przęseł przekracza 110 m, zaleca się stosowanie kraty trójkątnej z kołami rozprężnymi w kratownicach głównych (tabela 4.1; rysunek 32, wykres 10).

Rolnicy są zazwyczaj umieszczani w dolnym pasie głównych gospodarstw. Pozwala to na zmniejszenie długości płyt bez zmiany kąta nachylenia rozpór, jak również na zmniejszenie długości belek podłużnych jezdni.

Gdy kołowrotki krzyżakowe są montowane w dolnej części kratownic głównych, siły w dolnych panelach pasa napinającego wzrastają, a siły w górnych panelach pasa ściskanego pozostają niezmienione. Gdy koła łańcuchowe umieszczone są na górze głównego gospodarstwa, obraz jest odwrócony - siły w panelach górnego sprasowanego pasa rosną, siły w dolnym naprężonym pasie pozostają niezmienione.

Dodatkowo, umieszczenie sprężyn na dole obniża środek nacisku wiatru bocznego. W tym przypadku zwiększa się stabilność konstrukcji rozpiętościowych.

Poprzez podwieszenie sprężyn możliwe jest zwiększenie liczby belek poprzecznych na jezdni i zmniejszenie długości belek wzdłużnych.

W przypadku dużych rozpiętości kratownic głównych, zawieszenia kołowe kontynuowane są w formie regałów typu *e-f* aż do górnego pasa, aby zredukować wolną długość ściskanych paneli. Zmniejszenie swobodnej długości rozpór uzyskuje się poprzez umieszczenie poziomych wiązań *e-g* (rysunek 32, rysunek 11).

Na charakterystykę ciężaru kratownic głównych wpływają nie tylko same typy kratownic, lecz także wysokość kratownic głównych (*H*), długość paneli pasa (*d*), kąt nachylenia rozpór do pionu (α) (rysunek 26).

Zwiększenie wysokości głównego gospodarstwa redukuje wysiłek w panelach jego pasów, a co za tym idzie, zmniejsza ich wagę. Jednocześnie jednak waga siatki w gospodarstwie rośnie wraz z wydłużaniem się wszystkich jego elementów (rozpórek, wisiorków i rozpórek). Z kolei zwiększenie wolnej długości ściskanych elementów powoduje zwiększenie ich przekrojów poprzecznych. A to czyni siatkę jeszcze cięższą.

Określając wysokość kratownic głównych z warunków najniższego ciężaru, nie należy zapominać, że we wszystkich okolicznościach należy zapewnić ich sztywność nie mniejszą niż określona specyfikacja (TU) na wskaźniku *f* / *L*, gdzie *f* - największe obliczone ugięcie gospodarstwa w środku rozpiętości od całkowitego wpływu połowy własnego ciężaru konstrukcji rozpiętościowej i standardowego obciążenia pionowego, przyjętego w projekcie (1/2 SC) na jedną kratownicę główną; *L* - obliczona rozpiętość kratownicy głównej.

Sztywność rozpiętości przęseł mostów kolejowych pod względem *f/L* powinna wynosić od 1/500 do 1/750 i jest określana prawie w całości przez sztywność głównych kratownic.

Biorąc pod uwagę główne czynniki ograniczające (wysokość zbliżających się konstrukcji, wielkość wysokości rozpórki portalowej i odległość od dolnej osi pasa do główki szyny), obliczona wysokość głównych rozpiętości kratownic mostu kolejowego z jazdą u dołu powinna być nie mniejsza niż 8,0 - 8,5 metra.

Długość płyty *d* kratownic głównych wpływa na masę jezdni: im krótsza płyta, tym lżejsze są belki poprzeczne i wzdłużne.

Im mniejszy jest kąt nachylenia rozpórki do pionu, tym mniejsza jest jej długość i siła w niej działająca. Ale z drugiej strony, jeśli rozpiętość jest niezmienna, należy umieścić więcej rozpórek w siatce. Ich łączna długość wzrasta.

Najkorzystniejszy kąt nachylenia rozpór do pionu, pozwalający na uzyskanie siatki o najmniejszym ciężarze, wynosi około 40°. W projektach szkoleniowych zaleca się przyjęcie tego kąta w zakresie od 30° do 50°.

Odległość między osiami wzdłużnymi głównych kratownic podczas jazdy w dół zależy od szerokości zbliżających się konstrukcji oraz rozmiaru szerokości pasów kratownic. Odległość ta dla mostów jednotorowych musi wynosić co najmniej 5,5 m. W praktyce uważa się, że w przypadku konstrukcji rozpiętościowych z kratownicami głównymi sztywność pozioma i stateczność konstrukcji rozpiętościowych przy bocznym naporze wiatru jest zapewniona, jeżeli odległość pomiędzy osiami kratownic głównych wynosi nie mniej niż 1/25 rozpiętości.

W projekcie szkoleniowym jako główne kratownice konstrukcji przęseł z zjazdowych można przyjąć główne gospodarstwa z górnym pasem parabolicznym, a dokładniej z górnym pasem wielokątnym, którego węzły leżą na paraboli. Pod względem specyficznej intensywności metalu, ten typ gospodarstwa jest bardziej wydajny niż gospodarstwa z pasami równoległymi, zwłaszcza na dużych rozpiętościach (ponad 100 m) i dużych wysokościach (1/5 ... 1/6 rozpiętości). Ale, niestety, gospodarstwa "paraboliczne" są niezwykle nietechnologiczne w produkcji. Kwestia ta została bardziej szczegółowo opisana w [2; 3].

Rozważaliśmy warunki decydujące o wyborze obliczeń i schematu geometrycznego gospodarstwa o głównej strukturze przęseł. Warunki te są wielorakie i wszystkie są ze sobą powiązane. Próby spełnienia tych warunków, rozpatrywane indywidualnie, prowadzą do rozwiązań, które albo są ze sobą sprzeczne, albo są po prostu niemożliwe w agregacie. Na przykład, jeśli podczas opracowywania obliczeń i schematu geometrycznego głównego gospodarstwa miał tylko jeden cel - osiągnięcie najniższej wagi, może się okazać, że charakterystyka wagowa komórki belki jezdniowej jest niezadowalająca. Przykłady mogą być kontynuowane, ale ograniczmy się do jednego i wyciągnijmy wnioski.

Prawidłowe rozwiązanie przedmiotowego problemu można uzyskać jedynie poprzez uwzględnienie i ocenę powyższych warunków w ich wzajemnych powiązaniach.

W górnej wzdłużnej kratownicy komunikacyjnej poziomej zaleca się stosowanie kratownicy podwójnej z rozpórkami (rysunek 29 *c*), ponieważ nie powoduje ona zginania górnych pasów głównych kratownic pod obciążeniem i zmniejsza siły w pasach. Jeżeli odległość pomiędzy głównymi kratownicami jest duża, można zastosować siatkę półsuniętą (Rysunek 32, Rysunek 5).

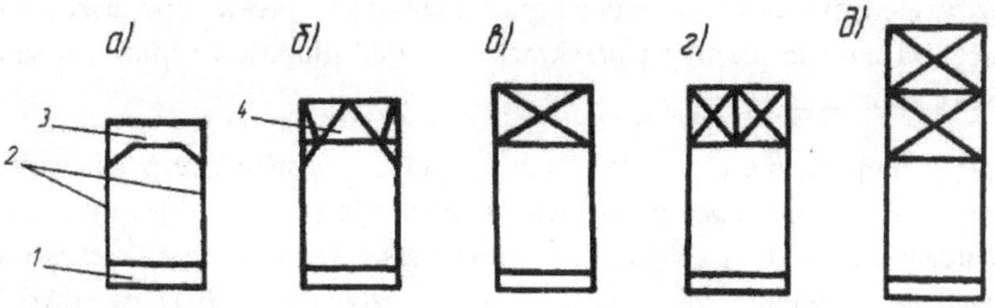

a-g - warianty konstrukcji ramowych na małej wysokości głównych gospodarstw rolnych;

e - na dużej wysokości kratownic głównych; 1 - *kratownic poprzecznych*; 2 - prętów kratownic pionowych kratownic głównych;

3 - solidny dźwigar; 4 - farma.

Rysunek 33 - Schematy krzyżowe ram sztywności rozpiętościowej

Powiązania poprzeczne w konstrukcjach przęsłowych mostów kolejowych z przejazdem pod nimi są ułożone w postaci ram poprzecznych z poprzeczkami, nie wykraczającymi poza wymiary nadchodzących konstrukcji. Podtrzymujące (skrajne) połączenia poprzeczne (portale), jak wskazano, znajdują *się* w płaszczyznach skrajnych rozpór kratownic głównych, natomiast pośrednie - w płaszczyznach podpór. Schematy połączeń poprzecznych pokazano na rysunku 33.

Jeżeli odległość wysokości jest ograniczona, stosuje się pełną belkę w postaci belki z końcami rozwiniętymi na wysokości (rysunek *33a*).

W konstrukcjach o większej rozpiętości, jako kratownice poprzeczne stosuje się kratownice przelotowe z kratownicami trójkątnymi, których końce również rozwijają się na wysokości (rysunek 33 *b*). Technika ta pozwala na zmniejszenie wysokości (długości) swobodnej rozpór ramy nośnej i zwiększenie sztywności zespołów. Siatka poprzeczna jednopoziomowa (Rysunek 33 *c, d) może być użyta dla rygli,* a siatka poprzeczna dwuwarstwowa (Rysunek 33 *d)* dla konstrukcji wysokich.

5) Elementy głównych gospodarstw rolnych

Projekt konstrukcyjny elementów kratownic głównych wykonywany jest z uwzględnieniem wymogów eksploatacji, technologii produkcji w zakładach mostowych oraz metod montażu.

Pod względem długości elementy muszą być proste (dopuszczalne wysięgniki ugięcia nie mogą przekraczać 1/1000 długości) i mieć ten sam przekrój poprzeczny.

Przekroje poprzeczne elementów muszą spełniać następujące podstawowe wymagania. Po pierwsze, powierzchnia przekroju poprzecznego musi być wystarczająca pod względem wytrzymałości. Po drugie, przekroje poprzeczne powinny mieć wystarczającą sztywność *(E-J)* w dwóch wzajemnie prostopadłych płaszczyznach w warunkach stateczności wzdłużnej elementów (pod wpływem osiowych sił ściskających). Po trzecie, przekroje poprzeczne w kształcie powinny dawać możliwość tworzenia jednakowych połączeń wytrzymałościowych elementów w węzłowych koniugacjach gospodarstwa w wybranym wariancie ich projektowania.

Wymagania te są najskuteczniej spełniane w przypadku belek dwuteowych lub skrzyniowych przekrojów poprzecznych.

Wymiary przekroju poprzecznego elementów kratownic głównych są znaczne, dlatego są one wykonane z części połączonych ze sobą nitami lub złączami spawanymi.

Do niedawna elementy kratownic głównych o zespolonych przekrojach poprzecznych były produkowane tylko w wersji nitowanej z wykorzystaniem narożników łączących pasy (Rysunek 34).

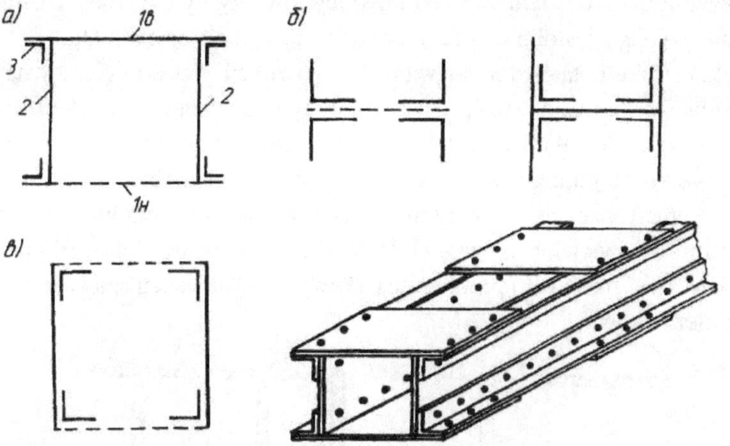

a, c - pudełko; *b* - pasy dwupasowe; *1c* i *1n* -odpowiednio górne i dolne pasy; 2 - ściany; 3 - łączniki talii.

Rysunek 34 - Rodzaje przekrojów nitowanych części składowych głównych kratownic konstrukcji rozpiętościowych

Nitowane elementy są bardzo pracochłonne.

Obecnie elementy głównych gospodarstw są zazwyczaj spawane (Rysunek 35).

Forma przekrojów poprzecznych elementów spawanych - I-Tauris (Rysunek 35 *a, b*), lub skrzynka zamknięta (Rysunek 35 *c-i)*. Elementy belki dwuteowej są stosowane tylko jako rozpórki, podpory i wieszaki kratownicowe na kratownicach głównych. Rozpory mogą mieć również przekrój poprzeczny skrzyni (Rysunek 35 *g, f, h*). Pasy kratownic zaleca się wykonywać tylko z elementów kształtowników skrzynkowych, których poziome arkusze mogą posiadać zwolnienia (zwis), jak pokazano na rysunku 35 *c, g*. *Zwolnienia* są wygodne do zakładania szwów talii oraz łączenia węzłowych kształtów połączeń wzdłużnych konstrukcji przęsłowych.

Spawanie jest bardziej wydajne niż nitowanie. Zastosowanie spawania pozwala na zmniejszenie pracochłonności produkcji, zmniejszenie zużycia energii i materiału. Ale wraz z jego niewątpliwymi zaletami, spawanie jako technologia nie jest pozbawione wad. Najpoważniejszą z nich jest deformacja spawanych elementów i konstrukcji. Spawaniu długich szwów taśmowych głównych elementów kratownicy towarzyszy ich odkształcenie - tracą one swoją prostoliniowość i przybierają kształt spirali. Dlatego też rozwój konstrukcji stalowych spawanych konstrukcji przęsłowych wymagał stworzenia specjalnego sprzętu i technologii do spawania elementów skrzynkowych. Została opracowana i stworzona maszyna do spawania dwułukowego ciągnik-automat, która umożliwia jednoczesne spawanie dwóch symetrycznych zgrzewów taśmowych elementów. Montaż elementów w specjalnych przewodach i spawanie dwułukowe prawie całkowicie wyeliminowało problem resztkowych odkształceń spawalniczych długich elementów.

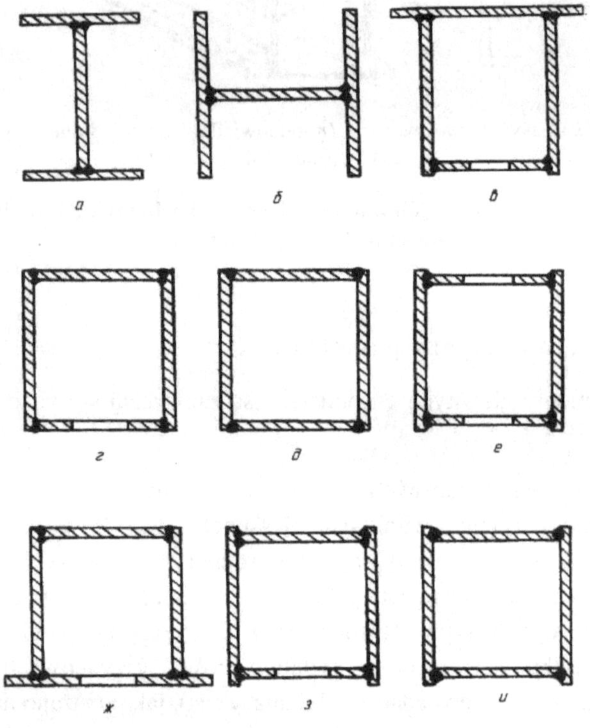

a - I-beam; b - H-beam; *c-i* - boxed.

Rysunek 35 - Rodzaje przekrojów spawanych elementów kratownic głównych

Wewnętrzne przegrody poprzeczne (membrany) mogą być przydatne do montażu, pełniąc rolę ograniczników (szablonów), ale nie mają zauważalnego wpływu na wytrzymałość i stabilność elementów głównych kratownic. Utrata nośności elementów ściskanych (prętów o przekroju zespolonym) nie powstaje w wyniku lokalnej utraty stateczności (zagięcia lub wypukłości) poszczególnych arkuszy, lecz w wyniku całkowitej utraty stateczności.

Do montażu śrub montażowych w węzłach kratownic głównych i zabarwienia wewnętrznych wgłębień elementów sekcji skrzynkowej blachy poziome elementów perforowane (rysunek 35 *in, d, f, z, h*).

Nie uwzględnia się luzowania obliczonych przekrojów elementów z otworami na śruby montażowe, jeżeli luzowanie nie przekracza 5% przekroju brutto. Jeśli osłabienie jest większe, należy je (osłabienie) zrekompensować. Osłabienie przekrojów poprzecznych może być kompensowane przez pogrubienie końców otworów pionowych (Rysunek 36).

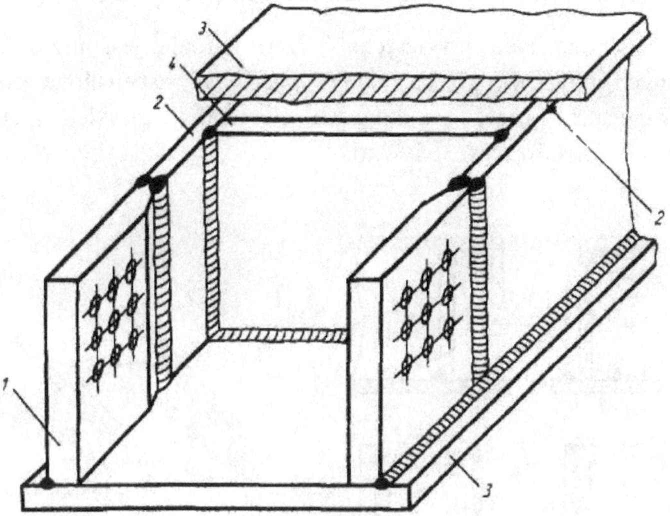

1 - szczeliny dylatacyjne (zagęszczone nadstawki); 2 - ściany 3 - półki;

4 - wtyczka

Rysunek 36 - Urządzenie do kompensacji luzowania się głównych elementów kratownicy z otworami na śruby

Krótkie, pogrubione przedłużenia (dylatacje) są spawane do pionu elementów doczołowych i doczołowych przed ich montażem (więcej szczegółów na temat połączeń spawanych w konstrukcji mostu, patrz rozdział V). Nietrudno jest określić grubość kompensatorów za pomocą prostych obliczeń.

Żywotność konstrukcji stalowych jest w dużym stopniu uzależniona od poziomu ich konserwacji, w szczególności od jakości i regularności czyszczenia i malowania konstrukcji stalowych. Trudno jest technicznie pomalować powierzchnie wewnętrznych zagłębień elementów zamkniętych w kartonie.

Wiadomo, że zużycie korozyjne konstrukcji stalowych w środowisku suchego powietrza (bez malowania powierzchni elementów) wynosi 0,004 mm rocznie. Po zwilżeniu powierzchni, zużycie może wzrosnąć dziesięciokrotnie - do 0,05 mm rocznie. Dlatego powierzchnie wewnętrznych wnęk elementów są w tym sensie najbardziej wrażliwymi miejscami konstrukcji metalowych konstrukcji przęsłowych.

Skuteczną ochroną tych powierzchni przed korozją jest uszczelnianie wewnętrznych ubytków. Uszczelnienie może być zapewnione poprzez montaż wewnątrz puszek na końcach elementów płaskich membran poprzecznych - korków (rys. 36 i 37 a).

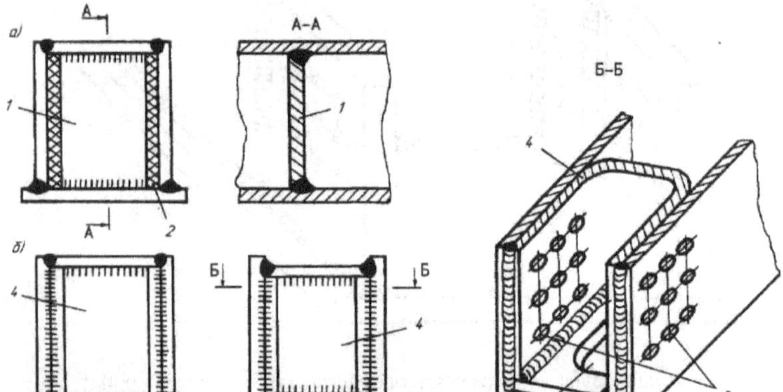

a - z korkami płaskimi; b - *z* korkami podkowiastymi; 1 - z korkami płaskimi; 2 - z uszczelką; 3 - *otwory na* śruby; 4 - korek kuty; 5 - otwory montażowe.

Rysunek 37 - Urządzenia do uszczelniania wewnętrznych wnęk elementów przekroju skrzynkowego

Korek w kształcie podkowy (Rysunek 37) może być używany nie tylko zgodnie z przeznaczeniem, ale także jako kompensator.

Projektowanie konstrukcyjne wszystkich elementów wchodzących w skład głównych gospodarstw rolnych powinno być podporządkowane zadaniu głównemu - zapewnieniu odpowiedniej nośności gospodarstw, a co za tym idzie - konstrukcji rozpiętościowej jako całości w danych warunkach pracy.

Zadanie to może być rozwiązane na podstawie:

- aby zapewnić warunki do "prawidłowego" funkcjonowania gospodarstwa;

- pełna zgodność gospodarstwa w metalu ze schematem obliczania;

- wystarczającą (w warunkach wytrzymałości i stabilności, a także na podstawie wyników badań wytrzymałościowych) nośność każdego elementu);

- równą wytrzymałość połączeń z elementami we wszystkich interfejsach węzłowych.

Gospodarstwo pracuje "prawidłowo", jeśli wszystkie jego elementy pracują tylko jako centralnie rozciągnięte lub centralnie ściśnięte pręty. Po załadowaniu prętów poza środkiem, są one poddawane wyginaniu, co jest niedopuszczalne. W związku z tym w układzie kratownicy musi być spełniony obowiązkowy warunek: kratownica metalowa w położeniu neutralnych osi wzdłużnych wszystkich elementów musi być w pełni zgodna ze schematem projektowym, w szczególności osie wszystkich elementów pasa muszą być ułożone w jednej linii prostej, a osie elementów zbiegających się w węzłach kratownicy muszą się przecinać w jednym punkcie.

Wypełnienie tego warunku jest zasadniczo ułatwione, jeżeli przyjmiemy przekroje elementów kratownicy głównej symetryczne (dotyczące osi pionowych i poziomych neutralnych) oraz skoordynujemy wielkości przekrojów elementów na wysokości i szerokości.

Biorąc pod uwagę powyższy przekrój, wszystkie elementy taśmy powinny być brane pod uwagę przy tych samych wymiarach całkowitych i grubościach półek i ścian. Prowadzi to do nadmiernego zużycia metalu z powodu zbyt dużego obciążenia niektórych elementów (paneli). Jednocześnie możliwy jest montaż pasów w stawach węzłowych gospodarstwa z dokładnym ustawieniem elementów wzdłużnych. Pasy są geometrycznie jednorodne na całej swojej długości, co zwiększa ich wytrzymałość zmęczeniową.

Zaleca się przyjąć szerokość elementów kratowych równą szerokości pasów. Upraszcza to projektowanie połączeń węzłowych.

Bezpośrednie przenoszenie sił wzdłużnych na elementy kratownicy w koniugacjach węzłowych odbywa się poprzez dwa piony złożonego przekroju poprzecznego elementów. Blachy poziome są następnie włączane do pracy za pomocą połączeń spawanych. Wartość siły wzdłużnej rozkłada się na pary arkuszy pionowych i poziomych proporcjonalnie do ich powierzchni przekroju i symetrycznie względem osi neutralnej. Ta ostatnia okoliczność określa pracę elementów jako pręty rozciągane lub ściskane centralnie.

Elementy kratownicowe kratownicy głównej są połączone ze sobą i z elementami taśmowymi za pomocą koralików węzłowych.

Połączenia węzłowe mogą być wykonane w dwóch głównych wariantach: spawane lub na śrubach o dużej wytrzymałości. Możliwe jest zastosowanie wersji kombinowanej - skręcanej śrubami. Projektowanie konstrukcyjne sprzęgieł i połączeń węzłowych wykonywane jest zgodnie z wymaganiami norm projektowania.

6. Ulepszenie konstrukcji mostów kratowych zgrzewanych na śruby w oparciu o zastosowanie profili rurowych

Na wydziale "Technologia i Automatyzacja Produkcji Spawalniczej" Uniwersytetu Państwowego w Kurgan prowadzone są badania nad udoskonalaniem projektów drogowych i kolejowych stalowych mostów kratowych, w wyniku których otrzymano ponad dziesięć patentów na udoskonalanie mostów kratowych. Mosty kolejowe (jako najbardziej zaawansowane konstrukcje) są obecnie budowane głównie na podstawie standardowych projektów opracowanych w połowie XX wieku i są obecnie szeroko stosowane w Rosji, niezawodnie spełniając swoje funkcje jako mosty rzeczne na rosyjskiej równinie (31). Jednak typowe projekty mostów kratowych opracowane ponad 60 lat temu są już moralnie przestarzałe. Mosty te (rysunek 25) różnią się od mostów nitowanych z początku XX wieku jedynie tym, że elementy prętów zamiast łączyć narożniki i nity są połączone ze sobą szwami spawanymi (rysunek 35).

Spawane pręty głównych kratownic nośnych takich mostów są wykonane z blach skrzynkowych lub z dwuteownika, z 8 metrami spoin (4 metry dla dwuteownika) na każdy metr pręta skrzynkowego (Rysunek 35 *b, c*).

Wędziska rolnicze zbiegające się w węzłach są mocowane do specjalnie ukształtowanych blach (fazerów), najczęściej na śrubach ciernych o wysokiej wytrzymałości. Siły działające na pręt od obciążeń roboczych są rozłożone w węźle przez określone fazy, które tylko z obu stron mogą być szczelnie połączone z bocznymi (pionowymi) ścianami prętów, dlatego też siła w pręcie jest przenoszona tylko przez pionowe ściany, a górna i dolna blacha pozioma (rysunek 35 *c-i*) zapewniają jedynie sztywność pręta, zwiększając jego zużycie metalu, ale są wolne od mocowania i nie przenoszą i nie odbierają obciążenia węzłem, co prowadzi do dużej koncentracji naprężeń w strefie pęknięcia (końca) elementu poziomego. Obecność stężeń naprężeń w strefie pęknięcia elementu jest jedną z wad powyższych typowych konstrukcji prętów mostowych.

Analizując rysunki 34 i 35 widzimy, że profile spawane są zapożyczane z konstrukcji nitowanych. Bardziej doskonały, zbliżony do idealnego kształtu jest pręt w postaci okrągłej pustej rury. Zastosowanie rur w konstrukcjach spawanych wiąże się z szeregiem zalet, z którymi różni się ten rodzaj przekroju [35]:

- wysokie i równomierne we wszystkich kierunkach wartości cech geometrycznych przekrojów poprzecznych takich jak: promień bezwładności i moment bezwładności, co pozwala na efektywne wykorzystanie rur w rdzeniach pracujących na ściskaniu i skręcaniu centralnym i mimośrodowym. Otwiera to możliwości bardziej efektywnego wykorzystania stali o wyższej i wyższej wytrzymałości w konstrukcjach prętowych;

- zwiększona miejscowa stabilność ścianek rur, pozwalająca na zastosowanie cienkościennych przekrojów poprzecznych. Zwiększenie stosunku średnicy rury do grubości ścianki *D/t prowadzi do zwiększenia* efektywności wykorzystania rur w elementach ściskanych pod względem zwiększonej odporności na zginanie wzdłużne pręta. Ponieważ rury mają najlepszą przepuszczalność przekroju poprzecznego wykorzystywanego w konstrukcjach, takie pręty rurowe zapewniają redukcję obciążenia konstrukcji przez wiatr i fale, a tym samym pozwalają na dalsze zmniejszenie ciężaru konstrukcji. Z tego powodu konstrukcje masztów i wież są w większości przypadków wykonane z rur;

- zwiększona odporność na korozję ze względu na stosunkowo mniejszą powierzchnię narażoną na korozję, dostępność powierzchni do czyszczenia i malowania oraz brak szczelin, zatok i kieszeni. Jednakże należy podjąć środki w celu zapewnienia uszczelnienia wewnętrznych, niepomalowanych powierzchni rur. Zwiększona odporność na korozję obniża koszty eksploatacji i wydłuża żywotność konstrukcji spawanych rur;

- Estetyka i doskonałość architektoniczna konstrukcji rurowych, a także szeroka gama produktów wytwarzanych przez przemysł przyczyniają się do ich zastosowania zarówno w konstrukcjach standardowych, jak i w konstrukcjach unikalnych.

Jako potwierdzenie celowości stosowania przekrojów rurowych mogą służyć konstrukcje wieżowe centrów telewizyjnych, konstrukcje nośne morskich platform wiertniczych i inne [35].

W celu stworzenia niezawodnego i technologicznego rdzenia fermy metalowej proponuje się zastosowanie okrągłej rury o odpowiedniej średnicy i grubości ścianki, która zapewni wytrzymałość i stabilność sprężonego i rozciągniętego rdzenia. Do połączenia okrągłego pręta z jednostką gospodarską oferowane jest odkształcenie końca rury, przekształcenie go w kształtownik prostokątny oraz mocowanie prętów w węzłach do blach kształtowych (skrawków) na ciernych śrubach o dużej wytrzymałości, przy zachowaniu istniejącego schematu rozmieszczenia otworów pod śrubami (rys. 35 i 36), który pozwoli na wykorzystanie przewodów istniejących w fabrykach mostów do wiercenia otworów.

Ponieważ mocowanie prętów rurowych pozostaje takie samo jak w przypadku prętów spawanych, siły w węzłach będą również przenoszone przez boczne krawędzie prętów rurowych, ale ponieważ strefa mocowania pręta jest tworzona w stanie gorącym od ściany rury stałej, w strefie przejściowej od krawędzi pionowej do poziomej koncentracja naprężeń będzie niższa niż w złączu spawanym, gdzie poziom resztkowych naprężeń rozciągających osiąga granicę plastyczności, co z kolei gwałtownie zmniejsza wydajność cykliczną spawanych prętów. Rurowy pręt z odkształconymi końcami jest wolny od takiego negatywnego czynnika obniżenia sprawności cyklicznej, a co za tym idzie, jego sprawność wielocyklowa i niezawodność długotrwałej pracy w tych samych obszarach przekroju poprzecznego w porównaniu z prętem spawanym będzie niewątpliwie wyższa.

Rysunek 38 przedstawia rdzeń rurowy mostu z końcami odkształconymi w profilu prostokątnym i z wyciętymi oknami 2, przez które w otworach montażowych 5 montuje się śruby łączące w celu połączenia rdzenia z fazami węzłów. Schematyczne przedstawienie jednostki gospodarczej z prętami wykonanymi z rur przedstawiono na Rysunku 39.

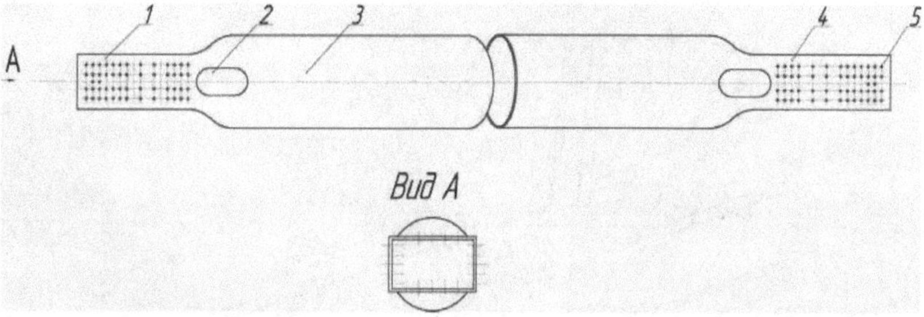

1 - zdeformowany koniec pręta; 2 - okna montażowe; 3 - rura spawana ze szwem wzdłużnym; 4 - zdeformowany koniec pręta;

5 - Otwory do połączenia pręta z jednostką gospodarską w instalacji

Rysunek 38 - Pręt rurowy mostu

Takie pręty dla mostów o średniej rozpiętości przęseł nie będą miały roboczych (osiadawczych) połączeń spawanych doczołowo w celu wydłużenia rury o standardowej długości (Lmax = 12 m), której zniszczenie wiązałoby się z awarią projektową. Pręty będą miały tylko jedno spawane złącze wzdłużne rury, wykonywane przez automat w walcowni w trakcie produkcji rury. Pod działaniem siły wzdłuż osi szwu wzdłuż SniP 2.05.03-84. "Mosty i rury." (załącznik 17, tabela 1, pkt 9), efektywny współczynnik koncentracji naprężeń β=1, tj. koncentracja naprężeń takiej spoiny nie powoduje, będąc spoiną wiążącą, co jest równoważne ze spoiną bez spoiny. Przed deformacją końcówek pręta, pręt musi być tak zorientowany, aby spoina doczołowa znajdowała się w płaszczyźnie bez otworów na śruby. Taka orientacja pozwoli, aby szew wzdłużny rury był rzeczywiście spoiwem i znajdował się w strefie niższych naprężeń. Wydajność takich prętów w porównaniu ze spawanym kształtownikiem skrzynkowym będzie wyższa, ponieważ nie ma kumulacji spoin i będzie znacznie niższa niż poziom wewnętrznych szczątkowych naprężeń spawalniczych, których obecność zawsze zmniejsza wydajność cykliczną, a także prowadzi do różnych odkształceń (ruchów) w postaci zginania lub wkręcania, które należy skorygować. Poza zwiększeniem wydajności pracy znacznie zmniejsza nakład pracy przy produkcji rdzeni oraz zmniejsza koszty materiałów spawalniczych i energii elektrycznej [36].

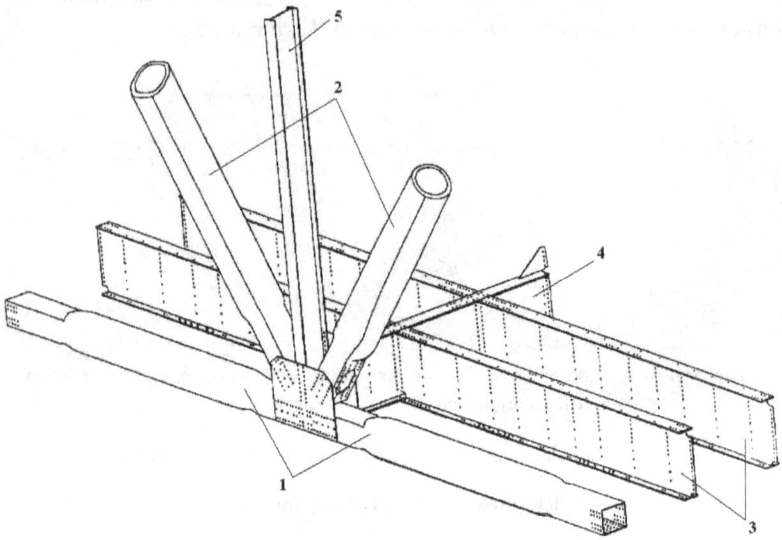

1 - pręty pasa dolnego; 2 - rozpórki rolnicze; 3 - belki wzdłużne jezdni mostowej; 4 - belki poprzeczne jezdni mostowej;

5 - lekko obciążony stojak (zawieszenie) jako spawana belka dwuteowa

Rysunek 39 - Schematyczne przedstawienie jednostki hodowlanej z prętami z rur

Produkcja mostu z prętami rurowymi może być prowadzona w istniejących zakładach mostowych bez zmiany technologii przygotowania prętów do montażu jednostki z wykorzystaniem istniejącego osprzętu wiertniczego na przewodach.

Zalety takiego mostu w porównaniu z istniejącymi projektami standardowymi:

- lepsze zachowanie się konstrukcji przęsłowej z prętami wykonanymi z rur o tym samym przekroju netto prętów, ponieważ rura ma większy moment bezwładności niż prostokątny (kwadratowy) przekrój poprzeczny spawanego pręta o tym samym przekroju poprzecznym co rura, a zatem będzie miała większą odporność na obciążenia ściskające dla długich (L≥ 10 m) prętów ściskanych;

- Eliminowane są prace związane z przygotowaniem metalu, cięciem metalu na taśmy, obróbką spawanych krawędzi, montażem i spawaniem prętów w zakładzie mostowym;

- Obciążenia wiatrem konstrukcji przęsła są zmniejszone, ponieważ współczynnik aerodynamiczny oporu czołowego (cw) pręta okrągłego jest równy cw = 1,4, co jest znacznie mniejsze niż w przypadku typowych mostów podczas jazdy w dół (cw = 2,15) (SNiP 2.05.03-84. załącznik 9);

- korozja prętów okrągłych jest zredukowana w porównaniu z prętami dwuteowymi i skrzynkowymi z nacięciami, gdzie gromadzi się wilgoć, ponadto wewnętrzna wnęka prętów rurowych może być zatkana na końcach materiałami spieniającymi polimer, co zmniejsza całkowitą powierzchnię malowania pracującego mostu.

Zastąpienie zgrzewanych prętów skrzynkowych rurami do typowego mostu kolejowego o rozpiętości 66 m zmniejsza długość obustronnych złączy narożnych typu U7 w zakładzie produkującym mosty do spawania łukiem krytym o ≈ 1 800 m, zmniejszenie zużycia drutu spawalniczego o ≈ 2 700 kg, topnika spawalniczego o ≈ 3 000 kg oraz zmniejszenie zużycia energii elektrycznej do spawania o ≈ 10 000 kWh.

Projekt będzie wymagał urządzeń termicznych w postaci pieca do podgrzewania końcówek rur na długości L ≤ 1000 mm do temperatury kucia stali T ≥ 850 °C, a także maszyny do kucia do odkształcania końcówek rur w przekroju prostokątnym (kwadratowym). Wymagane piece grzewcze w zakładach mostowych są zazwyczaj dostępne i wykorzystywane do produkcji śrub o wysokiej wytrzymałości.

Walcownie rurociągów Rosji zgodnie z GOST 20295-85 [44] produkują rury spawane o średnicy 530 - 820 mm o grubości ścianek do 24 mm ze stali niskostopowych klasy wytrzymałości K50 i K60, w których stan spoiny poddanej obróbce cieplnej zapewnia udarność w temperaturze minus 60 °C KCU = 39,2 J/cm2, co odpowiada niezbędnym właściwościom mechanicznym stali mostowych z gatunków 15ХСНД i 10ХСНД oraz wymaganiom dotyczącym ich połączeń spawanych. Do produkcji rur z wyżej wymienionych gatunków stali do budowy mostów wystarczą wymagania normy GOST 20295-85. Więc zgodnie z punktem 2.2, "Gatunek stali jest wybierany przez przedsiębiorcę-producenta rur, biorąc pod uwagę wymagania dotyczące norm w zakresie właściwości mechanicznych i ograniczeń w zakresie utrzymania limitu elementów dla stali niskostopowej - GOST 19281-89". [45]. Oznacza to, że maszyny do walcowania rur, bez łamania GOST 20295-85, we współpracy z budowniczymi mostów, mogą wykonywać rury ze stali 15ХСНД i 10ХСНД o klasach wytrzymałości, odpowiednio C345 i C390 o wystarczającej wytrzymałości i odporności na zimno do budowy mostów.

7. Carriageway przęseł

Dźwigar jezdni (rysunki 40 i 41) podtrzymuje dno mostu i przenosi obciążenie z taboru na węzły w dolnym pasie głównych kratownic pionowych. Kratownica belkowa (rysunek 40 a) składa się z zestawu belek wzdłużnych (1) i poprzecznych (2). W mostach jednotorowych klatka belkowa posiada dwie belki wzdłużne, których długość jest równa obliczonej rozpiętości głównych kratownic. Liczba belek poprzecznych jest równa liczbie węzłów gospodarstwa głównego w dolnym pasie. Belki poprzeczne tną belki wzdłużne na kawałki i jednocześnie łączą je ze sobą jako podpory dla belek wzdłużnych.

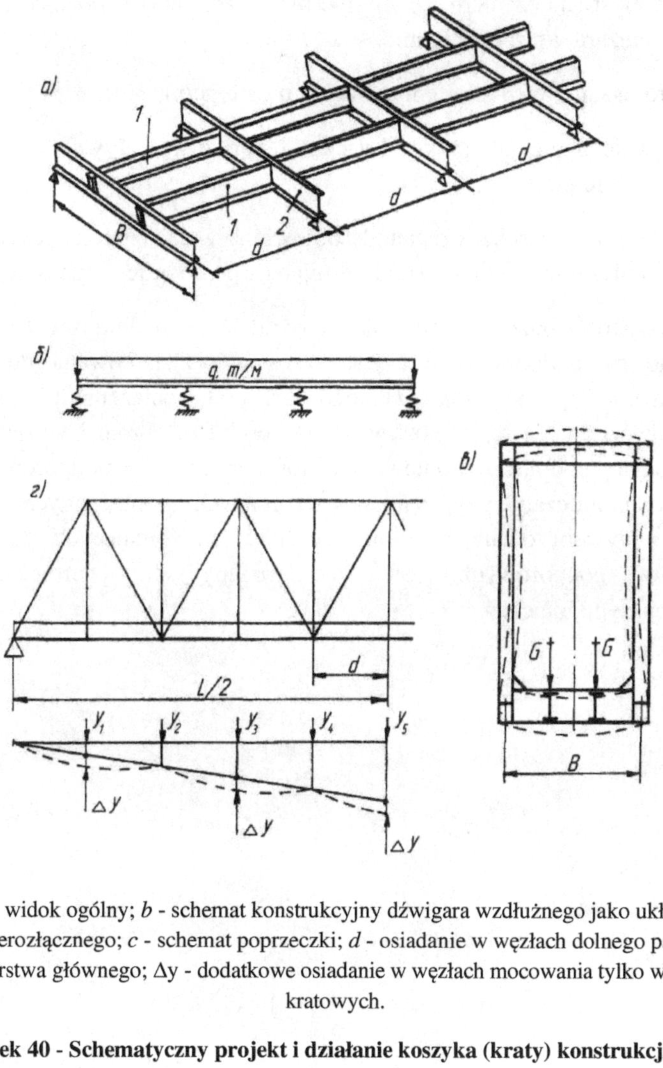

a - widok ogólny; *b* - schemat konstrukcyjny dźwigara wzdłużnego jako układu nierozłącznego; *c* - schemat poprzeczki; *d* - osiadanie w węzłach dolnego pasa gospodarstwa głównego; Δy - dodatkowe osiadanie w węzłach mocowania tylko wieszaków kratowych.

Rysunek 40 - Schematyczny projekt i działanie koszyka (kraty) konstrukcji jezdni

Każda część belki wzdłużnej w obliczeniach wytrzymałości i sztywności jest uważana za prostą, statycznie zdefiniowaną belkę na dwóch podporach o rozpiętości *l1*, równej długości panelu dolnego pasa kratownicy głównej *d* (rysunek 40 *a*). Obciążenie belki równomiernie rozłożone z intensywnością q1, tc/m.

q1 = "sv + 0,5 *"mp* + 0,5 *"e*, tc/m, (4 ,1)

gdzie "sv jest natężeniem równomiernie rozłożonego obciążenia pod wpływem ciężaru własnego, tc/m;

0,5 "mp to ta sama wartość, co masa złoża mostu, tc/m;

0,5 "e - takie same jak przy uderzeniu taboru (normatywne obciążenie równoważne), tc/m.

Wartości "mp i *e" określa się* metodą omówioną w rozdziale 3, sekcja 3. 2. Wielkość obliczenia będzie czasami pomijana z powodu jego małości.

W rzeczywistości, każda część wiązara wzdłużnego o długości *d nie leży* swobodnie na podporach, lecz jest sztywno przymocowana do belek poprzecznych (Rysunek *40a*). Dlatego też, pod obciążeniem, przekroje nośne tych części nie mają możliwości swobodnego obrotu i występują w nich momenty podparcia. Ponieważ wartości momentów podporowych są nieokreślone, obliczanie połączeń belek wzdłużnych i poprzecznych odbywa się pod wpływem działających na nie tylko sił ścinających, a wpływ momentów podporowych jest uwzględniany przy projektowaniu konstrukcyjnym połączeń.

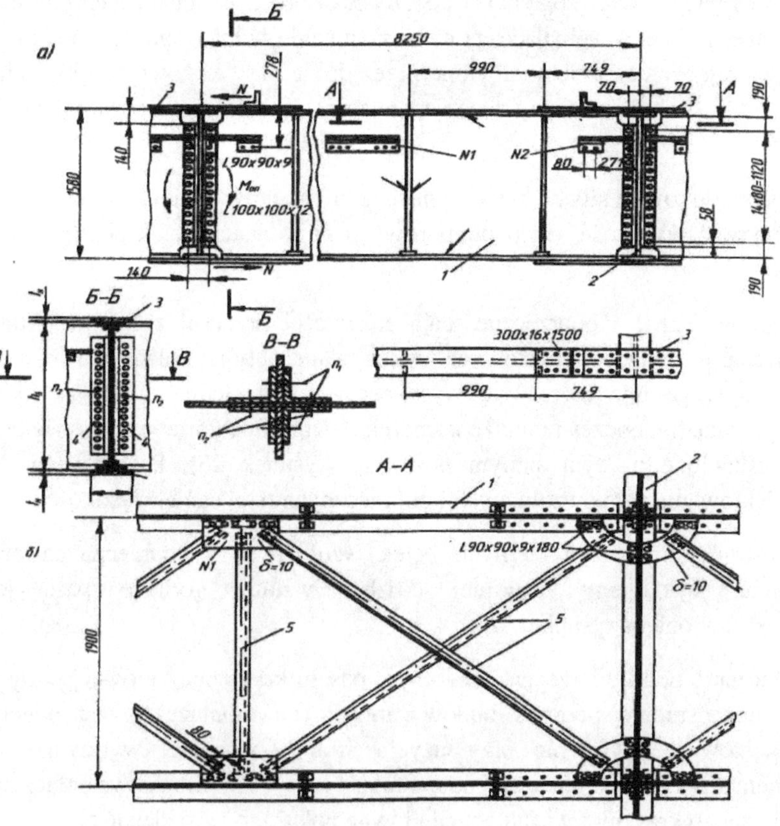

a - węzły mocowania belek wzdłużnych (1) do poprzecznych (2) na śrubach o dużej wytrzymałości; *b* - urządzenie do poziomego wiązania belek wzdłużnych; 3 - blachy - "ryba"; 4 - narożniki łączące;

5 - połączenia belek wzdłużnych; Nr 1 i Nr 2 - połączenia elementów mocujących do ścian belek wzdłużnych; Mop - momenty nośne;

N - siły wzdłużne w okładzinie, powstające pod obciążeniem

Rysunek 41 - Komora ogniwa **belki o typowej konstrukcji przęsła spawanego śrubowo** ***L = 66 м***

Belki poprzeczne są również uważane za proste belki dwunawowe o rozpiętości *B* równej odległości pomiędzy osiami wzdłużnymi kratownic głównych (rysunek 40 *b, c*). Siły G działające na belkę poprzeczną są równe pod względem wielkości reakcjom nośnym belki wzdłużnej. W odcinkach podpierających obciążoną belkę poprzeczną oprócz sił ścinających powstają również momenty zginające, ponieważ zginanie belki i obrót jej odcinków podpierających są uniemożliwione przez dolne pasy kratownicy głównej, a elementy siatki kratownicy zapobiegają zginaniu belki poprzecznej (Rys. 41 *c, d*).

Aby zredukować siły w połączeniach z momentów podporowych, należy zwiększyć wysokość sekcji podporowych na końcach belek poprzecznych (Rys. 41 *c, d*).

Belki wzdłużne i poprzeczne mają zazwyczaj przekrój zespolony I-taur. Obecnie w zakładach mostowych wykonywane są tylko połączenia spawane belek. Mogą one różnić się wysokością sekcji. Jednak we wszystkich przypadkach, podczas montażu komórek dźwigarów, górne pasy dźwigarów są ustawione na tym samym poziomie (rysunek 28). Preferowane jest projektowanie belek wzdłużnych i poprzecznych o tej samej wysokości.

Konstrukcja połączeń ciernych belek wzdłużnych i poprzecznych przy użyciu wykładziny poziomej ("fish") wzdłuż górnego pasa jest przedstawiona na rysunku. 41 *a*.

Połączenie belki poprzecznej z dolnym pasem kratownicy głównej odbywa się bezpośrednio podczas budowy mostu (na montażu) i jest obecnie projektowane wyłącznie przy użyciu śrub o wysokiej wytrzymałości. Schemat połączenia pokazano na rysunku 41a; wersję pilotażową połączenia spawanego krzyżulca z kratownicą główną pokazano w rozdziale 5.

Rozdział 5: NARODY ZJEDNOCZONE I WNIOSKI

1 Połączenia spawane. Przepisy ogólne

W przypadku konstrukcji stalowych przęseł mostów kolejowych głównym rodzajem połączeń elementów są połączenia spawane. Wyjątek stanowią konstrukcje o rozpiętości A i B w wykonaniu "północnym".

Współczynniki warunków pracy podano w tabeli 5.1.

Tabela 5.1 - Współczynniki warunków pracy

Zakres stosowania	Współczynnik kondycji Prace
Elementy i ich połączenia w konstrukcjach przęseł i podporach mostowych przy obliczaniu obciążeń eksploatacyjnych	0,9
Elementy rozciągane i ściskane wykonane z pojedynczych profili połączonych jedną półką (lub ścianą): - toczny lub złożony narożnik połączony jedną półką (butem); - walcowany lub wykonany kanał lub tawr, połączony jedną półką lub ścianą	 0,75 0,9
Elementy i połączenia spawane w konstrukcjach przęsłowych i podporach w wykonaniu północnym B	0,85

Należy oczekiwać, że połączenia spawane (jak również połączenia cierne na śrubach o dużej wytrzymałości) będą przenosić wszystkie siły działające w zamocowanym elemencie konstrukcji.

Przy projektowaniu połączeń spawanych, połączeń i węzłów należy brać pod uwagę możliwość wystąpienia odkształceń spawalniczych i nacisków, zarówno czasowych, jak i szczątkowych.

W tym przypadku może dojść do zniekształcenia kształtu i wymiarów konstrukcji poza tolerancjami. Korekta konstrukcji związana jest z odkształceniami plastycznymi metalu, zmniejszającymi odporność na pojawienie się i rozwój pęknięć kruchych i zmęczeniowych.

Należy podjąć odpowiednie środki, aby zapobiec wystąpieniu odkształceń spawalniczych lub zmniejszeniu ich rozmiaru:

-Spawanie na minimalnym dozwolonym trybie pracy;

- jednoczesne spawanie symetrycznych, względnie neutralnych osi połączeń spawanych;

- zastosowanie przewodników;

-odwrotne deformacje (zagięcia);

-Wymagana procedura montażu i spawania;

-podgrzewanie, itp.

W tym samym celu konieczne jest powiększenie części i elementów na etapie robót ślepych, tak aby konstrukcja metalowa miała jak najmniejszą liczbę połączeń spawanych.

Nie powinno być wody stojącej i nie powinno się gromadzić zanieczyszczeń w elementach spawanych i połączeniach.

Połączenia spawane części składowych, połączenia i połączenia węzłowe muszą być w każdym przypadku stosowane w formie stałej, w miarę możliwości z zastosowaniem prętów ołowianych.

Przy wykonywaniu jednostronnych szwów talii z elementów o przekroju skrzynkowym dopuszcza się wykonanie wyrobu o grubości nie większej niż 0,25 grubości cieńszej blachy i nie większej niż 4 mm.

Wzmocnienia połączeń spawanych powinny mieć gładkie przejścia do metalu podstawowego. Ostre przejścia to niebezpieczne geometryczne koncentratory naprężeń, tj. potencjalne ogniska zmęczenia i kruche pęknięcia. Nadmierne zagęszczenie spoiny nie tylko nie wzmacnia połączeń spawanych, ale daje odwrotny efekt. Jeśli technologia spawania nie pozwala na uzyskanie szwów o gładkich przejściach, złącza są obrabiane maszynowo. W krytycznych połączeniach spawanych wzmocnienia spawów mogą być usuwane na równi z powierzchnią za pomocą frezowania lub środków ściernych. Połączenia kątowe powinny mieć również gładkie przejścia z metalu połączenia do metalu podstawowego. Osiąga się to poprzez spawanie połączeń w pozycji "łódź".

Wady złączy spawanych typu nieproduktowego w obliczonych przekrojach połączeń są generalnie niedopuszczalne. Stosowanie szwów przerywanych jest zabronione.

W projektach spawanych konstrukcji przęsłowych należy przewidzieć szerokie zastosowanie spawania łukiem krytym i półautomatycznego.

Ręczne spawanie łukiem elektrycznym może być stosowane w fabryce i przy montażu na montażu powiększającym [55]. Warunek - obowiązkowe stosowanie elektrod odpowiedniego typu tylko o indeksie "A".

Na rysunkach powinny być pokazane (z zachowaniem zasad obrazu warunkowego i oznaczenia szwów zgodnie z GOST 2.312-72) wszystkie połączenia spawane projektów konstrukcji lotniczych z obowiązkową instrukcją wszystkich danych niezbędnych do wykonania decyzji projektowej.

Należy również przedstawić części o wymiarach odnoszących się do obróbki spawów i stref koncentracji naprężeń, zalecenia dotyczące sposobu jej wykonywania oraz wszystkie punkty konstrukcji, które będą obrabiane po spawaniu.

2 Obliczanie połączeń spawanych

Obliczenia wytrzymałościowe połączeń spawanych wykonywane są w 1. stanie granicznym [53]. Obliczone nośności połączeń spawanych dla różnych typów połączeń i stanów naprężeń należy wyznaczyć za pomocą wzorów podanych w tabeli 5.2.

Tabela 5.2 - Obliczona nośność połączeń spawanych

Spawany	Stan napięcia	Nośności obliczeniowe połączeń spawanych
Bayonet	Zwężenie. Rozciąganie i gięcie w spawaniu automatycznym, półautomatycznym lub ręcznym za pomocą fizyczna kontrola jakości szwów. Zmiana.	$Rwy = {}^{Ry}$ $Rws = Rs$
Z narożnikami szwy	Cięcie: na metalu szwu przez granicę metalu stopu	Rwf-= 0,55 $Rwun/\gamma wn$ $Rws = 0{,}45\ Run$

Notatki:

1 *Ry, Rs* - obliczona nośność materiału podstawowego odpowiednio na rozciąganie i ścinanie (tabela 5.2);

2 *Bieg* = $_{\sigma в}$ - wytrzymałość na rozciąganie materiału podstawowego;

3 *Rwun* = $_{\sigma в}'$ - ostateczna wytrzymałość na rozciąganie materiału spawanego (zgodnie z GOST 6996-66 i GOST 9467-75);

4 W projekcie przebiegu można założyć, że wartości wytrzymałości na rozciąganie materiału podstawowego i metalu spoiny są takie same jak *Run = Rwun;*

5 Wartość współczynnika niezawodności dla metalu spoiny γwm = 1,25;

6 Nazwy cech normatywnych i obliczeniowych materiału podstawowego (stali walcowanej) oraz metalu szwów spawanych na źródłach literackich z różnych lat edycji powstają w pracach [4, 6].

Wartości liczbowe nośności normatywnych i obliczeniowych połączeń spawanych ze szwami kątowymi wykonanymi mechanicznymi metodami spawania podano w tabeli 5.3.

Tabela 5.3 - Normatywna i obliczeniowa nośność spoin w spoinach przy spawaniu łukiem mechanicznym

Stalowy drut spawalniczy zgodny z GOST 2246-70		Norma Opór szew metalowy *Rwun,* MPa.	Obliczenia wytrzymałość spoiny na zgrzewanie *Rwf,*,MPa
spawanie łukiem krytym	Dwutlenek węgla spawanie półautomatyczne		
Св-08 Sv-08GA Sv-10GA	- - Св-08G2S	420 460 500	180 200 215
Sv-10NMA Sv-10GA	Св-08G2S Св-08G2SЦ	590 590	240 240
Св-08ХН2ГМЮ	Sv-10ХГ2СМН	685	280

Drut spawalniczy jest wybierany spośród warunków i w celu uzyskania metalu spawalniczego, który ma taki sam skład chemiczny i właściwości mechaniczne jak metal podstawowy.

Wartości nośności normatywnych i obliczeniowych połączeń spawanych przy ręcznym spawaniu łukowym podano w tabeli 5.4.

Tabela 5.4 - Normatywna i obliczeniowa nośność materiału spawanego podczas ręcznego spawania łukowego połączeń spawanych

Rodzaje elektrod według GOST 9467-75	Materiały przeznaczone do spawania	O porność regulacyjna *Rwun,* MPa.	Opór obliczeniowy *Rwf,* MPa.
E 42,E 42A E 46, E 46A. E 50, E 50A.	Stale węglowe i niskostopowe o wytrzymałości czasowej do 500 MPa	410 450 490	180 200 215
Э60 Э70 Э85 Э100	Również do 600 MPa.	590 685 835 1000	240 280 340 400

Uwaga *Rwun* - minimalna wartość oporu czasowego (granicy wytrzymałości) $\sigma_в$ metalu spoiny.

Przy projektowaniu i obliczaniu wytrzymałości połączeń spawanych przyjmuje się następujące założenia i ograniczenia:

- Cięcie krawędzi do spawania powinno być wyznaczone z uwzględnieniem metody spawania, grubości elementów przeznaczonych do spawania, ich położenia w przestrzeni i technologii spawania. Spawanie konstrukcji stalowych konstrukcji przęsłowych powinno być preferowane zamiast zmechanizowanych metod spawania, połączeń doczołowych i spawania w dolnym położeniu z minimalną wymaganą liczbą krawędzi konstrukcji;

- Cięcie krawędzi do spawania powinno być przypisane:

- GOST 8713-79 "Pod spawanie topnikowe. Złącza są spawane. Podstawowe typy, elementy konstrukcyjne i wymiary";

- GOST 11533-75 "Automatyczne i półautomatyczne spawanie łukiem krytym. Połączenia spawane pod ostrymi i tępymi kątami. Podstawowe typy, elementy konstrukcyjne i wymiary";

- GOST 14771-76 "Spawanie łukowe w gazie osłonowym. Złącza są spawane. Podstawowe typy, elementy konstrukcyjne i wymiary";

- GOST 23518-79 "Spawanie łukowe w gazach osłonowych. Połączenia spawane pod ostrymi i tępymi kątami. Podstawowe typy, elementy konstrukcyjne i wymiary".

- GOST 5264-80 "Ręczne spawanie łukowe. Złącza są spawane. Podstawowe typy, elementy konstrukcyjne i wymiary";

- GOST 11534-75 "Ręczne spawanie łukowe. Połączenia są spawane pod ostrymi i tępymi kątami. Podstawowe typy, elementy konstrukcyjne i wymiary";

- Konotacje szwów połączeń spawanych na rysunkach powinny być wykonywane zgodnie z GOST 2.312-72 "Jednolity system dokumentacji projektowej". Obrazy warunkowe i oznaczenia połączeń spawanych";

- złącza doczołowe: spoiny spawanych złączy doczołowych powinny być wykonane spoiną dwustronną niezależnie od kształtu przygotowania krawędzi; jednostronne spawanie doczołowe jest dopuszczalne pod obowiązkowym warunkiem pełnego wniknięcia korzenia spoiny;

- w spawanych połączeniach doczołowych arkuszy o różnym przekroju poprzecznym w celu zapewnienia płynnego przejścia od mniejszej grubości (szerokości) do większej potrzeby zapewnienia skosów przy grubszym (szerokim) arkuszu z jednej lub dwóch stron o nachyleniu nie większym niż

1:5 (Rysunek 42), powyższe normy dla połączeń spawanych przewidują również metody przygotowania krawędzi przy różnych grubościach;

- Spawanie doczołowe blach o różnych grubościach bez skosów jest dopuszczalne pod warunkiem, że wartość łopatki w miejscu łączenia nie przekracza 1/8 grubości cieńszej blachy;

- przy pełnej penetracji złącza spawanych elementów przyjmuje się, że obliczona grubość spoiny Ssh jest równa grubości cieńszego elementu (blachy) Sst.min, nie uwzględnia się zbrojenia spoiny;

- w połączeniach spawanych i połączeniach z połączeniami kątowymi elementów pracujących pod obciążeniem cyklicznym (zmęczeniowym), przejścia z okładziny metalowej do głównej są poddawane (w razie potrzeby) obróbce mechanicznej (Rysunek 43);

- początek i koniec złączy spawanych należy wyjąć z elementów spawanych na taśmach wyjściowych, które po zakończeniu spawania są odcinane, a miejsca łączenia są ścierniwo czyszczone;

- Szwy kątowe w przekrojach poprzecznych (Rysunek 44) mogą być wypukłe, wklęsłe i płaskie; z cewkami o tych samych i różnych rozmiarach;

- przy kanciastych szwach czołowych stosunek większego cewnika do mniejszego (KAC : KBC) powinien wynosić od 2,0 do 2,5, przy czym większy cewnik powinien być skierowany wzdłuż siły roboczej na złączu (rysunek 45);

- Najmniejsze rozmiary cewników do szwu narożnego podano w tabeli 5.5;

- najkrótsza długość szwów kątowych (czołowego i bocznego) Lsh >= 6K, ale nie mniej niż 60 mm, gdzie K jest cewką szwu;

- największa obliczona długość połączeń narożnikowych kołnierza w połączeniach działających na wzdłużne siły osiowe nie powinna przekraczać 50K;

- nie są dozwolone szwy przerywane w połączeniach spawanych (dowolnych) konstrukcji przęsłowych.

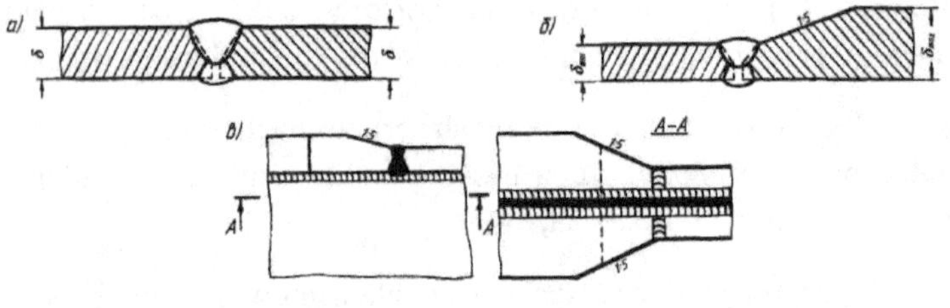

a - arkusze o równej grubości; *b* - inna grubość; *c* - inna grubość i szerokość.

Rysunek 42 - Połączenia spawane z obustronnymi szwami

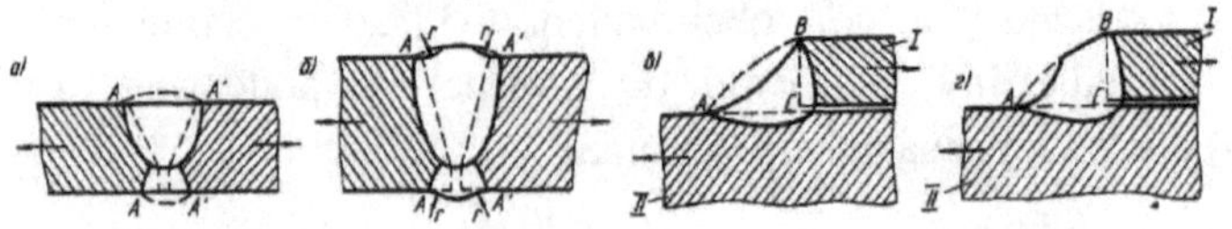

a - wyrównywanie zbrojenia - kompletna obróbka szwów;

b - obróbka częściowa; c, d - pełna i częściowa obróbka szwu kątowego

Rysunek 43 - Obróbka przejść z połączeń spawanych do metali nieszlachetnych

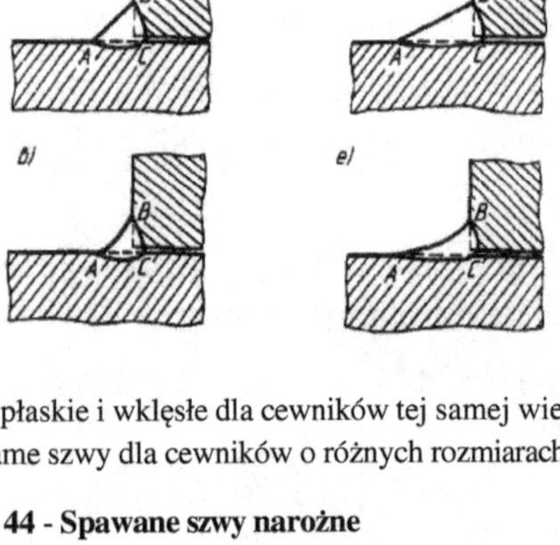

a, b, c - odpowiednio wypukłe, płaskie i wklęsłe dla cewników tej samej wielkości *(AC=BC); d, e, f* - odpowiednio te same szwy dla cewników o różnych rozmiarach *(AC>BC)*

Rysunek 44 - Spawane szwy narożne

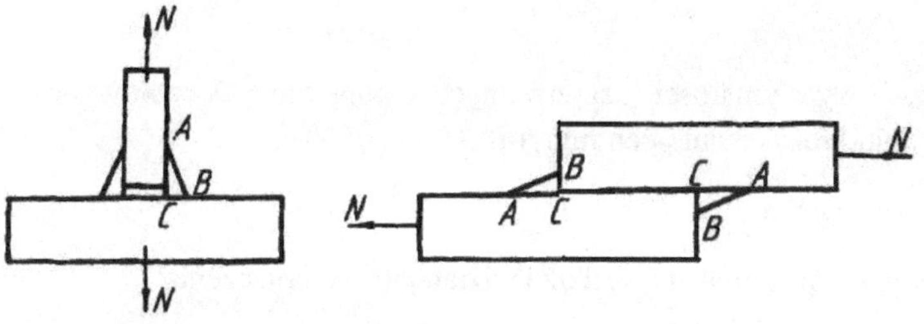

Rysunek 45 - Schemat orientacyjny szwów kątowych z cewnikami różnej wielkości w zależności od kierunku działania siły

Tabela 5.5 - Najmniejsze rozmiary cewników do połączeń kątowych

Grubość grubsza od zgrzewanych blach, mm	Najmniejszy rozmiar katetusu Szew kątowy, mm
do 14	6
15–25	8
26–40	10
ponad 40	12

Należy obliczyć wytrzymałość spawanych połączeń doczołowych:

- podczas spawania części wykonanych ze stali o różnych poziomach wytrzymałości (według wartości Ry);

- w przypadkach, gdy obliczone nośności metalu podstawowego (Ry) i metalu spoiny (Rwy) są różne, Rwy < Ry;

- w obecności rowków, rozluźniających się w obszarze połączenia, chwytających spoinę, jeżeli *Lsh < b lub* δш < δст,

tzn. gdy obliczona powierzchnia szczeliny $Fsh_{.min}$ *jest* mniejsza niż powierzchnia szczeliny *Fst*

$Fsh_{.min} < Fst,$

gdzie *Lsh*, δsh są obliczoną długością i grubością szwu;

b, δст - szerokość i grubość elementów, które mają być łączone.

Jeżeli spełnione są warunki zapewniające równą wytrzymałość połączenia spawanego (szew spawalniczy połączenia spawanego) i elementów spawanych, nie wykonuje się obliczeń wytrzymałościowych. Jednocześnie we wszystkich przypadkach obowiązkowe są badania zmęczeniowe (wytrzymałościowe) połączeń spawanych.

Warunki wytrzymałości zgrzewanych połączeń doczołowych przy rozciąganiu lub ściskaniu centralnym

S = N- Rwy-m/ Fsh (5.1)

gdzie N jest obliczoną siłą wzdłużną działającą na połączenie;

Fsh = Lsh-δsh - obliczony przekrój poprzeczny szwu;

δш = δст - obliczona grubość szwu;

δст - grubość cieńszego elementu łączącego;

Lsh = b - obliczona długość spoiny, pod warunkiem użycia prętów wiodących; przy spawaniu bez nich Lsh = (b - 10 mm);

b - szerokość elementów, które mają być łączone;

Rwy - obliczona nośność połączenia spawanego (spoiny metalowej) na rozciąganie lub ściskanie, zaczerpnięta z tabeli 5.2;

m - współczynnik stanu roboczego połączenia spawanego, przyjąć warunkowo m = 1 (tabela 5.1).

Przy jednoczesnym oddziaływaniu w jednym obliczonym przekroju (w jednym punkcie) spawanego połączenia doczołowego o naprężeniach normalnych σ i stycznych (ścinających) τ stan wytrzymałości sprawdza się za pomocą wzoru

S = Rwy-m-√(s2+3t2), (5 . 2)

gdzie Rwy jest obliczoną nośnością metalu połączenia, przyjmuje się z tabeli 5.2;

m = 1 - współczynnik stanu roboczego połączenia spawanego.

Połączenia spawane z szewami narożnymi

Złącza zakładkowe z dwoma złączami czołowymi uważane są za równe z metalem podstawowym i nie wymagają weryfikacji za pomocą dostarczonych obliczeń:

- cewniki ściegowe o rozmiarze nie mniejszym niż grubość najcieńszego arkusza K = $\delta_{st.min}$;

- szwy są nakładane na całej szerokości zgrzewanych elementów, a ich końce są wyprowadzane z połączenia;

- Nośności znamionowe połączeń spawanych ze szwami kątowymi (o przekroju znamionowym na metalu spoiny) Rwf oraz nośności znamionowe metali nieszlachetnych Ry mają wartość Rwy = 0,4Ry (zgodnie z tabelami 3.4, 5.3 i 5.4).

Stan wytrzymałości spoin kątowych pod działaniem sił wzdłużnych lub poprzecznych (względem osi wzdłużnej spoiny) jest sprawdzany dla cięcia przy pomocy następującego wzoru

$\tau = N/ Fsh \leq Rwy\text{-}m,$ (5.3)

gdzie N jest siłą obliczeniową działającą na połączenie spawane;

Fsh = Lsh-δш - powierzchnia obliczonego przekroju poprzecznego szwu kątowego (rozważamy tylko jeden obliczony przekrój pokrywający się z dwuosiową płaszczyzną kąta prostego przekroju poprzecznego szwu (Rys. 46, przekrój I-I; Rys. 47, *a, przekrój I-I*);

Rwf - obliczona nośność metalu złącza kątowego na ścinanie, dane przyjmujemy z tabel 5.3 i 5.4;

δш = βf -K - obliczona grubość szwu kątowego;

Lsh jest obliczoną długością szwu kątowego;

βf - współczynnik kształtu szwu kątowego (tabela 5.6, rysunek 44);

K to cewnik szwowy (widoczny, najmniejszy);

m - współczynnik warunków pracy połączenia spawanego, przyjmujemy warunkowo m = 1.

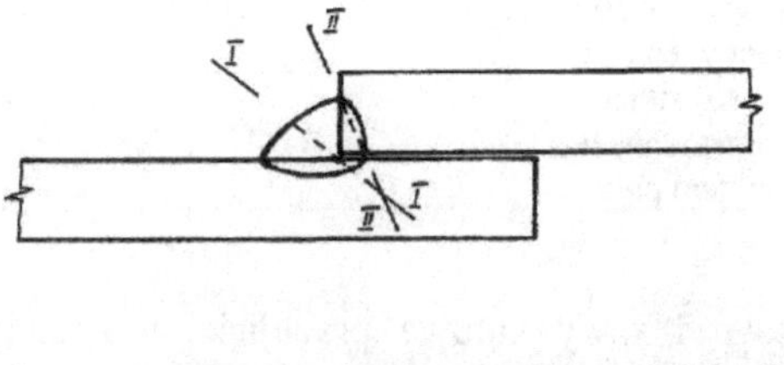

I - I - na spawaczu metalowym; II - II - na linii fuzji.

Rysunek 46 - Obliczeniowe przekroje spawanego szwu narożnego

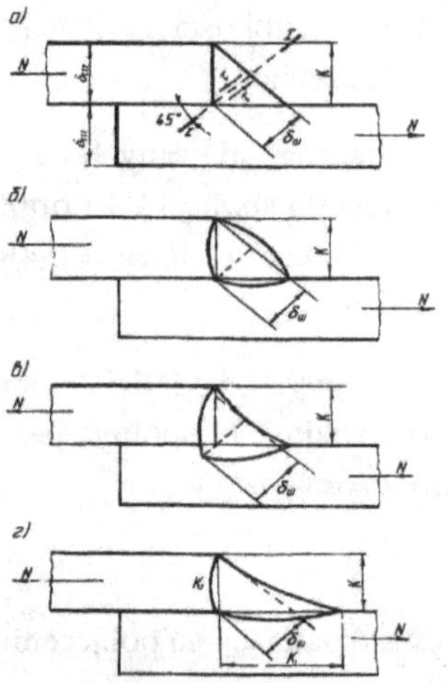

a - obliczony schemat spawu kątowego, δш = *0,7K;* b - przy ręcznym spawaniu łukowym i *cewkach o tej* samej wielkości; *c* - przy automatycznym spawaniu łukiem krytym w pozycji "na łodzi"; *d* - spawany rąbek kątowy z cewkami o różnej wielkości

Rysunek 47 - Schematy wyznaczania wartości obliczonego cewnika K i obliczonej grubości δш spawanych połączeń narożnych

Tabela 5.6 - Współczynniki kształtu szwu βf

Rodzaj spawania, średnica elektroda druty *d*, mm	Pozycja szwu	Wartość współczynnika βf z cewnikami do zszywania, mm			
		3-8	9-12	14-16	18 lub więcej
Automatycznie (pod strumieniem, w gazy osłonowe) *d = 3-5mm*	W łodzi	1,1	1,1	1,1	0,7
	Niżej	1,1	0,9	0,9	0,7
Automatyczne i półautomatyczny *d = 1,4-2 mm*	Łódka jest niższa, poziomy, pionowy	0,9	0,9	0,7	0,7
		0,9	0,8	0,7	0,7
Ręcznie wygięty w łuk, półautomatyczny *d=1,4 mm*	We wszystkich postanowieniach	0,7			
Ręcznie wygięty w łuk *d = 3-6 mm*	We wszystkich postanowieniach (z wyjątkiem pułapu)	0,7			

Złącza spawane, złącza doczołowe i szwy kątowe pracujące w zgięciu oblicza się za pomocą wzorów ustalonych dla całego przekroju. Należy wziąć pod uwagę specyfikę połączeń narożnych [4; 8; 9]. Obliczone rezystancje są zaczerpnięte z danych w tabelach 3.4, 5.3 i 5.4.

Spoiny kątowe przy jednoczesnym działaniu w jednym i tym samym obliczonym przekroju poprzecznym naprężeń tnących w dwóch kierunkach są obliczane na równe te naprężenia określone przez zasady geometrycznego dodawania [8].

Test szwów w talii

Jak wspomniano powyżej, łączenie belek kształtowników zespolonych ze ścianą (ścianami) odbywa się obecnie głównie za pomocą spawanych połączeń pasowych, a w niektórych przypadkach (w wersji północnej A i B) za pomocą nitów pasowych. Połączenia pasów zapobiegają przesuwaniu się pasów o ścianę podczas zginania belki, zapewniając w ten sposób monolityczne działanie przekroju (Rysunek 48).

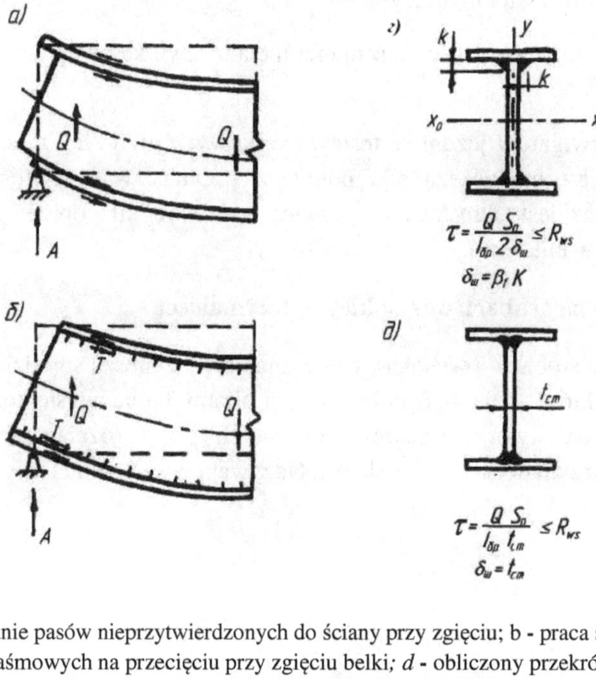

a - ścinanie pasów nieprzytwierdzonych do ściany przy zgięciu; b - praca spawanych szwów taśmowych na przecięciu przy zgięciu belki; *d* - obliczony przekrój kątowych szwów taśmowych z niepełnym przetopem grubości ściany;

e **jest taki** sam przy pełnym stopieniu ściany.

Rysunek 48 - Szwy taśmowe w belkach spawanych i nitowanych o przekroju zespolonym

W belkach spawanych siła ścinająca T przypisana do 1 długości jezdnej belki jest określana za pomocą następującego wzoru

$T = Q\text{-}S/(Ibr\text{-}\delta) \leq Rwy\text{-}m,$ (5.4)

gdzie Q **jest** obliczoną siłą poprzeczną;

"p jest statycznym momentem przekroju poprzecznego pasa w stosunku do neutralnej osi Xo-Xo;

Ibr **jest** momentem bezwładności przekroju poprzecznego belki względem neutralnej osi Xo-Xo;

δш = βf **-K** - obliczona grubość spoiny pasa (βf - zgodnie z tabelą 5.6);

K **to cewnik do** szwu kingulacyjnego;

Rwf - obliczeniowa nośność na ścinanie metalu szwu kątowego (tabele 5.3 i 5.4).

Szwy talii dźwigarów jezdni są testowane na wytrzymałość. Obliczona siła poprzeczna jest największą siłą poprzeczną Qmax w rozpiętości belki. Wartość Qmax jest określana za pomocą wykresów sił poprzecznych lub linii oddziaływania.

3 Połączenia na śrubach o wysokiej wytrzymałości

Połączenia na śrubach o wysokiej wytrzymałości przenoszą siły działające w elementach, które mają być połączone, z siłami tarcia występującymi w powierzchniach styku elementów ściskanych przez rozciąganie śrub o wysokiej wytrzymałości (Rysunek 49). Nazywają je stawami ciernymi.

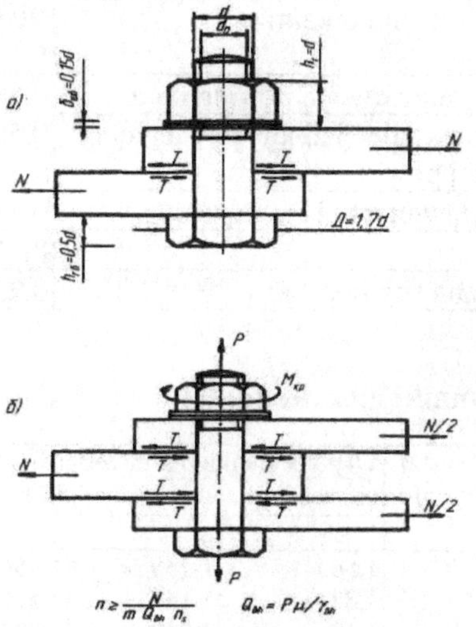

a - **połączenie z** jednym stykiem śrubowym, *ns=1; b* - połączenie z dwoma stykami śrubowymi, *ns=2;* T - siły tarcia w stykach śrubowych połączonych elementów; *N* - obliczona siła na połączeniu; *Qeh* - nośność jednego styku śrubowego w połączeniu; *n* - wymagana liczba śrub; *P* - siła rozciągająca śruby o dużej wytrzymałości; μ - współczynnik tarcia w styku śrubowym powierzchni połączonych elementów.

Rysunek 49 - Połączenie cierne na śrubach o wysokiej wytrzymałości

Nośność przegubów ciernych zależy od jakości powierzchni ciernych łączonych elementów, siły naciągu każdej śruby i liczby śrub. Dzięki kontrolowanemu naprężeniu śrub, połączenie działa jak monolityczne, elastyczne.

Obliczoną siłę ścinającą Qbh, która może być pochłonięta przez każdą powierzchnię cierną elementów łączących, dokręconych jedną śrubą o dużej wytrzymałości, należy określić według wzoru

$$Qbh = P \cdot \mu / \gamma bh , \qquad (5.5)$$

gdzie P **jest** siłą rozciągającą śruby o dużej wytrzymałości, określoną według wzoru (5.6);

μ - współczynnik tarcia wzięty z tabeli 5.7;

γbh - współczynnik niezawodności, przyjęty w tabeli 5.8.

Tabela 5.7 - Współczynniki tarcia μ

Metody obróbki powierzchni kontaktu	Współczynnik tarcia μ
Piaskowanie lub śrutowanie dwóch powierzchni	0,58
Piaskowanie lub śrutowanie jednej powierzchni, szczotki stalowe drugiej powierzchni	0,50
Gaz łatwopalny dwie powierzchnie	0,42
szczotki stalowe	0,35
Powierzchnia walcowana bez obróbki	0,25

Tabela 5.8 - Współczynniki niezawodności

Liczba śrub o dużej wytrzymałości w połączeniu "n"	Współczynniki niezawodności γbh. przy obróbce powierzchniowej (w tabeli 5.7)			
	1	2	3	4 и 5
2-4 5-19 ponad 20	1,568 1,32 1,184	1,250 1,157 1,068	1,956 1,576 1,291	2,514 1,848 1,411

Siłę rozciągającą P śruby wysokowytrzymałej należy wyznaczyć według wzoru

P = Rbh-Abh-mbh, (5.6)

gdzie Rbh = 0,7Rbun - nośność obliczeniowa wysokowytrzymałych śrub zgodnie z GOST 22353-77 i GOST 22356-77 na rozciąganie; nośność obliczeniowa śruby ze stali 40X "dobór" ma wymiar Rbh = 11000 kgf/cm2 (1100 MPa);

Rbun - odporność czasowa wysokowytrzymałych śrub na rozerwanie zgodnie z GOST 22356-77;

Abh - powierzchnia przekroju poprzecznego śrub netto (gwintowanych) określona w tabeli 5.9;

mbh - współczynnik warunków pracy połączenia ciernego na śrubach o dużej wytrzymałości, w zależności od ilości śrub w połączeniu "n":

n < 5 mbh = 0,8

5 < n < 10 mbh = 0,9

n >= 10 mbh = 1,0

Tabela 5.9 - Powierzchnia przekroju śrub o wysokiej wytrzymałości A_{bh} "siatka" przy średnicy pręta śruby zgodnie z GOST 22356-77

d, mm	16	118	20	222	24	227	30	36	42	48
Aeh, cm2	1,57	11,92	2,45	33,03	3,52	44,59	5,60	8,16	11,20	14,70

Liczbę "n" śrub o dużej wytrzymałości w połączeniu pod działaniem siły wzdłużnej N przechodzącej przez środek ciężkości połączenia należy wyznaczyć ze wzoru

$n \geq N/(m \cdot Q_{bh} \cdot n_s)$, (5.7)

gdzie m **jest** współczynnikiem stanu roboczego połączonych elementów, zaczerpniętym z tabeli 60 z [6];

Qbh - obliczona siła (patrz wzór 5.5) na jeden styk śrubowy;

ns -- liczba styków śrubowych (powierzchnie cierne elementów, które mają być połączone).

Działając w płaszczyźnie połączenia momentem zginającym, rozkład sił na śruby powinien być proporcjonalny do odległości od środka ciężkości połączenia do danej śruby.

Połączenia cierne na śrubach o dużej wytrzymałości są zwykle stosowane w połączeniach montażowych i węzłowych konstrukcji przęsłowych w północnym wykonaniu A i B. Zaletą złączy ciernych w stosunku do złączy spawanych jest możliwość wykonywania prac montażowych i montażowych na budowie, niezależnie od warunków atmosferycznych i klimatycznych. Opór zmęczeniowy stawów ciernych jest wystarczająco wysoki. Nagłe zniszczenie połączeń ciernych (jak również nitowanych) jest mało prawdopodobne, ponieważ powierzchnie styku łączonych elementów zatrzymują rozprzestrzeniające się pęknięcie.

4 Budowa połączeń ciernych na śrubach o wysokiej wytrzymałości

Konstrukcja połączenia powinna zapewniać przenoszenie siły z jednego elementu na drugi w możliwie najkrótszym czasie. W przypadku połączeń i połączeń węzłowych, odstępy między śrubami muszą być ograniczone do minimum w celu zapewnienia, że cały obszar powierzchni styku łączonych elementów jest zaangażowany oraz w celu zmniejszenia zużycia metalu walcowanego. Należy również zadbać o to, aby połączenie było łatwe do wykonania podczas pracy i instalacji.

Istnieją dwa warianty wykonania połączeń ciernych elementów:

a) Elementy z blachy są łączone ze sobą obustronnie i jednostronnie za pomocą blach (rysunek *50a, b*).

Preferowane są dwustronne podkładki, ponieważ zapewniają symetryczne przenoszenie siły. W połączeniach z jednostronnymi podkładkami połączenie elementów jest mimośrodowe, co prowadzi do jednostronnego odchylenia przepływu mocy od kierunku pierwotnego i pojawienia się momentów gnących. Dlatego też, liczba śrub w połączeniu, określona w obliczeniach, wzrasta w tym przypadku o 10%.

Przy łączeniu blach o różnej grubości należy stosować uszczelki kompensacyjne.

W połączeniach elementów z profili walcowanych stosowane są zarówno nakładki kątowe, jak i blaszane (rysunek 51).

b) w drugiej wersji elementy łączone są na zakładkę, bez użycia wykładziny (rysunek 52). Złącza takie są stosowane głównie do mocowania elementów do blach kształtowych (faz). W celu uniknięcia mimośrodowości zaleca się stosowanie elementów o symetrycznym przekroju poprzecznym, np. w postaci bliźniaczych narożników (Rysunek *52a*). W przypadku mocowania jednostronnego (Rysunek 52 *b*) występuje mimośrodowość i wymagany jest wzrost liczby śrub o 10% w stosunku do liczby obliczonej. W razie potrzeby, niektóre śruby w połączeniach są umieszczane na elementach pomocniczych - krótkie (Rysunek 52 *c*). Należy pamiętać, że śruby zamontowane na krótkich śrubach odbierają 50% obliczonej siły (w porównaniu do śrub głównych).

Ten sam typ śrub powinien być użyty w tym samym połączeniu. Najmniejszej liczby rozmiarów (średnic) używanych śrub należy poszukiwać w obrębie projektowanej konstrukcji. Jeśli to możliwe, należy dać pierwszeństwo śrubom o mniejszej średnicy w standardowej serii.

W połączeniach ciernych, wysokowytrzymałe śruby są ułożone w liniach prostych - "ryzyko" równoległe do działającej siły. Odległość pomiędzy dwoma sąsiadującymi ze sobą ryzykami nazywana jest "torami", a odległość pomiędzy dwoma sąsiadującymi ze sobą śrubami ryzyka nazywana **jest** "stopniami". Odległość pomiędzy środkami śrub w rzędach wzdłużnych (pod względem ryzyka) oraz w rzędach poprzecznych przyjmuje się 80 mm lub wielokrotność 80 mm. Odległość od środka śruby do krawędzi elementu wynosi 40 mm (rysunek 53).

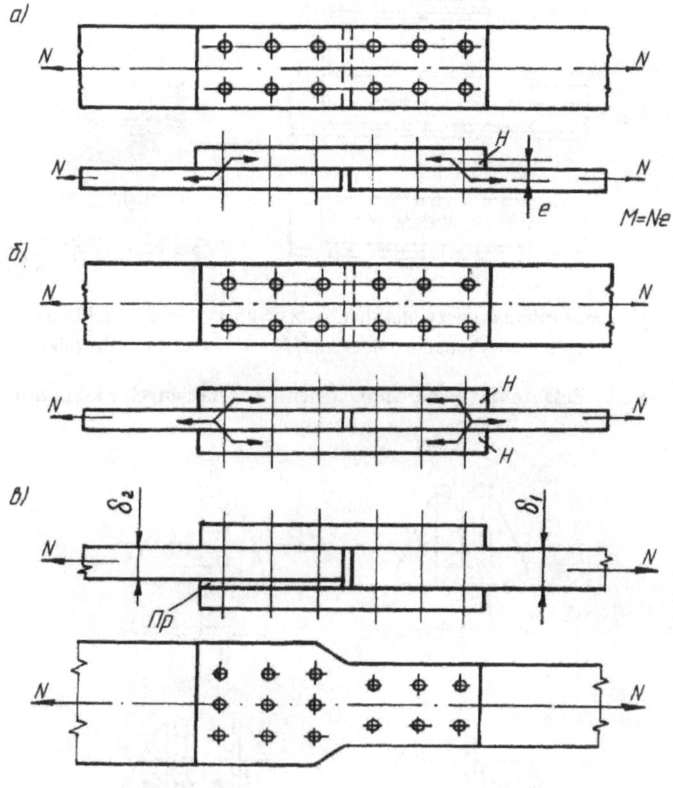

a z jednostronną podszewką; b z dwustronną podszewką;

c - złącza z blach o różnej grubości; *H* - podkładki; *Pr* - uszczelka; *f* - mimośrodowość

Rysunek 50 - Połączenia cierne elementów z blachy stalowej

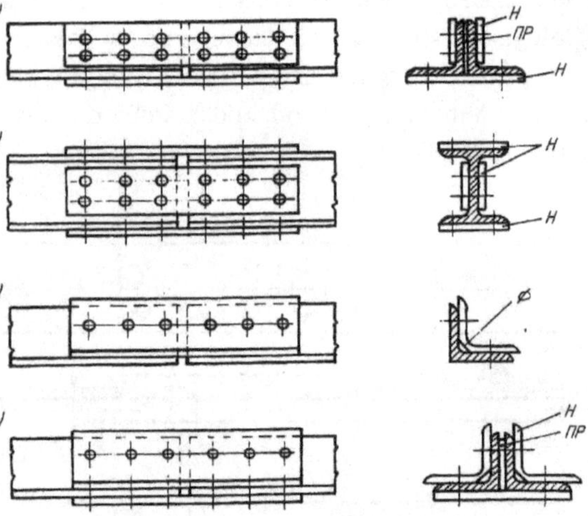

a, b - **z wykorzystaniem** arkuszy płaskich; *c* - **z** wykorzystaniem naokładzinę z profili narożnych; *d* - łączone wykonanie połączenia; *H* - nakładki; *Pr* - uszczelki; F - **faza.**

Rysunek 51 - Połączenia (połączenia) elementów wykonanych z kształtowników walcowanych

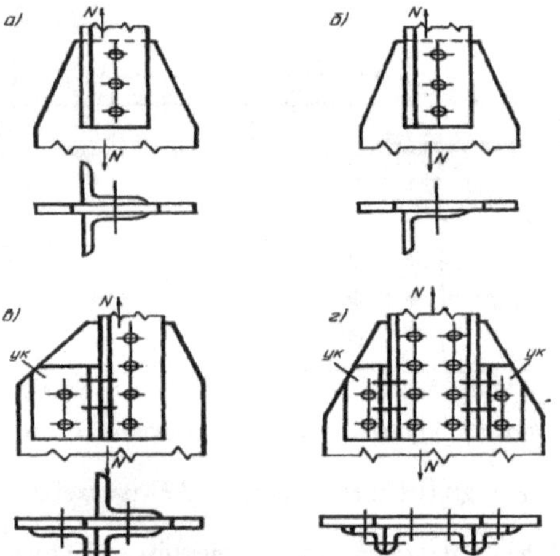

a - *z* **dwustronnym mocowaniem elementu o przekroju symetrycznym**; b - z jednostronnym mocowaniem elementu o przekroju asymetrycznym; *c* - **z** wykorzystaniem wzmacniaczy przyłączeniowych - narożniki "krótkie" *UK.*

Rysunek 52 - Połączenia cierne na dociskanych śrubach o wysokiej wytrzymałości

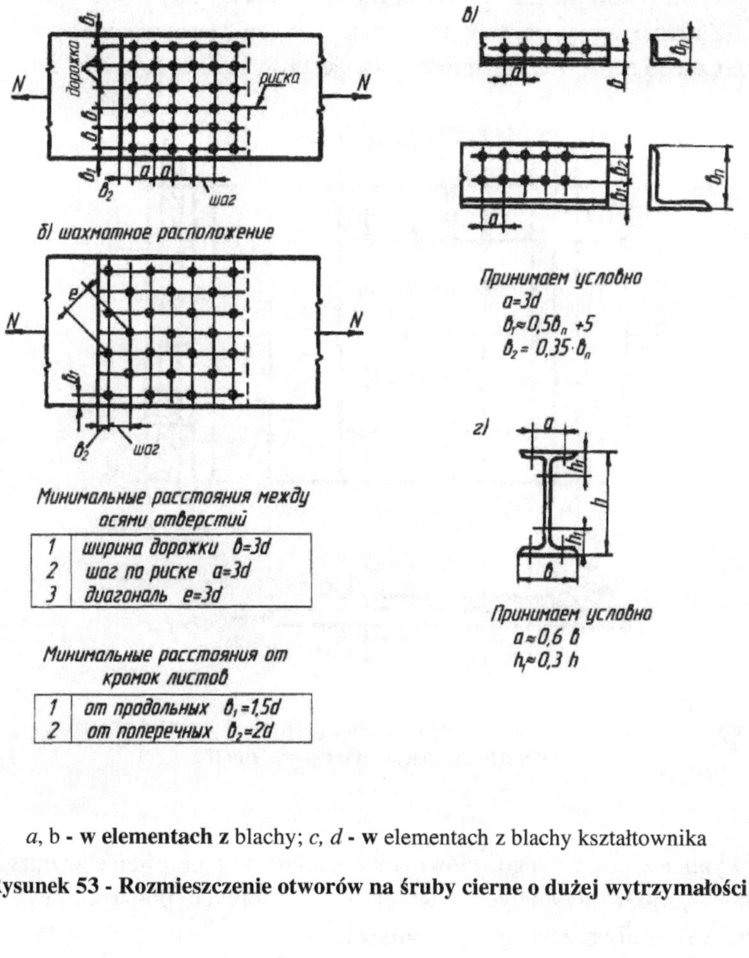

a, b - **w elementach** **z** blachy; *c, d* - **w** elementach z blachy kształtownika

Rysunek 53 - Rozmieszczenie otworów na śruby cierne o dużej wytrzymałości

5. Przykład obliczenia sprzężenia ciernego

Konieczne jest zaprojektowanie połączenia elementów z blachy o przekroju 500x12 mm. Materiał - stal znaku 15ХСНД zgodnie z GOST 6713-75. Bagnet powinien przenosić siłę rozciągającą o wartości N = 100 tf.

Połączenie jest zaprojektowane symetrycznie z wykorzystaniem dwóch okładzin o przekroju 500x8 mm każda (Rysunek 54). Stosujemy wysokowytrzymałe śruby o średnicy pręta d = 20 mm ze stali 40X "wybór", obliczona nośność na rozciąganie równa Rbh = 11000 kgf/cm2. Powierzchnia stykających się elementów węzła poddawana jest obróbce płomieniem gazowym. Zgodnie z tabelą 5.7 współczynnik tarcia wynosi μ = 0,42. Zgodnie z tabelą 5.9, przyjmuje się, że powierzchnia przekroju poprzecznego netto śrub (gwintowanych) jest równa Abh = 2,45 cm2 .

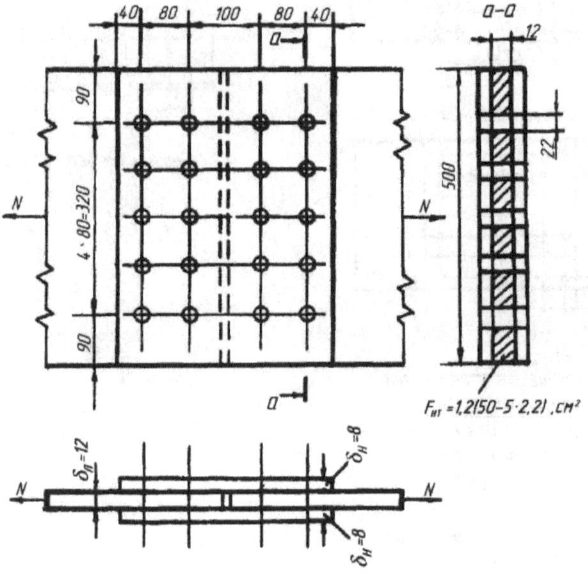

Rys. 54 - Schemat obliczeniowy połączenia ciernego elementów z blachy przy obciążeniu rozciągającym *N = 100* tf.

Jak wynika z powyższego, głównym zadaniem jest określenie wymaganej liczby wysokowytrzymałych śrub ciernych zdolnych do absorbowania i przenoszenia siły rozciągającej N = 100 tf.

Siłę rozciągającą jednej śruby określa się według wzoru (5.6).

P = Rbh-Abh-mbh = 11000 -2.45-0.9 = 24250 kgf.

Obliczoną siłę ścinającą na jeden "styk śrubowy" określa się według wzoru (5.5).

Qbh = P- μ/ γbh.

W tabeli 5.8 przyjmujemy wartość współczynnika niezawodności połączenia ciernego równą γbh = 1,576.

Stąd Qbh = 24250 -0,42 / 1,576 = 6500 kgf.

Wymagana liczba śrub o dużej wytrzymałości (n) w połączeniu jest określona wzorem (5.7).

n ≥ N/(m- Qbh- ns),

gdzie ns = 2 **jest liczbą styków śrubowych**, tj. parą powierzchni ciernych; w naszym przypadku, podczas ściskania pakietu trzech elementów z blachy, każda śruba tworzy dwie pary styków śrubowych.

Stąd, n = 8,5 tysiąca.

Przyjmujemy liczbę śrub w połączeniu (z każdej strony połączenia środkowej blachy głównej) n = 10. Schemat rozmieszczenia śrub (Rysunek 54) - dwa rzędy krzyżowe po pięć śrub każdy.

Sprawdzić nośność środkowej osłabionej blachy *o przekroju poprzecznym* netto (Fnt).

Nl= Ft-Ry = 1,2(50-5-2,2) -3000 = 140400 kgf. Warunek wytrzymałości blachy osłabionej przez otwory jest spełniony.

6. Projekty głównych węzłów rolniczych

Węzły są najbardziej złożonymi i odpowiedzialnymi częściami kratownic o dowolnym przeznaczeniu, łącznie z głównymi kratownicami konstrukcji rozpiętościowych. Obecnie w budownictwie mostowym główne kratownice produkowane są głównie w dwóch wersjach.

Pierwsza opcja - z wykorzystaniem połączeń ciernych na śrubach o dużej wytrzymałości.

Drugi wariant - z zastosowaniem połączeń spawanych, tj. w wykonaniu spawanym.

Możliwe jest również stosowanie połączeń na nitach. Tak więc w połączeniach węzłowych, połączeniach i połączeniach konstrukcji metalowych "północnego" wykonania A i B zgodnie z wymogami norm projektowych [6] dopuszczalne są tylko połączenia śrubowe cierne i połączenia na nitach. Te ostatnie **służą** jako szwy talii elementów sekcji kompozytowej, a także do mocowania łączników narożnikowych i listew.

Podczas projektowania głównych węzłów kratownicy, niezależnie od wybranej metody połączenia, muszą zostać spełnione następujące wymagania:

-Osie wzdłużne elementów zbiegających się w węźle powinny przecinać się w jednym punkcie odpowiadającym środkowi węzła obliczonego schematu geometrycznego gospodarstwa;

- przy umieszczaniu śrub, spoin i nitów należy zapewnić, aby środki ciężkości powierzchni obliczonych odcinków tych elementów łączących były zgodne z osią podłużną zamocowanego elementu (pręta) gospodarstwa;

-Arkusze formowane (fazowane), nakładki i uszczelki powinny mieć najmniejsze wymiary w ustalonych granicach i należy unikać najprostszych zarysów zewnętrznego konturu, w szczególności wycięć, takich jak przychodzące narożniki;

- w konstrukcjach bloków nie powinno być miejsc, w których możliwa jest stagnacja i gromadzenie się wody i zanieczyszczeń; w tych miejscach z reguły elementy bloków są najbardziej narażone na korozję;

-Wytrzymałość elementów mocujących w węzłach powinna być większa od wytrzymałości samych elementów o co najmniej 10-15%, mając na uwadze, że podczas eksploatacji mostu naprawa i wzmocnienie węzłów jest znacznie trudniejsze niż elementów.

Układ konstrukcyjny zespołów musi być zaawansowany technologicznie:

- możliwość produkcji jednostek ze standardowym wyposażeniem fabryki mostów;

-dopuszczalnych kosztów produkcji;

- Możliwość wygodnego i jakościowego wykonania prac instalacyjnych i montażowych;

- możliwość kontroli jakości połączeń podczas produkcji i instalacji fabrycznej;

- zdolność do inspekcji i kontroli w celu oceny stanu elementów węzła;

- Możliwość konserwacji (czyszczenie, malowanie) i naprawy w trakcie eksploatacji.

Poza tym projektant powinien dążyć do maksymalnego ujednolicenia elementów, które są częścią węzłów głównego gospodarstwa.

6.1 Wysokowytrzymałe zespoły śrubowe

Jednym z głównych zadań, które powinno być rozwiązane przy opracowaniu projektu węzłów głównych gospodarstw, jest jak najskuteczniejsze wykorzystanie zalet wybranego sposobu łączenia elementów przy maksymalnej neutralizacji braków drogi.

W typowych konstrukcjach rozpiętościowych jednostki kratownic głównych wykonywane są na wkładkach kształtowych (Rysunek *55a*) lub na blachach kształtowych (Rysunek *55b)*. Jak widać na rysunku 55a, zastosowanie wkładek kształtowych pozwala na usunięcie połączenia paneli pasa z zespołu.

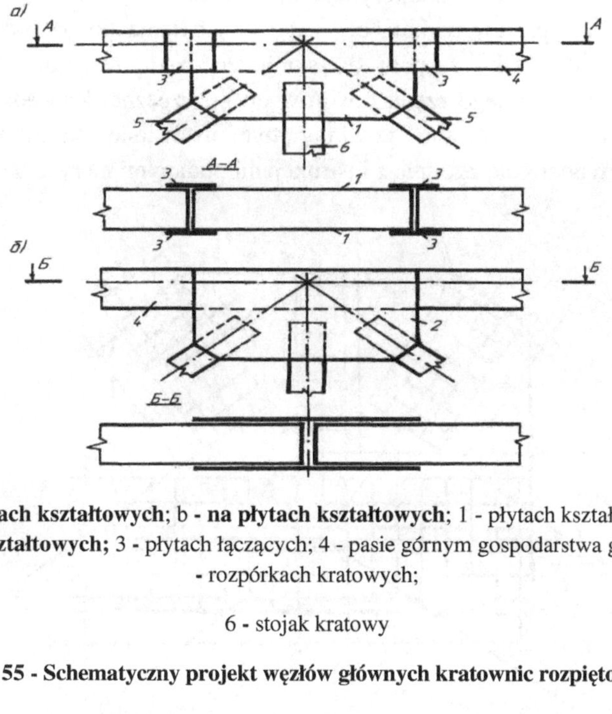

a - **na płytach kształtowych**; b - **na płytach kształtowych**; 1 - płytach kształtowych; 2 - **płytach kształtowych;** 3 - płytach łączących; 4 - pasie górnym gospodarstwa głównego; 5 - rozpórkach kratowych;

6 - stojak kratowy

Rysunek 55 - Schematyczny projekt węzłów głównych kratownic rozpiętościowych

Połączenia wkładek fazowych z pionowymi blachami pasowymi nakładają się na płyty łączące. Ten wariant rozmieszczenia elementów zastosowano w konstrukcjach nitujących o przekroju pasa w kształcie litery H. W typowych konstrukcjach przęseł o zamkniętych skrzynkowych przekrojach pasów i z wykorzystaniem złączy ciernych bardziej odpowiednie okazało się umieszczenie złączy płyt w środku węzłów i zastosowanie płyt kształtowych

(Rysunek 55 b), które służą jako elementy zakładki tego złącza. Dodatkowo, zastosowanie komór pozwoliło na ujednolicenie długości paneli taśmowych i poprawę warunków pracy przy montażu.

Odległości w świetle pomiędzy fazami wszystkich węzłów głównego gospodarstwa zazwyczaj przyjmują taką samą i równą szerokość wszystkich elementów (prętów) siatki. Pozwala to na mocowanie ich do komór łączeniowych bez użycia uszczelek.

Przy projektowaniu głównych węzłów kratownic należy dążyć do standaryzacji wielkości faz zagnieżdżania, co pozwala na zastosowanie tych samych wzorów otworów dla śrub montażowych. Układ otworów montażowych (rys. 56) charakteryzuje się podziałem otworów w zależności od ryzyka "a", rozstawem kół "c1", kątem nachylenia do poziomego "α", *odległością* od środka zespołu do skrajnego rzędu otworów "cI" oraz odległością od skrajnego rzędu otworów do poprzecznej krawędzi faz "*l*". Odstępy między otworami powinny być ustawione na minimalnym dozwolonym poziomie zgodnie z instrukcjami podanymi na rysunku 56.

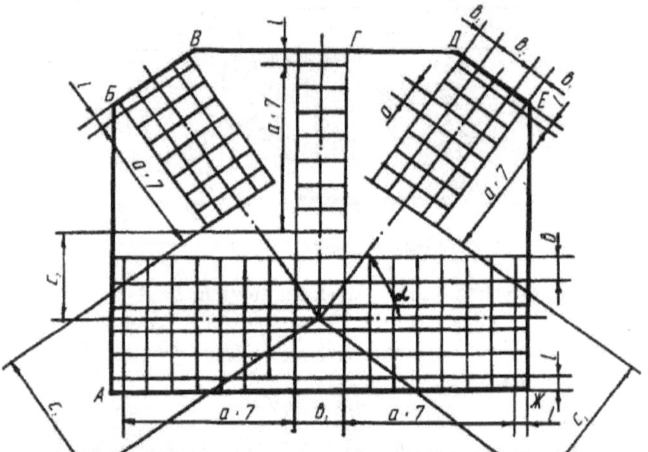

a - **nachylenie** otworów "zagrożonych"; *cl(2)* - **rozstaw kół**; *cl*$_{(2)}$ - odległość od środka węzła do najdalszego rzędu otworów; *a* - kąt nachylenia wzdłużnych osi rozpórek kraty do horyzontu

Rysunek 56 - Rozmieszczenie otworów na wysokowytrzymałe śruby montażowe w fazie montażowej

Fazery węzłowe mogą różnić się wielkością, ale przy takim samym wzorze otworów mogą być wiercone przy użyciu jednego przewodnika nakładkowego i bez zbędnych otworów.

Krawędzie wszystkich faz komponentów, nakładek i uszczelek muszą być obrobione na obcinakach krawędziowych.

Poniżej przedstawiono schemat węzła B3 konstrukcji rozpiętościowej spawanej śrubowo o rozpiętości $L = 66$ m.

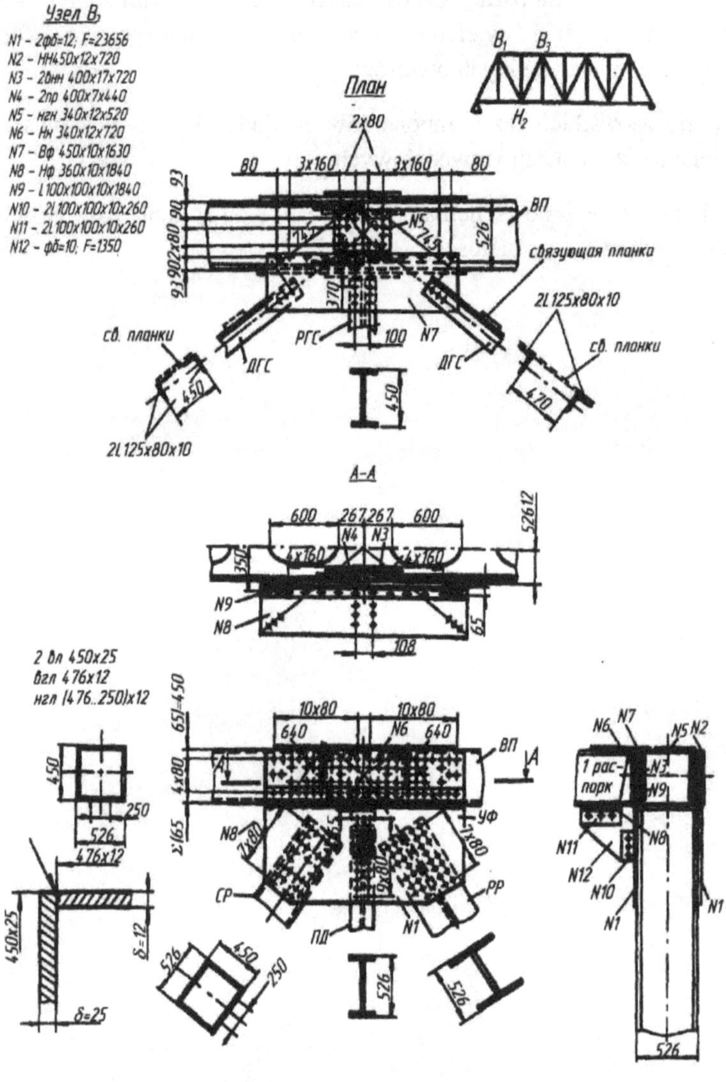

GP - pas górny farmy głównej; *PP* i *SR* - odpowiednio wydłużone i sprężone rozpórki siatki głównej; *PD* - podwieszenie siatki; *DGS, WP* - poziome połączenia farm głównych wzdłuż pasów górnych; *UV* (nr 1) - faza węzłowa.

Rysunek 57 - Węzeł *B3* typowej konstrukcji przęsła śrubowego *L = 66* m

Uwaga. Ryciny 57, 58 i 59 są przedstawione w książce w małej skali (w obrębie strony książki), dlatego też przy badaniu elementów węzłowych na podanych rysunkach zaleca się zeskanowanie rysunku i wydrukowanie go w powiększonej skali.

Jako charakterystyczny przykład decyzji projektowych rozważmy podstawowe fragmenty projektu konstrukcji rozpiętości L = 66 m projektu Giprotransmostu pod obciążeniem C14.

W projekcie realizowane są nowoczesne reprezentacje optymalnego układu konstrukcji przęseł mostu kolejowego typu kratowego jako całości oraz w jego częściach składowych, w tym sprzęgów węzłowych.

Schematy obliczeniowe konstrukcji przęsła pokazano na Rysunku 26.

Główne gospodarstwa rolne mają trójkątną siatkę z wieszakami i słupkami. W płaszczyznach górnych i dolnych pasów kratownice główne łączone są za pomocą połączeń wzdłużnych układu krzyżowego z przekładkami, a także za pomocą pośrednich połączeń poprzecznych w płaszczyznach elementów sieci pionowej - **zawieszek** i słupków. W płaszczyznach skrajnych rozpór główne gospodarstwa połączone są ramami portalowymi.

Wszystkie elementy głównych gospodarstw mają spawane przekroje złożone. Metoda spawania szwów taśmowych - łuk automatyczny pod warstwą topnika. Przekroje poprzeczne pasów i sprasowanych rozpórek siatki - **rozpórki pudełkowe, rozpórki** przedłużone, wisiorki i rozpórki - **w** kształcie litery H. Wysokość przekrojów poprzecznych pasów i rozpórek, z wyjątkiem podpór, wynosi 450 mm (rysunek 57). Wysokość przekroju rozpórek podpierających została zwiększona do 620 mm w celu zwiększenia ich sztywności. Szerokość odcinków wszystkich elementów kratownic głównych jest taka sama i wynosi 526 mm. Przeguby taśmowe znajdują się w centrach węzłów.

W węźle górnego pasa B3 (rysunek 57), pionowe arkusze pasa na skrzyżowaniu są pokryte dwustronnymi nakładkami. Górna pozioma półka talii na złączu pokryta jest jednostronną podszewką nr 5. Dolna pozioma perforowana blacha taśmowa w miejscu połączenia nie nachodzi na siebie, ponieważ wewnętrzna i zewnętrzna przestrzeń w pobliżu połączenia taśmowego w tym miejscu jest zajmowana przez śruby połączenia cierne elementów kratowych i węzłów UV (№ 1).

Do węzła B3 w płaszczyźnie poziomej podłączone są elementy połączeń wzdłużnych - przekładka dystansowa (RGS) dwóch przekrojów Taurisa i przekątna (DGS) o przekrojach typu ceownik, składające się z dwóch narożników, połączone ze sobą poprzeczkami z połączeniami spawanymi lub nitowanymi. Elementy te są wyśrodkowane na osi węzła, co wyklucza pojawienie się dodatkowych momentów w węźle, ale prowadzi do dużych rozmiarów kulek wiążących (№ 7 i № 8 na rysunku 57). Aby uniknąć zginania się tych faz pod wpływem ciężaru wiązań wzdłużnych, dolne fazy nr 8 są podparte blachą pionową nr 12, umieszczoną w płaszczyźnie wieszaków (PD). Arkusz (forma trójkątna) jest połączony z wisiorkiem i fazą za pomocą malutkich rogów № 10 i № 11. Dolna faza wiązania nr 8 jest również połączona z fazą węzłową nr 1 za pomocą kąta mocowania nr 9. Sposób połączenia **jest** na śrubach lub nitach.

Elementy wiązań wzdłużnych (I-odgałęzienie (I-odgałęzienie) i przekątne kanałów (DGS)) mają znaczną wysokość przekroju równą wysokości górnego pasa głównego gospodarstwa (450 mm). Wynika to z konieczności zapewnienia wysokiej sztywności (E-J) przekątnych wchodzących w skład kratownicy poprzecznej przyjętej w rozpatrywanym projekcie, farmy komunikacji poziomej (Rysunek 29 *c*) (rozdział 4), przyjętej w rozpatrywanym projekcie, oraz pracującej w kompresji.

Otwory w poziomym arkuszu dolnym taśmy o wymiarach 600x250 mm każdy otwór (rysunek 57) są przewidziane w projekcie zarówno do ustawienia połączeń ciernych węzłów na śrubach o dużej wytrzymałości, jak i do wentylacji wewnętrznych wnęk taśmy.

Węzeł H2. Zgodnie ze schematem i układem elementów łączących, węzeł H2 dolnego pasa kratownicy głównej (rysunek 58 *a*) jest podobny do węzła B3 rozpatrywanego powyżej. Panele taśmowe (rys. 58 *b, c*), zamknięty przekrój puszki o wymiarach zewnętrznych 450x526 mm, są łączone na środku urządzenia. W miejscu połączenia wszystkie elementy przekroju, z wyjątkiem górnej blachy poziomej, są nakładane na siebie za pomocą blach i łączone za pomocą śrub o dużej wytrzymałości. Te elementy przekroju poprzecznego przylegających do siebie paneli nie zachodzą na siebie ani nie łączą się ze sobą z tych samych powodów, co wspomniane wyżej dolne poziome arkusze górnych paneli pasowych gospodarstwa B3.

Belka dwuteowa konstrukcji jezdni i elementy ukośne połączeń hamulcowych wykonane ze sparowanych narożników są przymocowane do zespołu H2 (nie pokazane na rysunku 58). Poprzeczna belka dwuteowa o regulowanej wysokości przekroju nośnego jest przymocowana do węzła przez wszystkie elementy przekroju - pasy i ścianę (Rysunek 59).

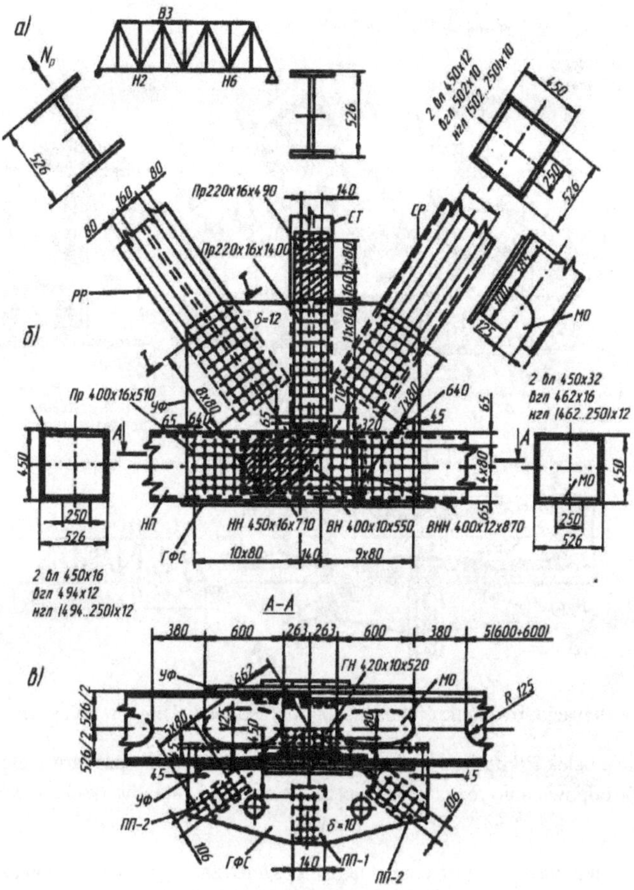

a - schemat gospodarstwa głównego; *b* - fasada; c - odcinek *A-A; NP* - dolny pas gospodarstwa głównego; *PP* i *SR* - odpowiednio sprężone i rozciągnięte rozpórki kratowe; *ST* - *rozpórki* kratowe; *UV* - **faza** węzłowa; *HF* - **faza** pozioma; I-I - obliczony odcinek mocowania rozpórki *PP* do faz węzłowych; Nr - **obliczona** siła.

Rysunek 58 - Węzeł *H2* typowej konstrukcji przęsła śrubowego *L = 66 m*

Dolny pas poprzeczny (UB) jest połączony z urządzeniem za pomocą poziomego stożka sprzęgającego (HFS) z pięcioma parami wysokowytrzymałych śrub, górny pas UB **jest** połączony za pomocą pionowego stożka (7) z małymi kątami. Ściana dźwigara jest połączona z urządzeniem za pomocą pary symetrycznie rozmieszczonych narożników łączących (6) na całej jego wysokości.

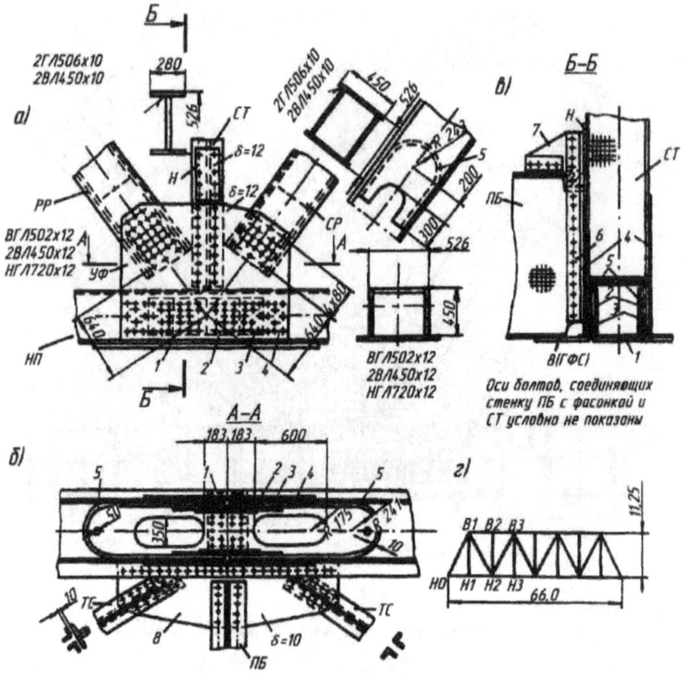

a - elewacja; b - przekrój *A-A* (belka poprzeczna *PB nie jest* pokazana);

c - mocowanie belek *PB do* jezdni; *d* - schemat farmy; *NP* - dolny pas farmy głównej; *PP, PC* i *CT* - odpowiednio rozciągnięte, sprężone rozpórki i stanowisko kratowe farmy głównej;

CU - ogniwa hamujące; 1 - pozioma okładzina zewnętrzna dolnej części połączenia płyt pasa; 2, 3 - **sparowana** pionowa okładzina wewnętrzna połączenia; 4 - części węzłowe; 5 **- osłony podkowy**;

6 - narożniki łączące; 7 - nadbudówka wspornikowa *PB;*

8 - faza połączenia poziomego (HFS)

Rysunek 59 - Węzeł *H2* kratownicy głównej typowej konstrukcji o rozpiętości *L = 66 m* nowoczesnej konstrukcji spawanej śrubami

Połączenia hamulcowe są podłączane do węzła tylko za pomocą poziomego skosu komunikacyjnego (HFS).

Płaszczyzny pochylenia pasa dolnego belki poprzecznej i poziomego skosu sprzęgu (HFS) na rysunku 58 pokazano pod pozycją PP-1, elementy układu połączeń hamulcowych i tego samego skosu - pod pozycją PP-2.

Przeguby cierne na wysokowytrzymałych śrubach i połączeniach nitowych są podobne pod względem konstrukcji i działania. Główna różnica polega na tym, że siły ściskające wiązki arkuszy przeznaczonych do łączenia w połączeniach nitowych powstają na skutek skrócenia pręta nitowego podczas jego chłodzenia po osadzeniu i formowania łba zamykającego (przed osadzeniem nity są podgrzewane do temperatury 800°C).

Połączenia na nitach są używane w produkcji konstrukcji metalowych do różnych celów w Rosji 200 lat. Wieloletnia praktyka pokazała niezawodność ich pracy pod obciążeniami statycznymi i dynamicznymi. A teraz można zobaczyć działające mosty kolejowe z nitowanymi przęsłami budynków przedrewolucyjnych.

Przy wymianie połączeń na nitach w produkcji konstrukcji metalowych konstrukcji rozpiętościowych tarcie na śrubach o dużej wytrzymałości miało na celu przede wszystkim podniesienie poziomu adaptacyjności konstrukcji jako jakości tych połączeń praktycznie na równi.

W szczególności wymiana uprościła i ułatwiła prace montażowe, z których większość jest wykonywana na wolnym powietrzu na wysokości.

Wymiana ta doprowadziła również do znacznej poprawy warunków higieniczno-sanitarnych w fabrykach mostów.

W konstrukcjach nitujących były i są stosowane obecnie elementy tylko otwartych niezamkniętych kształtowników, takich jak I-Tauris lub profile kątowe, które nie mają wystarczająco wysokiej stabilności (lokalnej i ogólnej) przy obciążeniu ściskającym. Problem stabilności ściskanych elementów jest skutecznie rozwiązywany poprzez zastosowanie opracowanych profili zamkniętych - **skrzynkowych**, np. zamiast I-Taurisa. W nitowanych wiązarach głównych starej konstrukcji elementy zamkniętego segmentu skrzynkowego nie były w ogóle stosowane, ponieważ ich łączenie lub łączenie z fazami węzłowymi za pomocą nitów nie jest technicznie możliwe (przy zadowalającej jakości połączeń). W kratownicach głównych o nowoczesnej konstrukcji elementy sekcji boksów stosowane są jako panele pasowe i rozpórki ściskane, ponieważ poprzez połączenia cierne ich łączenie lub mocowanie do faz, jak pokazano na rysunkach 57 i 58, realizowane są technicznie. Ale, niestety, te stawy i mocowania są dalekie od ideału.

Badając projekty jednostek B3 i H2 (odpowiednio rysunki 57 i 58), można łatwo ustalić, że ich schematy i urządzenia są w zasadzie kopiami rozwiązań konstrukcyjnych wdrożonych w nitowanych kratownicach głównych starej konstrukcji. Nowością **jest** w nich zastosowanie elementów o przekroju skrzynkowym. Z jednej strony, stosowanie sprawdzonych rozwiązań projektowych jest godne pochwały, ale **z** drugiej strony, połączenie starej formy z nową treścią (bez właściwego zrozumienia) może prowadzić do nieudanych rezultatów. Rozważmy projekt połączenia przyległych paneli górnego pasa głównego gospodarstwa znajdującego się w środku węzła B3 (rysunek 57).

Przy łączeniu sąsiednich kasetonów z kształtownika skrzynkowego należy połączyć wszystkie kasetony o tej samej nazwie (elementy kasetonów) między sobą parami: kasetony pionowe ("pionowe"), poziome ("poziome") i jednocześnie wykonać mocowanie do kasetonów z zawiązanymi fazami pionowymi. Projekt tych połączeń i elementów złącznych musi uwzględniać szereg warunków i wymagań, z których główne (oprócz tych określonych) są następujące:

-wytrzymałość połączenia (o wartość dopuszczalnej siły rozciągającej) powinna być o 10-15 % większa niż wytrzymałość elementu, który ma być połączony;

- należy zapewnić wyrównanie wzdłużnych osi neutralnych łączonych płyt;

- Powierzchnia przekroju poprzecznego połączonych elementów nie może być mniejsza niż 50% całkowitej powierzchni przekroju poprzecznego płyty [6];

- Należy podjąć środki w celu skompensowania poluzowania roboczych przekrojów płyt z otworami na śruby;

- w konstrukcji połączenia (we wszystkich elementach, łącznie ze spoinami taśmowymi) nie powinno być odcinków o dużej lokalnej koncentracji naprężeń (warunek ten jest priorytetem nie tylko przy opracowywaniu konstrukcji połączenia, ale również we wszystkich pracach nad projektem konstrukcji stalowych głównych kratownic);

W projekcie złącza z połączeniami ciernymi należy zapewnić możliwość swobodnego osadzania śrub o dużej wytrzymałości, dokręcania pakietów blach śrubami oraz dokręcania nakrętek za pomocą kluczy dynamometrycznych (biorąc pod uwagę konieczność wyposażenia wszystkich połączeń wchodzących w skład zespołu).

Następujące zasady i wymagania nie zostały spełnione przy projektowaniu połączenia płyt w B3:

- dolne "poziomy" łączonych paneli nie są połączone;

- nie ma bezpośredniego mocowania "poziomych" do faz węzłów;

- nie podjęto żadnych działań w celu skompensowania rozluźnienia przekrojów roboczych paneli "pionowych" z otworami.

Pierwsza z powyższych wad powstała z powodu technicznej niemożności połączenia ciernego niższych "poziomych" **- nie ma** możliwości ustawienia śrub o dużej wytrzymałości.

Druga wada wspólnej budowy wynikała również z obiektywnej własności. Poziomy" płyt i fazowanie połączeń są ułożone w dwóch wzajemnie prostopadłych płaszczyznach, a ich bezpośrednie połączenie za pomocą śrub o dużej wytrzymałości jest również technicznie niemożliwe. Te wady konstrukcyjne węzła są wystarczająco poważne w swoich konsekwencjach.

Na styku paneli, siły są przenoszone z jednego panelu na drugi. A pewna część siły z bardziej obciążonego panelu jest przenoszona przez blachy kształtowe na elementy rusztu - rozpórki (wieszaki i słupy pracują tylko przy obciążeniu lokalnym). Ponieważ dolne "poziomy" przylegających do siebie paneli nie są połączone ze sobą i nie mają bezpośredniego mocowania do faz, przenoszenie sił z poziomych blach odbywa się poprzez spawy taśmowe w obszarach przyległych do urządzenia oraz poprzez "piony". Wskutek tego przekroje robocze spoin spawanych pasów w tych obszarach są nadmiernie obciążone, tzn. w połączeniach spawanych pasów występuje miejscowa koncentracja naprężeń. Istnieje również pewne przeciążenie sekcji roboczych i "pionowych" osłabionych przez otwory na śruby. Obszary naprężeń w spawanych spoinach taśmowych i pionowych arkuszach płyt powinny być wzmocnione konstrukcyjnie. Dotyczy to oczywiście również wszystkich innych połączeń paneli.

Przymocowanie poprzeczki o przekroju skrzynkowym H2 - B3 (Rysunek 58 *a*) do faz węzłowych odbywa się poprzez pionowe arkusze. Poziomy" rozpórki i faza połączenia nie są bezpośrednio połączone. Dlatego nawet w tym załączniku pojawia się sytuacja podobna do tej omawianej powyżej.

Przenoszenie sił z pozycji poziomej na fazę skrzyżowania powoduje lokalne przepięcia spoin w obszarach w pobliżu skrzyżowania.

Badania urządzenia i pracy węzłów oraz sprzęgów węzłowych, kratownicy głównej konstrukcji rozpiętościowej skręcanej L = 66 m wykazały, że generalnie rozpatrywane projekty (rysunki 57 i 58) spełniają wymagania norm i zasad projektowania [6]. Połączenia cierne na urządzeniu i jego umiejscowienie są stosowane dość skutecznie, prawie w pełnym zakresie swoich możliwości.

Jednak połączenia elementów sekcji puszkowej i ich mocowanie do komór połączeń mają wystarczająco poważną wadę: miejscowe przepięcia połączeń spawanych pasów, których mechanizm jest rozważany powyżej. Lokalne przepięcie pod obciążeniem cyklicznym może prowadzić do przedwczesnych pęknięć zmęczeniowych.

Przyczyną lokalnego przepięcia (lokalnego stężenia naprężeń zgodnie z przyjętą terminologią) jest, jak wiadomo, geometryczna niejednorodność pierwiastków i związków, czyli ostre zmiany przejść między sąsiednimi odcinkami w formie lub wielkości. Nie jest trudno dostrzec to ostre przejście w rozważanych związkach. Jest to nagłe "pęknięcie" poziomych arkuszy elementów pudełkowych, które w przeciwieństwie do "pionowych" nie mają bezpośredniego mocowania do faz węzłowych. Ta konstruktywna konstrukcja połączenia jest wymuszona w tych szczególnych warunkach.

Rysunek 59 przedstawia konstrukcję jednostki H2 głównej ramy rozpiętości L = 66 m nowoczesnej konstrukcji, która może służyć jako ilustracja dość prostego sposobu rozwiązania problemu lokalnego przepięcia szwu taśmowego elementu skrzyniowego.

Ogólne wymiary konstrukcji przęsła (Rys. 59 *d*) odpowiadają wymiarom typowym (tabela 4.1, seria II).

Zgodnie ze schematem i urządzeniem węzły H2 struktury lotu starej (rysunek 58) i nowej (rysunek 59) są podobne. Fazery węzła 4 nad głową, połączenie dolnych paneli pasa (NP) znajduje się w środku węzła. Piony" paneli na styku od strony wewnętrznej pokryte są sparowanymi nakładkami 2 i 3, od strony zewnętrznej arkuszami kształtowymi 4, których odległość w świetle została zachowana na tym samym poziomie - 526 mm.

Wielkość szerokości przekroju wszystkich elementów jest taka sama i wynosi 526 mm, co pozwala na mocowanie elementów do komór węzłowych bez konieczności stosowania dodatkowych uszczelek.

Rozpory kratownicowe w kratownicach głównych nowej konstrukcji, zarówno ściskane (rys. 59) (CP), jak i rozciągane (PP), mają ten sam kształt i rozmiar zamkniętych kształtowników skrzynkowych. Jednakże projekty połączeń tych elementów ze skosami różnią się pod względem układu i liczby śrub o dużej wytrzymałości, jak widać na rysunku 59. Synchroniczne projektowanie połączeń tych elementów tłumaczy się różnym sposobem ich pracy w kratownicach głównych jako bezwzględną wartością maksymalnych sił osiowych w cyklu oraz wartościami charakterystyki cyklu powtarzających się obciążeń.

Przyjęte rozwiązania konstrukcyjne zostały znalezione eksperymentalnie i są optymalne.

Stelaż (CT), podobnie jak węzeł H2 starej konstrukcji, ma dwa przekroje Tauris.

W głównych gospodarstwach rolnych nowej konstrukcji elementy o przekroju skrzynkowym są hermetycznie zamykane. Zaślepki w kształcie podkowy (Rys. 37 *b, c*) są montowane na końcach paneli i rozpórek (Rys. 59, poz. 5) i mocowane do blach pionowych i poziomych za pomocą szwów spawanych. To stosunkowo proste rozwiązanie konstrukcyjne okazało się bardzo skuteczne, ponieważ wyeliminowało wyżej wymienione wady projektu węzła H2 gospodarstwa głównej konstrukcji przęsłowej starej konstrukcji. Po pierwsze, hermetyczne uszczelnienie wewnętrznych ubytków elementów sekcji puszkowej usunęło problem zabezpieczenia tych ubytków przed korozją. Po drugie, możliwe było zastosowanie korków podkowiastych jako kompensatorów rozluźniających dla przekrojów "pionowych" z otworami śrubowymi. I po trzecie, być może najważniejsze, korki podkowy włożone na końcach elementów boksowanych na głębokość 700 mm i połączone z poziomymi blachami elementów szwami zgrzewanymi, zapewniły przeniesienie części sił z tych blach na skosy wraz ze zgrzewanymi szwami taśmowymi, zapobiegając w ten sposób przeciążeniu końcowych odcinków szwów taśmowych.

Do montażu wysokowytrzymałych śrub w dolnych poziomych blachach elementów puszkowych wycięte są otwory 600x350 mm, znajdujące się pomiędzy końcem elementu a zaślepką.

Belka poprzeczna (PB) (Rysunek 59), belka dwuteowa, zespawana zespolona, jest przymocowana do węzła przez wszystkie elementy przekroju za pomocą złączy ciernych na śrubach o wysokiej wytrzymałości. Ścianę dźwigara mocuje się do fazy skrzyżowania 4 za pomocą dwóch narożników łączących 6, które z kolei można połączyć ze ścianą zarówno za pomocą śrub o dużej wytrzymałości, jak i nitów. Druga półka z narożników łączących 6 jest połączona nie tylko z narożnikiem 4, ale również z półkami belki dwuteowej (CT). Dolna półka belki poprzecznej jest bezpośrednio połączona z poziomym skosem 8. Część nośna belki poprzecznej w górnej części jest rozwinięta na wysokość dzięki zastosowaniu zbrojenia "fish" 7, połączonego maleńkimi narożnikami zarówno z fazą węzłową 4, jak i górnym pasem belki poprzecznej. Wzmocnienie "ryby" do pewnego stopnia neutralizuje wpływ siły momentu odniesienia na elementy mocowania belki poprzecznej do węzła H2.

Konstrukcja i mocowanie drążków hamulcowych (BRC) jest takie samo jak w jednostce H2 starej konstrukcji.

Niewątpliwą zaletą konstrukcji metalowych konstrukcji przęsłowych z wykorzystaniem złączy ciernych na śrubach o wysokiej wytrzymałości jest wysoka zdolność produkcyjna według większości kryteriów oceny. Zapewniona jest prawie całkowita dostępność fabryczna. Instalacja jest prosta i może być przeprowadzona niezależnie od warunków pogodowych i klimatycznych w krótkim czasie i z gwarancją wysokiej jakości. Konstrukcje te są łatwe w konserwacji i naprawie podczas eksploatacji.

Niedoskonałości wzorów to: podwyższony koszt metalu (nakładki na węzły), pewna niedoskonałość konstrukcyjnej rejestracji węzłów przy ich dużej złożoności i początkowym zadaniu urządzenia, bardzo duży nakład pracy i złożoność technologii wytwarzania elementów węzłów.

6.2 Węzły spawane. Przepisy ogólne

Spawanie jako metoda łączenia otwiera szerokie możliwości tworzenia projektów węzłów, które są najlepiej dostosowane do pracy przy zadanych obciążeniach. Połączenia spawane są bardziej zaawansowane technologicznie niż połączenia śrubowe, według wielu ważnych kryteriów - zużycia głównego materiału, kosztów pracy i energii, złożoności i kosztów urządzeń technologicznych, itp. Praktyczne zastosowanie połączeń spawanych nie jest ograniczone formą i wielkością elementów, które mają być połączone.

Jednakże podczas spawania konstrukcji metalowych w odpowiedzialnym celu (w tym konstrukcji mostowych) muszą być spełnione pewne wymagania określone w dokumentach regulacyjnych. Wymagania te są bardzo surowe [6; 12].

Połączenia spawane na kratownicach głównych pracują z obciążeniem wielocyklicznym ($N \geq 2\text{-}106$ cykli). Dlatego głównym kryterium ich jakości jest wysoka wytrzymałość zmęczeniowa, tj. wydajność w określonym okresie eksploatacji.

Niestety, procesowi tworzenia się połączeń spawanych towarzyszą czynniki towarzyszące zmniejszające nośność połączeń zmęczeniowych. Te główne:

- niejednorodność metalurgiczna,

- niejednorodność geometryczna (wzdłuż zewnętrznego konturu spoin),

- niejednorodne resztkowe pola naprężeń spawalniczych,

- możliwe wady (widoczne i ukryte) jako koncentratory naprężeń, itp.

Zapewnienie niezbędnej wydajności połączeń spawanych jest możliwe pod warunkiem, że zneutralizowany zostanie negatywny wpływ powyższych czynników na wytrzymałość zmęczeniową połączeń. W tym celu istnieje wystarczająco szeroki arsenał środków i technik projektowych i technologicznych. Ale ich skuteczne zastosowanie jest możliwe tylko na podstawie wstępnego przygotowania i świadomego zrozumienia fizyki ścisłego powiązania projektu, zastosowanej technologii wytwarzania i wydajności roboczej połączeń spawanych i węzłów jako całości.

Obecnie nie można uznać tych kwestii za w pełni rozwiązane, ponieważ wytrzymałość zmęczeniowa węzłowych połączeń spawanych nadal nie jest wystarczająco wysoka i, co najważniejsze, nie jest wystarczająco stabilna pod względem istotnych właściwości. Istnieje duża zależność jakości połączeń spawanych od nietypowych okoliczności losowych. W związku z tym w pełni spawane kratownice o głównych rozpiętościach są obecnie wykorzystywane do budowy mostów tylko na zasadzie pilotażowej.

Postęp w budowie mostów jest związany z tworzeniem w pełni spawanych konstrukcji nośnych konstrukcji przęsłowych, które spełniają wszystkie wymagania prawne dotyczące kryteriów wytrzymałości zmęczeniowej, niezawodności, odporności na pękanie kruche, itp. W tym celu konieczne jest kontynuowanie prac rozwojowych i badań eksperymentalnych nad doskonaleniem dostępnych i poszukiwaniem nowych decyzji zarówno w dziedzinie projektowania, jak i w dziedzinie technologii.

6.3 Zniszczenie konstrukcji spawanych

Niszczenie elementów maszyn i konstrukcji praktycznie zawsze zaczyna się tam, gdzie występuje największe lokalne stężenie ciśnienia. Co należy rozumieć jako zniszczenie? Byłoby wielkim błędem sądzić, że zniszczenie konstrukcji lub elementu konstrukcji ma na celu ich rozdzielenie.

Uszkodzeniem mechanicznym jest każda zmiana rozmiaru, kształtu lub właściwości materiału konstrukcji, maszyny lub pojedynczej części, która powoduje, że konstrukcja lub maszyna nie wykonuje już w zadowalający sposób swoich funkcji. Jest to nowoczesna, najbardziej kompleksowa definicja obejmująca wszystkie znane rodzaje zniszczeń [15].

Oczywiście, w statystykach rejestrowano zniszczenia obiektów inżynieryjnych i z podziałem na części. Zdarzenia te (wypadki statków morskich, zawalenie się mostów, eksplozje zbiorników ciśnieniowych i gazociągów itp.) są jednak klasyfikowane jako zdarzenia nadzwyczajne, ponieważ wynikają albo z niekorzystnych okoliczności, albo z rażącego naruszenia zasad eksploatacji.

Tworzenie nadających się do użytku struktur może być przeprowadzone tylko przy umiejętności przewidywania i szacowania prawdopodobieństwa wystąpienia wszystkich możliwych rodzajów zniszczeń stanowiących zagrożenie dla tworzonej struktury. Wymaga to co najmniej dość pełnego zrozumienia wszystkich rodzajów zniszczeń napotykanych w praktyce i warunków, w jakich mogą one wystąpić.

Możliwe jest również stworzenie struktury nadającej się do użytku, jeżeli projektant posiada analityczne lub empiryczne metody oceny zachowania się materiału konstrukcyjnego, jego pierwiastków i związków w określonym okresie użytkowania i może podjąć niezbędne działania, aby zapobiec ewentualnej awarii. Arsenał środków projektowych, technologicznych i organizacyjnych jest dość obszerny.

Rozważmy najczęstsze rodzaje destrukcji w praktyce i ich krótki opis morfologiczny. Większość z nich jest niebezpieczna dla stalowych konstrukcji przęseł mostów kolejowych. Należy zauważyć, że niektóre rodzaje zniszczeń mają prosty charakter, inne są złożone. Na przykład, korozja i zmęczenie materiału są oddzielnymi rodzajami prostego zniszczenia. Wraz z nimi zidentyfikowano inny rodzaj zniszczenia - żrące zmęczenie, jest to zniszczenie złożone. Korozja i zmęczenie czasami wpływają na strukturę jednocześnie, a mechanizmy ich działania są wzajemnie powiązane. Korozja przyspiesza proces zmęczenia materiału, a działanie obciążenia cyklicznego (zmęczeniowego) z kolei przyspiesza proces korozji. Naturalnie, zmęczenie korozyjne może spowodować uszkodzenie konstrukcji w krótszym czasie niż narażenie na obciążenie cykliczne lub korozję w izolacji.

Według współczesnych idei, istnieje dwadzieścia trzy różne rodzaje mechanicznego niszczenia. Weźmy pod uwagę te z nich, które mogą powstać w metalowych konstrukcjach przęseł mostów kolejowych.

Deformacja elastyczna spowodowana obciążeniami zewnętrznymi. Ten rodzaj uszkodzenia występuje, jeżeli odkształcenie sprężyste elementu i konstrukcji jako całości, powstałe pod wpływem danego obciążenia eksploatacyjnego, jest tak duże, że element lub konstrukcja nie jest w stanie wykonać swoich zamierzonych funkcji. Sytuacja ta ma miejsce na przykład wtedy, gdy konstrukcja rozpiętościowa jest nadmiernie ugięta. Warunki wytrzymałościowe mogą być spełnione.

Płynność występuje wtedy, gdy odkształcenie plastyczne (nieodwracalne) wynikające z naprężeń eksploatacyjnych staje się tak duże, że element traci swój kształt i rozmiary oraz zdolność do pełnienia swoich funkcji. Zniszczenie tego typu może nastąpić np. na skutek przepięcia osłabionych odcinków elementu rozciąganego z otworami na śruby lub nity.

Zniszczenie zmęczenia. Ten rodzaj uszkodzenia występuje, gdy element konstrukcyjny poddawany jest powtarzającym się (synonimom: cyklicznym, zmęczeniowym) obciążeniom i ma charakter uszkodzenia postępującego. Awaria zmęczeniowa zaczyna się od powstania niewielkiego pęknięcia (poprzedzonego utajonym - ukrytym przed obserwatorem - cyklicznym uszkodzeniem materiału), stale rosnącego w grubości metalu w miarę trwania przeładunku. Po osiągnięciu pewnej krytycznej wielkości, tempo wzrostu pęknięcia zmęczeniowego gwałtownie wzrasta i jest "dolom" elementu. Ten ostatni etap rozwoju pęknięcia zmęczeniowego - "dolom" - ma charakter pęknięcia kruchego, które występuje niemal natychmiast.

Z reguły punkt inicjowania pęknięcia zmęczeniowego znajduje się w miejscu największej koncentracji naprężeń (mniej więcej poniżej). Pęknięcie zmęczeniowe to niezwykle ostre naturalne nacięcie, najbardziej niebezpieczny geometryczny koncentrator naprężeń. Wysoka ostrość wierzchołka pęknięcia zmęczeniowego zapewnia jego własny wzrost przy najbardziej umiarkowanej wartości maksymalnego naprężenia w cyklu ponownego obciążenia, w każdym razie znacznie niższego niż dopuszczalne naprężenie pod obciążeniem statycznym.

Pęknięcie zmęczeniowe nie jest rozwiązywane aż do "dolomitu" i może być wykryte tylko poprzez bardzo dokładne zbadanie powierzchni badanego elementu.

Metalowe konstrukcje mostów mogą być również niszczone przez zmęczenie. Zmęczenie konstrukcji mostowych w większości przypadków jest, jeśli mogę tak powiedzieć, "chorobą wieku starczego" i zazwyczaj objawia się po latach pracy. W konstrukcjach metalowych nitowanych mostów kolejowych pęknięcia zmęczeniowe, stwierdzone w wyniku kontroli, pojawiły się po 30-50 latach ciągłej eksploatacji.

Węzły kratownic głównych konstrukcji rozpiętościowych w każdym wykonaniu są miejscami koncentracji koniugatów i połączeń elementów będących koncentratorami konstrukcyjnymi nacisku. Dlatego też w tych węzłach wystąpienie i rozwój pęknięć zmęczeniowych jest bardziej prawdopodobne niż w innych częściach gospodarstw.

Dla twojej informacji. Zachowanie się materiału elementu przy wielokrotnym obciążeniu przez nie do końca udaną analogię z ciałem ludzkim nazywane jest zmęczeniem. Ale w przeciwieństwie do żywej tkanki, materiały metalowe nie odpoczywają w przerwach, nie przywracają właściwości. Zmęczenie metalu to nagromadzenie cyklicznych uszkodzeń podczas ponownego załadunku, które jest nieodwracalne i dodatkowe (dodatkowo wzmocnione podczas załadunku), co prowadzi do powstawania pęknięć. Termin "zmęczenie" został wprowadzony do praktyki przez pierwszego badacza tzw. "wytrzymałości zmęczeniowej", niemieckiego inżyniera A. Wellera w połowie XIX wieku.

Kruche zniszczenie. Proces niszczenia polega jedynie na nagłym wystąpieniu (a dokładniej uduszeniu) i prawie natychmiastowym powstaniu kruchego pęknięcia. Wbrew powszechnemu przekonaniu, kruche materiały, takie jak szkło, beton czy żeliwo, mogą się nie tylko naturalnie rozpadać. Istnieje wiele przypadków kruchego niszczenia produktów o różnym przeznaczeniu, dużych rozmiarach i małych, wykonanych ze stali konstrukcyjnych niskoemisyjnych i niskostopowych, które w normalnych warunkach nie są w żadnym wypadku (w normalnych warunkach) "kruchymi" materiałami, a w tym przypadku mówimy o nich.

Kruchemu pęknięciu nie towarzyszy rozwój zauważalnych deformacji plastycznych materiału metalicznego.

Kruche pęknięcie zazwyczaj zaczyna się od wady przypominającej pęknięcie lub jest kontynuacją naturalnego (zmęczeniowego) pęknięcia. W tym ostatnim przypadku pęknięcie kruche, które jest jakby ostatnim stadium rozwoju pęknięcia zmęczeniowego (dolom), przekształca się w niezależny, odrębny rodzaj pęknięcia. Najwyraźniej widać to w kruchych pęknięciach dużych konstrukcji metalowych (statki morskie, gazociągi, przęsła mostów itp.).

Kruche pękanie konstrukcji metalowych jest procesem energetycznym, ponieważ rozprzestrzenianie się pęknięć wraz z rozszczepieniem konstrukcji wymaga zużycia energii. W związku z tym propagacja kruchego pękania jest możliwa tylko wtedy, gdy koszty energii szczelinowania są pokrywane przez jakieś źródło. Źródłem tym jest energia odkształcenia sprężystego nagromadzona w samej konstrukcji od wszelkich wpływów zewnętrznych, w tym między innymi od obciążenia użytkowego, ciężaru własnego, pól naprężeń szczątkowych, a nawet od fal sztormowych na morzu.

Kiedy rozprzestrzenia się kruche pęknięcie, część energii sprężystej konstrukcji zostaje uwolniona i idzie na pokrycie kosztów energii pęknięcia. Jeśli prędkość uwalniania energii sprężystej jest większa niż prędkość jej przepływu, kruche pęknięcie przyspiesza swój ruch i może uzyskać do 1/3 prędkości dźwięku w metalu, czyli do 1500 m/s. Dlatego czasami kruche zniszczenie jest jak eksplozja.

Taka wymiana energii jest możliwa w "spontanicznym" procesie rozprzestrzeniania się kruchego pęknięcia. Można powiedzieć, że ze swej natury jest ona podobna do wymiany energii pomiędzy strzałą a łukiem w momencie, gdy strzała obniża naciągnięte cięciwy, a elastyczna energia łuku jest przekształcana w energię kinetyczną strzały. Jeśli długość pęknięcia przypominającego pęknięcie lub naturalnego (zmęczeniowego) pęknięcia jest mniejsza niż krytyczny $l < lkr$, jest to bezpieczne. Jeśli ich długość stanie się krytyczna $l = Ikr$, to przy pewnej inicjacji pęknięcie jest pęknięte, nabierając prędkości i następuje szybkie kruche zniszczenie.

Wartość podana na stronie Ikr nie jest wartością parametryczną i zależy od szeregu czynników, które również nie są wartościami parametrycznymi:

rezerwy energii sprężystej w strukturze U, j; odporności materiału konstrukcyjnego na propagację pęknięcia kruchego Gc, j; cech geometrycznych struktury itp. Jeśli konstrukcja pracuje w trybie cyklicznego (powtarzalnego) obciążenia, ten efekt siły zewnętrznej powoduje, że wady podobne do pęknięć i pęknięcia zmęczeniowe powstające podczas pracy stale rosną. Uwalnia to również energię sprężystą zmagazynowaną w strukturze, ale przy niskich prędkościach i w małych ilościach. Ta ostatnia okoliczność nie ma prawie żadnego znaczącego dodatkowego wpływu na zachowanie się rosnących pęknięć, a uwolniona energia jest po prostu rozpraszana.

Dlatego pęknięcie o małej długości stanowi jedynie potencjalne, odległe zagrożenie dla konstrukcji.

Wraz ze wzrostem pęknięcia (lub pęknięć) wzrasta ryzyko kruchego pękania, ponieważ, po pierwsze, lokalna koncentracja naprężeń na wierzchołku pęknięcia "według Inglisa" wzrasta [15, 28], a po drugie, wraz ze wzrostem długości pęknięcia rośnie tempo jego wzrostu, a to ostatnie powoduje wzrost tempa uwalniania energii sprężystej. Ale stan i rozwój pęknięcia pozostaje stabilny i trwały do pewnego momentu.

W momencie, gdy wielkość i orientacja rosnącego pęknięcia, lokalny stan naprężenia na jego końcu, temperatura i niektóre inne czynniki osiągają pewną kombinację i interakcję, pęknięcie staje się niestabilne i w pewnym momencie inicjacji może narastać, nabierać prędkości i powodować szybkie pękanie. Czynnikami inicjującymi w tym przypadku mogą być: impuls mocy, spadek temperatury, skachkoobraznoe podrastanie pęknięć pod wpływem przypadkowego impulsu mocy, i inne.

Równanie bilansu energetycznego w niestabilnym stanie rosnącej szczeliny można przedstawić w formie ogólnej

$$d/dl\,[U-S]=0 \qquad (5.8)$$

gdzie *U* jest całkowitą energią odkształcenia sprężystego zgromadzoną w konstrukcji;

S - energia użyta do utworzenia kruchego pęknięcia;

I w pełnym widoku.

$$d/dl\,^{[\pi 2-\sigma 2-l2/4E-l-Gc}]=0, \qquad . \qquad (5.9)$$

gdzie

$d/dl\ [\pi 2\text{-}\sigma 2\text{-}l2/4E]=G$ - szybkość uwalniania energii odkształcenia sprężystego podczas rozprzestrzeniania się pęknięcia kruchego;

$d/dl\ [l\text{-}Gc]=Gc$- tempo zużycia energii wymagane do rozprzestrzeniania się kruchego pęknięcia.

l - długość badania; σ - napięcie robocze;

Gc *jest* wskaźnikiem odporności materiału na rozprzestrzenianie się pęknięcia kruchego; w literaturze specjalistycznej wskaźnik ten nazywany jest "odpornością na pękanie", "operacją pękania" lub "odpornością na pękanie"; terminy te są równoważne.

Z równania (5.9) wynika, że pęknięcie kruche może się rozprzestrzeniać, jeżeli szybkość uwalniania energii odkształcenia sprężystego G jest większa niż szybkość jego absorpcji Gc

$$G \geq Gc, \quad (5.10)$$

co jest odzwierciedlone na wykresie równania (5.9) pokazanego na rysunku 60.

Po zróżnicowaniu i przekształceniu równania (5.9) poznamy zależność Griffitha.

$$\mu r = 2E\text{-}Gc/\pi\text{-}\sigma 2, \quad (5.11)$$

gdzie μr jest krytyczną długością defektu podobnego do pęknięcia lub pęknięcia zmęczeniowego, które urosło do niestabilnego stanu w rozwoju.

Pęknięcie w stanie niestabilnym stanowi realne zagrożenie dla integralności konstrukcji, ponieważ może nagle uderzyć z miejsca i spowodować gwałtowne zniszczenie. Wydaje się oczywiste, że aby zapobiec wypadkowi, struktura musi zidentyfikować pęknięcie na jak najwcześniejszym etapie jego rozwoju i podjąć odpowiednie środki. Wynika z tego, że możliwość kontroli i naprawy są tak samo ważnymi kryteriami jakości konstrukcji jak niezawodność i operacyjność.

Z równania (5.11) wynika, że pęknięcie może być niebezpieczne, jeśli jest różnej długości. Przy niskiej odporności na pęknięcia (Gc) i wysokim naprężeniu (σ), nawet małe pęknięcia *(μr)* mogą powodować uszkodzenia.

Spadek temperatury i cykl spawania termomechanicznego mają znaczący wpływ na odporność stali konstrukcyjnych na pękanie.

Doświadczalnie ustalono, że stale konstrukcyjne klasy perlitowej (z rusztem OCC) mają odporność na propagację pęknięć kruchych (wg wartości Gc) na dwóch poziomach. Pierwszy poziom wyższej odporności na pękanie pozostaje stały w zakresie temperatur od pomieszczenia do 0 °C (rysunek 61).

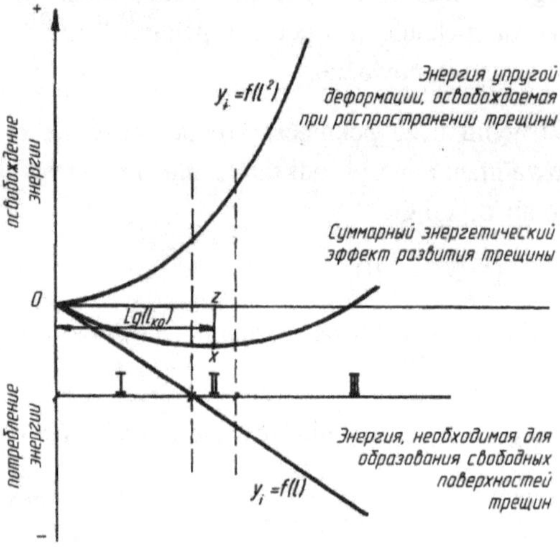

I *(l< ²kr)* - powolny stabilny wzrost pęknięcia; II (l= ²kr) - niestabilny stan pęknięcia; III ((l> ²kr) - *szybkie* "spontaniczne" rozprzestrzenianie się kruchego pęknięcia (K1= K1C i G = GC)

Rysunek 60 - Bilans energetyczny Griffitha [28] na różnych etapach rozwoju kruchego pęknięcia

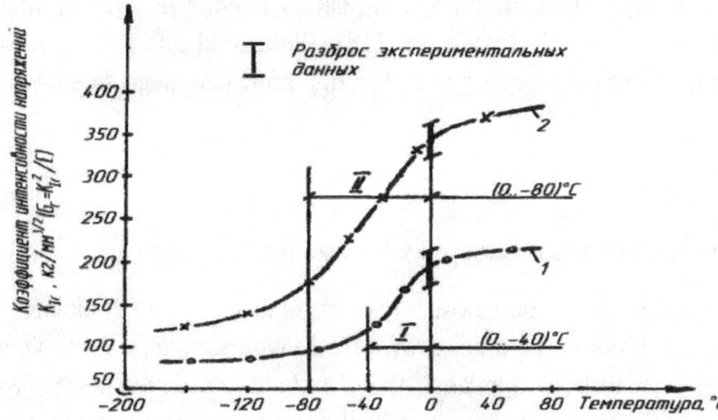

1 - niskoemisyjna stal konstrukcyjna, 0,17 % (analogicznie do gatunków stali VSt3sp i 16D); 2 - niskostopowa stal konstrukcyjna (analogicznie do gatunku stali 10ХСНД); I, II - przedziały temperaturowe przejścia odpowiednio stali 1 i 2 w stan kruchy.

Rysunek 61 - Zależność wartości współczynników intensywności naprężeń *Kjc* i wytrzymałości na kruche pękanie (praca) *Gc* od temperatury

Gdy temperatura spada od 0 °C, twardość kruchego materiału zaczyna spadać do drugiego dolnego poziomu Gc. Ten przedział temperatur, w którym występuje dość szybki spadek zdolności materiału do przeciwstawiania się propagacji kruchych pęknięć, nazywany jest "przedziałem przejścia materiału w stan kruchy", a proces zachodzący w materiale - "kruchość". To pojęcie jest względne, ale dość obiektywne. Powyższe można zobaczyć na wykresach zależności Gc - T ° C dwóch gatunków stali konstrukcyjnych, [18]. Wykres 1 (rysunek 61) pokazuje, że niskoemisyjna stal konstrukcyjna o zawartości węgla 0,17 % i granicy plastyczności σ = 26 kgf/mm2 (podobna do stali z gatunków BSt3 i 16D) przechodzi w stan kruchości w przedziale od 0°C do - 40°C. Dla stali niskostopowych o zawartości węgla 0,18 % i granicy plastyczności σ = 56 kgf/mm2 (podobny gatunek stali 15ХСНД) przejście następuje w zakresie od 0 ° C do - 80 ° C (rysunek 61, wykres 2).

Dla twojej informacji. Wykresy 1 i 2, przedstawione na rysunku 61, są wykreślone we współrzędnych K1C - T ° C, gdzie K1C jest współczynnikiem krytycznego natężenia naprężeń, który, podobnie jak wskaźnik GC, jest wskaźnikiem właściwości materiału odpornego na pękanie w obecności pęknięcia, ale z interpretacją siłową zjawiska kruchego pękania.

Wartość K1C, kg/cm3/2, może być określona jedynie doświadczalnie przy użyciu specjalnej metody badawczej [18]. Wskaźniki energii i mocy oporu stali na propagację pęknięć są połączone za pomocą znanego stosunku

$$G_C = \frac{K^2_{1C}}{E}, \tag{5.12}$$

gdzie E jest modułem normalnej sprężystości materiału.

Analiza wykresów zależności wytrzymałości na pękanie stali konstrukcyjnych od temperatury prowadzi do wniosku, że niska temperatura dla każdej konstrukcji spawanej, jako układu zamkniętego z pewnym zapasem energii sprężystej, w obecności ostrego pęknięcia może stanowić bardzo poważne zagrożenie.

W strukturze, która działa już od dłuższego czasu, pojawiają się pęknięcia zmęczeniowe (jedno lub więcej). W tym przypadku struktura może pozostać w pełni funkcjonalna, o ile wielkość pęknięć jest niewielka ($l_i << \mu r$). Ich wydajność może być utrzymana nawet wtedy, gdy temperatura mieści się w granicach zwykłych wahań - dziennych, pogodowych, a nawet z nadejściem zimy. W dalszym użytkowaniu, pęknięcia rosną i prędzej czy później stają się niebezpieczne. Może zaistnieć sytuacja, w której struktura pozostaje funkcjonalna w dodatniej temperaturze, ale może się nagle załamać, gdy nadejdzie zimno.

Wyjaśnienie tego zjawiska można znaleźć poprzez analizę wykresów na rysunku 61. Na przykład, wykres 1 pokazuje, że gdy temperatura spada z 0°C do minus 20°C, odporność na pękanie G_C stali niskowęglowej (w obecności ostrego pęknięcia) zmniejsza się około 2 razy. A to z kolei może prowadzić do tego, że istniejące w strukturze pęknięcie o długości krytycznej ($l_i < \mu r$), dość bezpieczne w temperaturze 0° C, przy spadku temperatury do minus 20° C może przekształcić się bez zmiany jego fizycznej długości, w pęknięcie o wymiarach krytycznych (li = μr). Pęknięcie staje się niestabilne i może spowodować awaryjne uszkodzenie delikatnej konstrukcji, jak pokazano powyżej. Wszystko to znajduje odzwierciedlenie w relacji pomiędzy wartościami Ikr, a G_C za pomocą wzoru (5.11). Zmniejszenie wytrzymałości materiału na kruche pękanie o połowę zmniejsza krytyczną długość pęknięcia.

W statystykach odnotowano wiele wypadków konstrukcji metalowych do różnych celów, w których niska temperatura była inicjatorem zniszczenia.

Ale szczególne miejsce na tej liście zajmuje wypadek amerykańskiego tankowca "Shektady" (1943), którego kadłub nagle rozpadł się na pół. Historia tego wypadku jest dobrze znana w kręgach inżynierskich. Jest to więcej niż pouczające, gdyż uwypukliło wszystkie aspekty problemu kruchego pękania dużych konstrukcji spawanych, w tym czasie nowego, zupełnie niezbadanego zjawiska w świecie techniki.

"Schenectady, pierwszy tankowiec z serii T2 z całkowicie spawanym kadłubem, zbudowany w stoczniach w Portland w USA, pomyślnie przeszedł próby morskie i wrócił na kotwicowisko. 16 stycznia 1943 r. o godz. 22:30 w cichym i umiarkowanie chłodnym miejscu (temperatura powietrza -3,3°C, temperatura wody +4,4°C) statek nagle się zawalił. Pęknięcie zaczęło się mniej więcej od środka kadłuba w miejscu, w którym poszycie pokładu było przymocowane do pasa górnego kadłuba na prawej burcie i przeszło prawie natychmiast przez pokład i obie strony kadłuba. Jedyne, co ocalało, to dolna wyściółka. Statek się zepsuł i środkowa część podniosła się, aby woda nie dostała się do kadłuba. Obie połówki rozdartego kadłuba pozostawiono na wodzie, ponieważ dziób i rufę pozostawiono na mule dna rzeki (Rysunek 62 *c*).

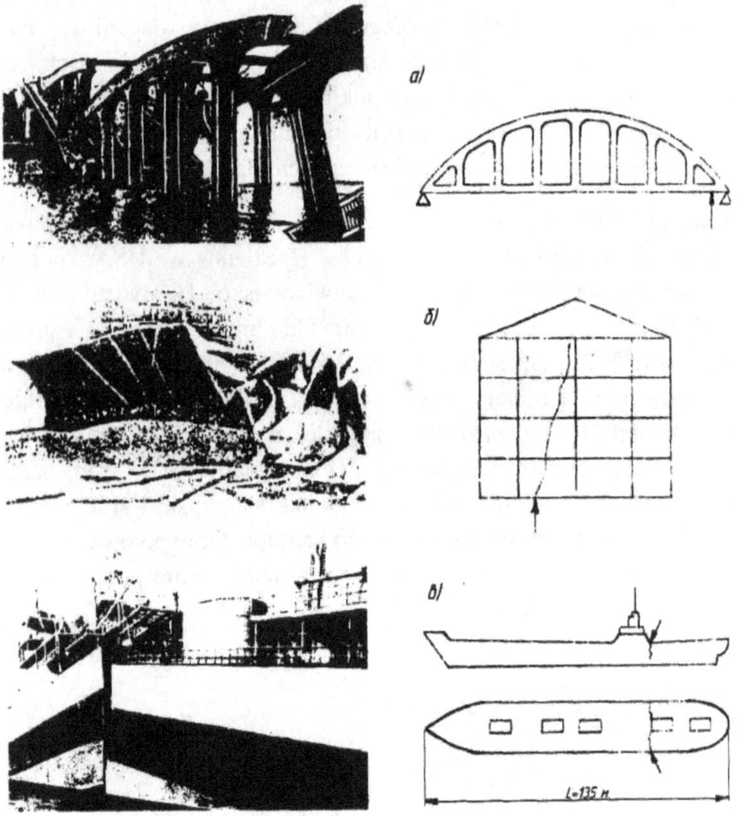

a - konstrukcja przęsłowa mostu miejskiego nad kanałem Alberta (Belgia, marzec 1938 r.); *b* - kadłub zbiornika do magazynowania produktów naftowych (Anglia, luty 1953 r.); *c* - kadłub tankowca o wyporności 16 tys. ton (USA, styczeń 1943 r.).

Rysunek 62 - Kruche pęknięcia spawanych konstrukcji metalowych

Ten wypadek wstrząsnął wszystkimi inżynierami zaangażowanymi w przemysł stoczniowy. Wydawało się nieprawdopodobne, że tak duża metalowa konstrukcja (długość kadłuba 163 m, wysokość burty 15 m) może w jednej chwili zawalić się i, co dodało zamieszania, bez ładunku na pokładzie. Rzeczywiście, mechanizm takiego niszczenia kadłuba tankowca jest trudny do wytłumaczenia, w oparciu o podstawową koncepcję teorii sprężystości, która operuje pojęciami "naprężenie - odkształcenie" lub "siła - ruch". Patrząc nieco do przodu, powiedzmy: potrzeba było lat intensywnych badań, aby zdać sobie sprawę, że niszczenie dużych konstrukcji metalowych nie jest prostą konsekwencją wpływu obciążeń zewnętrznych i naprężeń rozciągających. A wzrost obciążenia zewnętrznego prowadzi jedynie do zwiększenia rezerwy energii sprężystej w materiale konstrukcyjnym, która w pewnych warunkach może przejść w energię zniszczenia. Ale to prawdopodobieństwo zależy od wielu czynników i od prawdopodobieństwa ich dość pewnej kombinacji w określonym czasie. Ale na szczęście nie ma na to wielkich szans.

Należy zauważyć, że konstrukcja może być doprowadzona do wysokiego poziomu energii nie tylko przez obciążenie zewnętrzne, ale również przez wpływ własnego ciężaru, mocowanie części podczas montażu, nieregularny stan temperatury konstrukcji, termomechaniczny cykl spawania i inne czynniki zakłócające. Należy założyć, że wszystko to było w tamtym czasie ogólnie znane, ale nie było uważane za główną przyczynę takich zniszczeń. A destrukcja nie była uważana za dość konkretny wzór, jako drugi początek termodynamiki w działaniu. W każdym razie zniszczenie nie było traktowane jako proces uwalniania struktury od nadmiaru swobodnej energii sprężystej, w którym ostre pęknięcie odgrywało rolę mechanizmu transformacji energii sprężystej w energię zniszczenia. Rzeczywiście, niemożliwe było, aby inżynier przeszkolony w zakresie tradycji i podejścia do teorii elastyczności wyobraził sobie i zrozumiał to. Zrozumienie mechanizmu kruchego pękania przyszło znacznie później.

W tym czasie inżynierowie budownictwa okrętowego ocenili zniszczenie tankowca Shenektady (i kolejne podobne wypadki innych statków) jako fenomenalne zjawisko, które podważyło podstawy teorii i praktyki budowy statków. Ale coś trzeba było zrobić, ponieważ wypadki na budowanych statkach mogą mieć bardzo poważne konsekwencje polityczne.

Wkrótce po wraku tankowca Shenaectady, inny statek z serii T2, Esso Manhattan, zawalił się w spokojnej pogodzie w kanale niedaleko Nowego Jorku.

To, co się stało, było tak niepokojące dla stoczniowców i kierownictwa kraju, że natychmiast utworzono specjalny zarząd i rozpoczęto dochodzenie.

Aby zrozumieć logikę i wzajemne powiązania wydarzeń i okoliczności, które spowodowały tak alarmującą sytuację w amerykańskim przemyśle stoczniowym, konieczne jest przypomnienie sytuacji wojskowej i politycznej podczas drugiej wojny światowej w tym okresie.

Jak wiadomo, podczas drugiej wojny światowej Stany Zjednoczone i Kanada udzielały pomocy materialnej krajom sojuszniczym koalicji antyhitlerowskiej (w tym ZSRR) poprzez dostarczanie sprzętu wojskowego, amunicji, produktów naftowych, materiałów, żywności i wielu innych.

Mniej znany jest fakt, że w tym celu Amerykanie musieli zbudować specjalną flotę składającą się z kilku tysięcy statków, oprócz już istniejącej, ponieważ dostawy odbywały się głównie drogą morską, a wielkość transportu była ogromna. W tym celu zbudowano nowe stocznie, stosując nowe metody produkcji. Nitowanie kadłubów statków zostało całkowicie zastąpione przez spawanie łukiem elektrycznym.

Spawanie jako technologia produkcji otworzyło możliwość rozwiązania problemu masowej budowy statków ze względu na jego decydujące zalety w stosunku do nitowania - nieporównywalnie większą produktywność i możliwość wstępnej produkcji dużych zespołów.

Organizacja i uruchomienie produkcji spawanych statków dla nowej floty odbyło się w 1942 roku w bardzo krótkim czasie, w warunkach ekstremalnego braku czasu, gdyż wydarzenia na frontach wojennych w Europie przybrały groźny dla aliantów charakter. Prawie cała Europa kontynentalna znajdowała się pod władzą hitlerowskich Niemiec. Tylko Anglia ostatnich sił zbrojnych utrzymywała obronę, była zablokowana od morza i powietrza i odcięta od źródeł surowców. Armia Czerwona nadal wycofywała się z ostrym niedoborem broni. Latem 1942 r. Niemcy przybyli na Wołgę pod Stalingradem. Nie mogli sobie wtedy wyobrazić, że to miejsce zostanie niespodziewanie i całkowicie pokonane.

Punktem zwrotnym w przebiegu II wojny światowej była bitwa pod Stalingradem, która zakończyła się zdobyciem ogromnej armii marszałka polowego Paulusa w lutym 1943 roku. Do pewnego stopnia pomogły w tym dostawy obrabiarek i metalu dla zakładów wojskowych na Uralu i Syberii oraz pojazdów dla Armii Czerwonej. Pomoc Ameryki dla Rosji w czasie wojny rozpoczęła się tam i dotarła drogą morską.

Z tego co powiedziałem, możesz to zrozumieć:

-Amerykanie rozpoczęli masową produkcję spawanych statków w czasie wojny, w sytuacji awaryjnej, gdy konieczne było szybkie i skuteczne działanie;

-Zastosowanie technologii spawania w produkcji kadłubów było konieczną i wymuszoną decyzją, ponieważ stara technologia (nitowanie), jak pokazują proste obliczenia, nie pozwalała programowi na stworzenie nowej floty w niezbędnym czasie;

- Jednocześnie amerykańscy stoczniowcy podjęli bardzo poważne ryzyko, ponieważ spawanie w tamtym czasie nie było wystarczająco przestudiowaną i sprawdzoną technologią, a jego zastosowanie mogło prowadzić do problemów technologicznych o bardzo poważnych konsekwencjach;

- Problemy te rzeczywiście się pojawiły, o czym świadczą wypadki statków z delikatnym zniszczeniem kadłuba (częściowe lub całkowite, jak w przypadku tankowca "Shenetadi");

- problem ten został rozwiązany dość szybko, a spawanie generalnie spełniło oczekiwania;

- Druga wojna światowa, jako niezwykłe wydarzenie polityczne w historii społeczności ludzkiej, dała potężny impuls do rozwoju i stosowania technologii spawania (i maszyn); można powiedzieć, że w tym czasie nastąpił gwieździsty wzrost w dziedzinie spawania, i zatriumfował wśród wiodących technologii; należy zauważyć, że w tym samym czasie rozpoczęto stosowanie spawania w budowie zbiorników, a priorytetem tutaj dla krajowych spawaczy;

- Doświadczenia w zastosowaniu technologii spawania w przemyśle okrętowym zgromadzone podczas II wojny światowej niewątpliwie wyznaczyły kierunek rozwoju technicznego niemal wszystkich gałęzi przemysłu metalowego, a w konsekwencji w pewnym stopniu także kierunki rozwoju materialnych podstaw współczesnej cywilizacji.

Badania przyczyn wypadków na cysternach spawanych Shenaectady i Esso Manhattan, jak wspomniano powyżej, rozpoczęły się natychmiast, tj. zimą - wiosną 1943 roku, przy zaangażowaniu ogromnej liczby specjalistów ze Stanów Zjednoczonych, Anglii i Kanady. Prace były koordynowane przez "Board of Inquiry into the Structures and Construction of Welded Steel Commercial Vessels" utworzoną przez rząd USA. Warto zauważyć, że przed rozpoczęciem prac istniało oficjalne oświadczenie kierownictwa Zarządu, że "...zniszczenie jest częścią problemu inżynieryjnego i powinno być badane jako kwestia techniczna bez żadnych zarzutów i odpowiedzialności prawnej". Stanowisko to zostało przyjęte przez wszystkie grupy specjalistów i przyczyniło się do aktywnego, wolnego i skutecznego badania problemu.

Ponieważ w owym czasie mechanizm kruchego niszczenia był całkowicie niezrozumiały, a nawet tajemniczy, początkowo badania sprowadzały się do znalezienia "prostych" sposobów zapobiegania kruchemu niszczeniu i badania wszystkich aspektów problemu. Nie było jednak prostych rozwiązań, a problem kruchego pękania, jak się okazało w rzeczywistości, przez swoją wieloczynnikową i probabilistyczną naturę nie może mieć w pełni zdefiniowanego rozwiązania parametrycznego.

Badanie stanu problemu z perspektywy historycznej ujawniło interesujące fakty. Stwierdzono, że problem kruchego pękania powstał równocześnie z rozpoczęciem produkcji konstrukcji stalowych do wszelkiego rodzaju celów. Pierwsze wypadki, najprawdopodobniej związane z wystąpieniem kruchych zniszczeń, zostały zarejestrowane już w połowie XIX wieku. Zawaliły się zarówno podczas testów, jak i podczas pracy, ale we wszystkich przypadkach zniszczenie było nagłe. Wady materiału były najczęściej uważane za przyczynę awarii. I podkreślamy, że nie chodzi tu o odlewy żeliwne, ale o konstrukcje wykonane z żeliwa budyniowego lub "miękkiej" stali, które nie bez powodu pod koniec XIX wieku cieszyły się opinią niezawodnych i bezpiecznych materiałów. Konstrukcje były zazwyczaj nitowane.

Były też wypadki na morzu. I tak, w 1901 roku nagle złamał się na pół i zatonął na Morzu Północnym przy spokojnej pogodzie, zupełnie nowy niszczyciel brytyjskiej marynarki wojennej "Cobra", w tym czasie jeden z najdoskonalszych okrętów na świecie. 36 osób zginęło. Admiralicja śledcza nie była w stanie znaleźć technicznych przyczyn katastrofy. Statek posiadał nitowany kadłub wykonany z "miękkiej" stali niskowęglowej. Dlatego też Admiralicja przeprowadziła eksperymenty polowe na tym samym statku, niszczycielu "Wolf", w czasie burzliwej pogody. Przeprowadzona podczas eksperymentu tensometria wykazała, że naprężenia w kadłubie statku były mniejsze od obliczonych i znacznie mniejsze od granicy plastyczności stali. A eksperymenty nie mogły rzucić żadnego światła na przyczynę wypadku niszczyciela Kobra. Sprawa została zamknięta bez konsekwencji i zarchiwizowana.

W 1928 roku pasażerski parowiec "Majestic" o wyporności 56550 ton, wówczas największy statek na świecie, wykonał dodatkową windę pasażerską. W tym celu, przez prostokątne luki z zaokrąglonymi ostrymi narożnikami przecięto kilka płyt pokładu elektrycznego. Na Atlantyku, gdzieś pomiędzy Nowym Jorkiem a Southampton, gdy na pokładzie znajdowało się około 3000 osób, pęknięcie powstałe w rogu jednego z tych luków, które dotarło do shyrstki, spadło kilka metrów na pokład statku i na szczęście utknęło, wchodząc do okrągłego otworu bulajowego. Liniowiec bezpiecznie dotarł do portu w Southampton, a incydent został ukryty przed pasażerami i prasą.

Niesamowitym zbiegiem okoliczności, drugi co do wielkości statek na świecie, amerykański liniowiec pasażerski "Leviathan", został uszkodzony prawie jednocześnie. I w tym przypadku statek bezpiecznie dotarł do portu, a rozgłosu uniknięto. Można sobie wyobrazić, że gdyby pęknięcia rozprzestrzeniły się dalej, statki te zawaliłyby się na pełnym morzu na pół, a tysiące ludzi mogłoby zginąć.

O ile wiadomo, wypadki te nie doprowadziły do żadnych poważnych zmian w obecnej praktyce budowy statków. W każdym razie, ostre włazy w dalszym ciągu przecinały kadłub i grodzie statków przez kolejne lata. Jak się później okazało, czwarta część wszystkich zniszczeń statków typu "Liberty" zbudowanych w Ameryce w czasie II wojny światowej została zainicjowana dokładnie w ostrych zakamarkach luków pokładowych. Koncepcja niebezpieczeństwa ostrych kątów otworów i innych koncentratorów naprężeń powstała z dużym trudem. Jednak coś podobnego można było zaobserwować w konstrukcjach stalowych o innym przeznaczeniu (Rysunek 62).

Przed wojną, w marcu 1938 roku, stalowy most spawany Hasselt z lekkomyślnymi gospodarstwami Virendala został zniszczony w Belgii. Most był wykonany ze stali Thomas i pracował około półtora roku. W momencie zniszczenia, a stało się to wczesnym rankiem, z lekkim przeziębieniem, most był pozbawiony ładunku. Upadek był gwałtowny, któremu towarzyszyła mocna osłona i zakończył się zawaleniem się stalowych konstrukcji mostu na wody kanału Alberta. Na szczęście nie było ofiar w ludziach. Dochodzenie wykazało, że wypadek na moście był spowodowany delikatnym zniszczeniem dolnego pasa jednej z głównych farm. Stwierdzono, że kruche pęknięcie zostało zainicjowane przez jedną z najgroźniejszych wad połączeń spawanych - nietestowany korzeń spawu, który połączył styk dwóch części płyty, przyspawany kolejno do górnej półki dwuteownika dolnego pasa gospodarstwa. Należy również zauważyć, że stal Thomas nie jest najlepszym materiałem do budowy mostów, ponieważ ma obniżoną lepkość.

W latach przedwojennych w Belgii i Niemczech budowano stosunkowo niewielkie stalowe mosty spawane. Niektóre z nich uległy wypadkom po krótkim okresie eksploatacji. We wszystkich przypadkach za główne przyczyny uznano poważne wady spoin i kruchość stali jako materiału podstawowego. Odnotowano również, że wypadki na mostach zdarzały się zazwyczaj w zimnej porze roku, w nocy lub rano, czyli w niskich temperaturach. Fakt, że wypadki mostowe zdarzały się niekiedy bez obciążenia zewnętrznego, tłumaczono uderzeniem wtórnych szczątkowych naprężeń spawalniczych, nazywanych reaktywnymi przez mechanizm ich występowania. W konstrukcjach spawanych naprężenia reaktywne występują przy wykonywaniu ostatniej spoiny zamykającej w przypadku sztywno ściskanych elementów, które mają być połączone. Gdy metal spoiny jest skurczony w trakcie chłodzenia, w elementach powstają reaktywne naprężenia rozciągające. Czasami mogą być bardzo niebezpieczne.

Wszystkie awarie mostów były niezwykle delikatne z wyglądu "jak żeliwne" - (Bondi, 1938).

Analizując to niezbyt udane doświadczenie w zastosowaniach spawalniczych w budownictwie mostowym, możemy teraz powiedzieć, że wypadki były możliwe dzięki nieprofesjonalnemu, niewykwalifikowanemu podejściu do projektowania i produkcji tych krytycznych konstrukcji.

Nieudany dobór gatunków stali, obecność dużej liczby koncentratorów ostrych naprężeń [19], niewłaściwa technologia prac spawalniczych w stosunku do kolejności wykonywania spawów, co doprowadziło do pojawienia się reaktywnych naprężeń resztkowych o dużej skali w elementach i połączeniach konstrukcji, brak odpowiedniej kontroli jakości połączeń spawanych (pominięto pęknięcia nie profilaktyczne i technologiczne) - to więcej niż wystarczająco dużo dla pojawienia się zniszczeń kruchych.

Pozostaje dodać do tego, co zostało powiedziane, że niemieccy i belgijscy budowniczowie mostów przedwojennych, którzy odważyli się wykorzystać spawanie w produkcji tak krytycznych konstrukcji jak mosty, byli w rzeczywistości odważnymi pionierami, którzy dali inżynierom kolejnych pokoleń bezcenne doświadczenie. Jednak ich wykorzystanie do spawania bez odpowiedniej wiedzy na temat jego specyfiki powinno być nadal uznawane za działanie dość lekkomyślne.

Badanie stałych zniszczeń zbiorników magazynowych ropy naftowej wykazało, że od 1918 r. tylko w USA miało miejsce 9 wypadków z całkowitym zniszczeniem i 32 z częściowym zniszczeniem ciał. Spośród nich, odpowiednio 5 i 25 czołgów zostało nitowanych. Całe to zniszczenie było delikatne.

Pomiędzy wypadkami tankowców Shenektady i Esso Manhattan w Nowym Jorku, w fabryce eksplodował kulisty zbiornik wodoru o średnicy 11,7 m i ciśnieniu wewnętrznym 3,5 kgf/cm2 . Krucho zawalił się na 20 kawałków, które rozsiane są na rozległym obszarze. Nie było bezpośredniego związku między wypadkami tego zbiornika a cysterną Shenaectady.

Badania nad archiwami i sprawozdaniami statystycznymi przyniosły bardzo użyteczne wyniki i wnioski.

Okazało się, że kruche zniszczenie tankowców serii T2, które nastąpiło zimą 1943 roku, nie jest bynajmniej nowym fenomenalnym zjawiskiem w świecie techniki. Odrębne wypadki najbardziej różnorodnych konstrukcji metalowych nie zostały jednak zakwalifikowane jako przejaw ogólnie istotnego problemu, ponieważ do 1943 roku naukowcy i inżynierowie nie byli w stanie zrealizować ich połączenia i jednej istoty.

Prowadzono oczywiście dochodzenia w sprawie wypadków, ale były one nieskuteczne, a charakter kruchego zniszczenia pozostał niejasny.

Stwierdzono również kruche pęknięcia zarówno w konstrukcjach nitowanych, jak i spawanych. Doprowadziło to do wniosku, że technologia produkcji nie ma zauważalnego wpływu na częstotliwość i charakter zniszczenia. Należy zauważyć, że we wczesnych dniach badań bezpośrednią przyczyną kruchych złamań kadłubów tankowców Shenaectady i Esso Manhattan uznano za niską jakość spawania, ponieważ kruche złamania pochodziły ze spoin. Później okazało się, że jakość spawania nie może być jedyną i bezpośrednią przyczyną kruchego pękania. Zjawiska związane ze spawaniem mogą przyczyniać się do ich występowania na równi z innymi czynnikami, ale nie więcej. Wrócimy do tego pytania poniżej w sposób bardziej szczegółowy.

Podczas badania raportów i istniejących przepisów zauważono, że wymagania jakościowe dla stali konstrukcyjnej były ograniczone do wytrzymałości na rozciąganie i plastyczności przy zginaniu próbek. Poza tym wprowadzono zakaz stosowania stali Bessemer w przemyśle stoczniowym. Wytrzymałość stali jako kryterium jakości stali konstrukcyjnej inżynierów nie interesowała, choć przerwy przy nagłych wypadkach konstrukcji miały z reguły charakter kruchy.

Wpływ temperatury został odnotowany jako czynnik losowy i nie przywiązywano do niego większego znaczenia.

Dopiero w 1944 r. oceniono znaczenie ustalonego doświadczalnie faktu, że charakter zniszczenia "łagodnej" (niskoemisyjnej i niskostopowej) stali konstrukcyjnej w obecności ostrego cięcia przypominającego pęknięcie różni się od ciągliwego do kruchego w wyniku niewielkich spadków temperatury w granicach typowych dla normalnych warunków naturalnych. Jednocześnie stwierdzono, że nawet przy bardzo ostrym cięciu, stal konstrukcyjna pozostaje plastyczna do momentu, gdy temperatura spadnie poniżej pewnego poziomu. A wszystkie stale konstrukcyjne mają swoje dość określone poziomy (lub przedziały) tej temperatury przejścia, jak pokazano na rysunku 58. Powyżej tej temperatury w żadnym wypadku nie może dojść do kruchego pękania stali.

W naszych czasach wydaje się niesamowite, że prace Anglika (1914) nad koncentracją naprężeń i Griffitha (1924) nad kruchym łamaniem się materiałów w jego czasach absolutnie nie interesowały ciała inżynierów. Co więcej, zostały one nawet odrzucone "jako nie mające żadnej wartości praktycznej" i "podważające fundamenty" ustalonych tradycyjnych metod oceny wytrzymałości w oparciu o pojęcia teorii sprężystości i praktyki wytwarzania konstrukcji stalowych, w tym konstrukcji okrętowych.

Ale, jak na ironię, to właśnie te prace okazały się kluczowe dla rozwiązania problemu kruchej destrukcji. Zostało to pokazane powyżej przy rozważaniu mechanizmu powstawania i przebiegu procesu kruchego pękania zgodnie z koncepcją energetyczną.

Dzięki obszernym, złożonym i niezwykle czasochłonnym studiom teoretycznym i projektowym, w które zaangażowana była ogromna liczba specjalistów, możliwe było wreszcie opracowanie teoretycznych podejść i praktycznych metod zapobiegania kruchemu zniszczeniu. Prace te zostały w większości ukończone dopiero w 1945 r. pod koniec II wojny światowej, która zakończyła się całkowitą klęską hitlerowskich Niemiec.

W 1943 r. konstruktorzy statków nie mogli się spodziewać ostatecznych wyników swoich dochodzeń. Nagłe zniszczenie statków zmusiło Amerykanów do szybkiego i zdecydowanego działania.

Niemal natychmiast po zatonięciu wraków tankowców Shenythedy i Esso Manhattan, wprowadzono konstruktywne ulepszenia w jednostkach już pływających i w budowie.

Najskuteczniejszym środkiem był układ połączeń barierowych (Rysunek 63). Szwy barierowe znajdowały się w najbardziej krytycznych miejscach przekroju poprzecznego statku na pokładzie pokładowym. Na statkach Liberty, zostały one umieszczone w pobliżu połączenia pomiędzy górnym pokładem a pokładem. Dla jego urządzenia wycięto rowek wzdłuż środka (na długości) statku i zamontowano na nim nakładkę z blachy na nitach. Z długotrwałego doświadczenia wiadomo, że nitowany szew służy jako bariera dla pęknięć.

Stosowanie nitów barierowych na statkach spawanych jest w pełni uzasadnione. Było wiele przypadków, w których pęknięcia zostały przez nie zatrzymane i kilka statków zostało uratowanych przed całkowitym zniszczeniem (rysunek 63).

Drugim istotnym usprawnieniem w konstrukcji spawanych kadłubów statków typu Liberty była eliminacja ostrych koncentratorów naprężeń z najbardziej obciążonych miejsc kadłuba. W szczególności zaokrąglone zostały ostre narożniki otworów do luków pokładowych, ponieważ w tych miejscach zainicjowano większość zniszczeń statków. W tym samym czasie krawędzie otworów były podparte sztywniejszymi kasetonami.

Te i wiele innych mniej znaczących ulepszeń konstrukcyjnych doprowadziło do dramatycznego zmniejszenia całkowitej liczby wypadków obejmujących całkowite i częściowe zawalenie się kadłuba.

Oprócz udoskonalenia konstrukcji kadłuba w celu wyeliminowania dużych koncentratorów naprężeń, podobne działania zostały podjęte w odniesieniu do połączeń spawanych.

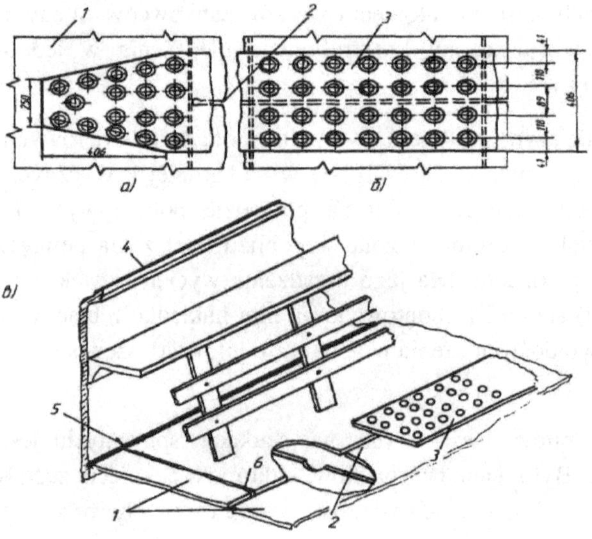

a, b - plan szwu zaporowego; c - połączenie spawane poszycia pokładu pokładowego z poszyciem kadłuba statku; 1 - poszycie pokładu; 2 - rowek w pokładzie; 3 - poszycie pokładu zaporowego;

4 - osłony poszycia kadłuba (pas górny); 5 - blacha poszycia kadłuba spawana teownikami; 6 - kruche pęknięcie zatrzymane przez złącze zaporowe [16].

Rysunek 63 - Złącze barierowe w blacie pokładu górnego spawanego kadłuba statku

Tam, gdzie było to możliwe, zachodzące na siebie połączenia spawane zostały zastąpione połączeniami doczołowymi. Jednocześnie ustalono standardowy wymóg pełnego przenikania (penetracji) elementów łączących według grubości.

Zwrócono również uwagę na konieczność doskonalenia umiejętności spawaczy, gdyż według amerykańskiego postrzegania, wysokie kwalifikacje, odpowiedzialność i zainteresowanie producenta jest jednym z głównych warunków poprawy jakości wyrobów. Wynagrodzenie spawaczy w stoczniach w Ameryce było najwyższe wśród pracowników wszystkich branż, ale w dużej mierze zależało od jakości pracy.

Oprócz tego, w stoczniach wprowadzono kontrolę wejścia wyrobów walcowanych z metalu. Próby zginania (kąt zgięcia) zostały dokręcone, a arkusze poszycia statku, które nie przeszły pomyślnie prób, zostały odrzucone. Był to pierwszy krok w kierunku normalizacji wskaźników lepkości stali okrętowych. Ale w opisywanym czasie ani stoczniowcy, ani hutnicy nie byli jeszcze na to gotowi. Nie ustalono jeszcze kryteriów twardości dla stali z wadami.

W przypadku każdej dobrej metody mówi się, że jej technologie są w większości przypadków rozwinięte empirycznie, na długo przed tym, jak badania podstawowe znajdą dla niej wyjaśnienie i uzasadnienie. Coś podobnego wydarzyło się na tym kluczowym i kryzysowym etapie w historii przemysłu stoczniowego, który przeszedł na nową metodę produkcji z wykorzystaniem technologii spawania.

Rozważane przez nas rozwiązania empiryczne okazały się skuteczne, znacznie wzrosła niezawodność spawanych obudów. Budowa statków była kontynuowana, ale wypadki na statkach zdarzały się znacznie rzadziej i zazwyczaj były spowodowane częściowym uszkodzeniem kadłuba. Zderzenia z całkowitym załamaniem kadłuba po raz kolejny stały się niezwykle rzadkie.

W czasie wojny w amerykańskich stoczniach zbudowano ponad 3000 suchych statków towarowych typu "Liberty" o nośności 10.000 ton oraz ponad 500 tankowców serii T2 o nośności 16.000 ton, wszystkie spawane. Poważne wypadki miały miejsce na 132 statkach (raport pokładowy, 1947), a tylko siedem z nich (trzy statki do przewozu ładunków suchych i cztery tankowce) zostało zniszczonych na pół.

Wszystkie rozważane przez nas rozwiązania empiryczne miały na celu zwiększenie odporności materiału kadłuba i całego kadłuba na występowanie i rozprzestrzenianie się pęknięć kruchych. Były całkiem skuteczne, bo miały rację. Wszystko to zostało następnie naukowo uzasadnione i wyjaśnione.

Te rozwiązania konstrukcyjne mogą być stosowane do projektowania spawanych konstrukcji stalowych i innych celów, w tym budowy mostów kolejowych, oczywiście z uwzględnieniem ich specyfiki.

Rozważając wypadki statków spawanych podczas drugiej wojny światowej, szybko zdano sobie sprawę, że wypadki te były prywatną manifestacją "problemu kruchego pękania", dotyczącego wszystkich konstrukcji stalowych bez wyjątku, niezależnie od technologii produkcji i przeznaczenia.

Potrzeba pilnego określenia przyczyn uszkodzeń kadłuba i opracowania praktycznych środków zapobiegania im, jak wykazano powyżej, była bardzo pilna. Doprowadziło to do ogromnych wysiłków badawczych, w które zaangażowana jest ogromna liczba specjalistów w tej dziedzinie.

Wyniki tych badań były zachęcające w tym sensie, że udało się zrozumieć mechanizm kruchego niszczenia i zaproponować rozwiązania projektowe, które znacznie zmniejszyły liczbę wypadków na statkach z powodu kruchego niszczenia.

Badania wykazały podstawowe rodzaje źródeł powstawania pęknięć kruchych, określiły charakter stanu naprężenie-odkształcenie wokół powstającego, rozszerzającego się i zatrzymującego pęknięcie. Stwierdzono, że przy niewielkim zapasie zmagazynowanej energii sprężystej, nawet bardzo duże naprężenia na końcu powstającego pęknięcia nie mogą prowadzić do poważnych uszkodzeń.

Rola naprężeń szczątkowych została ustalona: w niektórych przypadkach mogą one prowadzić do kruchego zniszczenia konstrukcji nawet bez obciążenia zewnętrznego. Najbardziej niebezpieczne są naprężenia bierne powstające przy spawaniu sztywno zaciskanych elementów konstrukcji, montażu z zastosowaniem metod montażu siłowego itp.

Badania wykazały względną rolę defektów różnego rodzaju, typu i wielkości, temperatury i geometrii konstrukcji jako czynników sprzyjających powstawaniu i rozkładowi kruchych pęknięć.

Stwierdzono, że czynnikiem decydującym o kruchości złamania jest niska temperatura, której poziom jest "kontrolowany" przez ostrość cięcia i "wytrzymałość na złamanie" stali, której wartość z kolei maleje wraz ze spadkiem temperatury i wzrostem długości cięcia (pęknięcie zmęczeniowe).

Kompleks przeprowadzonych badań pozwolił na ustalenie wymagań, jakie powinien spełniać podstawowy materiał konstrukcji statku.

Wiele badań poświęcono badaniu specyfiki spawania elektrycznego jako technologii oraz termomechanicznego wpływu na podstawowy materiał (stal) konstrukcji. Stwierdzono, że głównymi czynnikami przyczyniającymi się do powstawania kruchych złamań są wady w połączeniach spawanych (niezatarciowe, pęknięcia, itp.) oraz pola resztkowych naprężeń spawalniczych. Należy zauważyć, że służba kontroli jakości złączy spawanych, która nie jest znana w przemyśle stoczniowym, została zorganizowana w celu wykrywania wad spawalniczych. Szczególną uwagę zwrócono na rozwój metod badań nieniszczących.

Stwierdzono również, że znaczącą rolę odgrywa element przypadkowości w kruchym niszczeniu. Prawdą jest, że wiele konstrukcji, które nie uległy zderzeniu, zawierało elementy, które mogły spowodować kruche pękanie, ale były w stanie wytrzymać warunki eksploatacji, takie jak te, w których doszło do pęknięcia. Wtedy właśnie, po raz pierwszy w historii rozwoju technologii, wyrażono następującą ideę: "... w dążeniu do opracowania środków zapobiegawczych nie jest możliwe wyeliminowanie prawdopodobieństwa zniszczenia, możliwe jest jedynie zmniejszenie ryzyka do pewnego poziomu" [16]. Odpowiada to nowoczesnemu sposobowi myślenia w wielu gałęziach techniki.

Należy podkreślić, że eksperymentalne i teoretyczne badania kruchego pękania naczyń spawanych w czasie II wojny światowej były początkiem i podstawą nowej nauki o wytrzymałości, znanej obecnie jako mechanika pęknięć liniowych. Z jego pomocą opracowano nowoczesne modele wytrzymałości materiału i zachowania strukturalnego, które określają nowe wymagania w zakresie doboru materiału, projektowania, technologii produkcji i kontroli jakości połączeń spawanych.

Wreszcie, rozważmy **korozję,** piąty rodzaj możliwego uszkodzenia konstrukcji stalowej. Rzeczywista "korozja" to termin określający szeroką klasę różnego rodzaju zniszczeń, w których elementy konstrukcyjne tracą zdolność do pełnienia swoich funkcji w wyniku zniszczenia materiału w wyniku oddziaływania chemicznego lub elektrochemicznego ze środowiskiem. Korozja jest spontanicznym procesem przejścia systemu "środowiska metalowego" do bardziej stabilnego stanu energetycznego. Dlatego korozja jako proces i zjawisko niszczenia jest teoretycznie i praktycznie nieunikniona. To tylko kwestia czasu i szybkości korozji.

"Efekty korozyjne" mają zwykle negatywne skutki, które zakłócają normalne funkcjonowanie społeczności ludzkiej. Korozja jest stałym zagrożeniem dla funkcjonalnej niezawodności wszystkich metalowych konstrukcji i konstrukcji inżynieryjnych. Dotyczy to podziemnych rurociągów wodnych, sieci ciepłowniczych, gazociągów i ropociągów, pojazdów, budynków przemysłowych i cywilnych, urządzeń dla elektrowni cieplnych i jądrowych, statków morskich i rzecznych, metalowych mostów i przejść, a nawet urządzeń radioelektronicznych. Lista może być kontynuowana.

Uszkodzenia korozyjne konstrukcji prowadzą do przerw w produkcji i poważnych wypadków śmiertelnych. Koszty dla społeczeństwa związane z korozją są ogromne. Obejmują one koszt ochrony antykorozyjnej, koszt naprawy i wymiany uszkodzonych konstrukcji, koszt brakujących produktów, tj. uszkodzeń ekonomicznych w różnych formach, oraz wiele innych kosztów. Ustalono, że te łączne wydatki w krajach rozwiniętych sięgają 4% produktu krajowego brutto.

Zasoby naturalne są nieodwracalnie tracone w wyniku korozji. Metal z produktów korozji jest prawie niemożliwy do zwrotu. Energia wydawana na produkcję zarówno metalu z rud, jak i konstrukcji metalowych jest bezcelowo marnowana.

Korozja prowadzi bezpośrednio i pośrednio do postępującego zanieczyszczenia przyrody.

Biorąc pod uwagę ogromne znaczenie społeczne problemu korozji konstrukcji metalowych, każdy inżynier powinien mieć wystarczającą wiedzę na temat głównych aspektów tego problemu. I powinno to dotyczyć nie tylko znajomości teorii procesów korozyjnych, ale również znajomości praktycznych metod i sposobów ochrony przed korozją w jej różnych przejawach w określonych warunkach.

Techniczne znaczenie problemu korozji w budowie mostów polega głównie na projektowaniu i praktycznym stosowaniu określonych środków zabezpieczających przed wystąpieniem i rozwojem destrukcyjnych procesów korozyjnych. Wybór środków (metod, technik) jest w dużym stopniu uzależniony od konkretnego projektu i środowiska.

Środki te można z grubsza podzielić na strukturalne i technologiczne. Podczas konserwacji konstrukcji podczas eksploatacji należy również podjąć środki mające na celu zachowanie ich integralności, takie jak okresowe czyszczenie i nakładanie powłok ochronnych. Stosowanie tych środków prowadzi do znacznych dodatkowych kosztów.

W niniejszej instrukcji będziemy rozważać te zagadnienia jako mające zastosowanie do produkcji i eksploatacji wyłącznie konstrukcji stalowych przęseł mostów kolejowych wykonanych ze stali mostowej klasy perlitowej (tabela 3.3.). Konstrukcje te pracują na wolnym powietrzu na średnich szerokościach geograficznych; wykluczone jest wystawienie na działanie wysokich temperatur i specjalnych agresywnych mediów.

Spójrzmy na kilka ogólnych punktów. W tych warunkach korozja elektrochemiczna, czyli korozja atmosferyczna, stanowi największe zagrożenie dla integralności stalowych konstrukcji mostowych. Występuje, gdy dwa różne metale i elektrolit tworzą ogniwo galwaniczne. W warunkach atmosferycznych rolę elektrolitu odgrywa warstwa wilgoci, tworząca się okresowo na powierzchni elementów konstrukcyjnych (w przypadku kondensacji lub opadów) oraz trwale zwilżone nagromadzenia błota w "kieszeniach", szczelinach i szczelinach w węzłowych połączeniach struktur.

Ta wilgoć prawie zawsze zawiera rozpuszczone tlenki siarki, azotu, węgla, tlenu, chlorków i jonów metali. Większość z nich pochodzi tu z atmosfery, a jony z korozyjnego metalu.

Głównym zagrożeniem związanym z korozją atmosferyczną jest dwutlenek siarki (SO2). Cząsteczki SO2 są utleniane do SO3 w atmosferze lub w warstwie wilgoci na powierzchni metalu, a ten ostatni (SO3) z wodą tworzy kwas siarkowy H2SO4. W wodzie o pH < 4, tj. w kwaśnym roztworze, węgiel i stale niskostopowe mogą korodować z dużą prędkością nawet przy braku tlenu i innych składników. Dwutlenek siarki powstaje głównie w wyniku spalania węgla i ropy naftowej.

Rosnąca kwasowość środowiska w wyniku kwaśnych deszczy obniża wartość pH naturalnej wody i zwiększa jej korozyjność. Stwarza to warunki do szybszego niszczenia wszystkich konstrukcji stalowych pracujących na wolnym powietrzu z powodu uszkodzeń spowodowanych korozją, w tym mostów.

W ogniwie galwanicznym, tj. w elemencie korozyjnym, im bardziej "szlachetny" metal będzie katodą, tym mniej "szlachetny" metal będzie anodą.

Reakcja anodowa polega na utlenianiu, jonizacji atomów metalu anodowego z wyjściem jonów w elektrolicie

$$Me \rightarrow {}^{Men+} + ne^{-}. \qquad (5.13)$$

W tym przypadku anoda jako metalowy korpus jest stopniowo niszczona (rozpuszczana).

Reakcja katodowa polega na odzyskaniu tlenu rozpuszczonego w elektrolicie (pH < 4).

$$O2 + 4H+ + 4e- \rightarrow 2H2O, \qquad (\quad 5.14)$$

lub odzyskiwanie jonów wodorowych

$$2H^+ + 2e^- \rightarrow 2H \rightarrow H_2 . \qquad (5.15)$$

W procesie korozji powstają produkty korozji takie jak siarczan lub anodowy wodorotlenek metalu.

Atakowany jest tylko ten mniej szlachetny metal. Informacje na temat stopnia "szlachetności" różnych metali można uzyskać z serii naprężeń elektrochemicznych (tabela 5.10).

Tabela 5.10 - Seria naprężeń elektrochemicznych w temperaturze 25°C [20].

Reakcja elektrodowa	Elektroda standardowa Potencjał
$Au^{3+} + 3e^- \leftrightarrow Au$	+1,42
$Ag^+ + e^- \leftrightarrow Ag$	+0,80
$Cu^+ + e^- \leftrightarrow Cu$	+0,52
$H^+ + e^- \leftrightarrow 1/2H_2$	0,0
$Sn^{2+} + 2e^- \leftrightarrow Sn$	-0,14
$Ni^{2+} + 2e^- \leftrightarrow Ni$	-0,23
$Fe^{2+} + 2e^- \leftrightarrow Fe$	-0,41
$Cr^{3+} + 3e^- \leftrightarrow Cr$	-0.74
$Zn^{2+} + 2e^- \leftrightarrow Zn$	-0,76
$Ti^{2+} + 2e^- \leftrightarrow Ti$	-1,63
$Al^{3+} + 3e^- \leftrightarrow Al$	-1,71
$Mg^{2+} + 2e^- \leftrightarrow Mg$	-2.38

.

Metal, któremu odpowiada stosunkowo wysoki potencjał standardowy, np. miedź, w elektrochemii nazywany jest "szlachetnym". Metal, któremu odpowiada stosunkowo niski potencjał standardowy, np. aluminium, nazywany jest "metalem bazowym". Stopień "szlachetności" metali jest względny.

W elemencie korozyjnym z elektrodami, takimi jak miedź i żelazo, żelazo jest metalem mniej szlachetnym. W obecności elektrolitu kwasowego żelazo w tej parze będzie anodą i będzie korodować. Żelazo w połączeniu z aluminium będzie już bardziej szlachetnym metalem. W obecności elektrolitu, aluminium będzie korodować.

Istotą atmosferycznej korozji elektrochemicznej jest stopniowe rozpuszczanie się metalu anodowego w elektrolicie. Atomy metalu są "wyrwane" z sieci krystalicznej i przechodzą do elektrolitu jako dodatnio naładowane jony (reakcja 5.13). W połączeniu ze składnikami elektrolitu, jony metali tworzą produkty korozji (tlenki, wodorotlenki i siarczyny) osadzające się na powierzchni metalu w postaci skorupy.

Warunkiem wstępnym stabilności elektrochemicznego procesu korozji jest ciągła akceptacja elektronów, których dawcą jest anoda. Akceptor elektronów to katoda, wokół której zachodzą intensywne reakcje odzysku (5.14 i 5.15). Reakcje te stwarzają warunki do utleniania metalu anodowego, dzięki czemu tlen i dodatnio naładowane jony wodorowe odgrywają rolę czynników utleniających.

Gdy warstwa wilgoci wyschnie, korozja elektrochemiczna metalu struktury zatrzyma się. Bezpośrednie utlenianie metalu przez tlen z powietrza praktycznie nie występuje w warunkach atmosferycznych.

Tlen rozpuszczony w wodzie może utleniać wszystkie metale, których potencjał jest mniejszy niż 0,8 V, tzn. wszystkie metale w serii zgodnie z tabelą 5.10, z wyjątkiem srebra i złota.

Stężenie jonów wodorowych w neutralnym środowisku wodnym (pH = 7) jest nieznaczne. Potencjał odzysku jonów wodorowych nie przekracza 0,41 V. W związku z tym udział jonów wodorowych jako utleniaczy w neutralnym środowisku wodnym dotyczy tylko metali, których potencjał jest mniejszy niż 0,41 V.

Im większy stopień "szlachetności" metalu katody w stosunku do metalu anody, tym bardziej intensywna jest korozja anody, ponieważ zwiększa ona siłę elektromotoryczną (E.E.H.) reakcji występujących w korozyjnym elemencie galwanicznym. Wartość reakcji E.E.H. jest określona przez różnicę w wartościach potencjałów elektrod standardowych tego elementu (tabela 5.10).

$$E = \varphi 1 - \varphi 2 , \qquad (5.16)$$

gdzie $\varphi 1$ to standardowy potencjał metalowej katody, V;

$\varphi 2$ - potencjał metalu anody standardowej, V.

Rozważaliśmy pracę elementu korozyjnego składającego się z dwóch elektrod z różnych metali zanurzonych w elektrolicie, zakładając jednorodne właściwości elektrochemiczne ich powierzchni i objętości. Model ten pozwala w dość prosty i przejrzysty sposób ustalić pierwotne przyczyny i mechanizm korozji elektrochemicznej.

Ale ten najprostszy model nie odzwierciedla rzeczywistego obrazu korozji konstrukcji stalowej w rzeczywistych warunkach.

Co najmniej sześć odmian tego destrukcyjnego procesu jest połączonych pod ogólnym terminem "korozja":

-Korozja powierzchniowa ;

-korozja bimetaliczna ;

-korozja lokalna ;

-korozja szczelinowa;

-Korozja pod napięciem;

-Fretting - Korozja i zmęczenie korozyjne.

Wszystkie te rodzaje korozji mogą rozwijać się oddzielnie i jednocześnie, niszcząc strukturę w wielu kierunkach. Warunki ich występowania, mechanizm działania, a także zalecane różne metody i sposoby ochrony przed ich wpływem są wystarczająco szczegółowo opisane w pracach [20; 21; 22].

Jak wspomniano powyżej, korozja jako kwestia krytyczna musi być uwzględniona w procesie projektowania. Nie jest to kwestia znalezienia "ostatecznego rozwiązania", nie można tego zrobić w zasadzie. Podczas projektowania konstrukcji należy podjąć decyzje techniczne dotyczące pewnego zabezpieczenia przed korozją, które zapewniłoby normalne funkcjonowanie konstrukcji w określonym czasie. Powinno się to odbywać w tym samym czasie i na równi z rozwojem środków zapobiegających zmęczeniu i kruchemu złamaniu.

Optymalna żywotność wyrobów metalowych jest osobnym i bardzo złożonym zagadnieniem. Dla produktów przeznaczonych do różnych celów okres ten jest oczywiście inny. Jednak w każdym przypadku, określając i ustanawiając środki ochrony przed korozją, inżynier-projektant powinien znać potencjalny okres użytkowania projektowanego obiektu. Koszt wprowadzenia środków ochrony w życie musi być zrównoważony w stosunku do oczekiwanego skutku.

Przy projektowaniu przebiegu konstrukcji przęseł mostu kolejowego możliwe jest warunkowe przyjęcie okresu użytkowania konstrukcji stalowych przed poważną naprawą lub wymianą w ciągu 30-50 lat.

Weźmy pod uwagę te rodzaje korozji, które stanowią największe zagrożenie dla integralności konstrukcji stalowych konstrukcji przęsłowych.

Korozję powierzchniową wyróżnia fakt, że przepływa ona z mniej więcej taką samą prędkością na całej powierzchni elementu metalowego. Mikrostruktura metalu jest niejednorodna ze względu na jego właściwości elektrochemiczne. Dlatego też w części elektrolitowej struktury składniki są spolaryzowane anodowo i rozpuszczone. Wielkość elementów korozyjnych w tym procesie jest bardzo mała, ale ich integralna mnogość, jak również nierozłączność powierzchni anod i katod, tworzą stosunkowo jednolite tło korozyjne, które działa jako rodzaj "stałego" składnika w prawie wszystkich innych procesach korozyjnych.

Tempo korozji powierzchniowej niektórych metali w warunkach atmosferycznych podano w tabeli 5.11.

Tabela 5.11 - Stopy korozji atmosferycznej stali, cynku, aluminium i miedzi [20].

Atmosfera	Stopień korozji, µm/rok			
	Stal	cynk	aluminium	Miedź
Wiejski	5–10	0,5–1	0,1	1
Marine	10–30	0,5–2	0,4–0,6	1–2
Gorodskaya lub przemysłowy	10–60	1–10	1	1–3

Korozja bimetaliczna w konstrukcjach przęseł występuje najczęściej w połączeniach. W połączeniach nitowych lub śrubowych zarówno nity metalowe, jak i śruby mogą zostać zniszczone w obecności elektrolitu, jeżeli są spolaryzowane anodowo, a metal części, które mają zostać połączone, jeżeli polaryzacja w elemencie korozyjnym jest przeciwna. Schemat pęknięć bimetalicznych połączenia śrubowego pod względem korozji bimetalicznej przedstawiono na rysunku 64.

W połączeniach spawanych, korozja bimetaliczna jest możliwa, jeśli metal podstawowy i metal spoiny różnią się znacznie w składzie chemicznym, a tym samym w wielkości potencjałów elektrody. Tak więc, technologia spawania (z wyborem materiałów spawalniczych) powinna zapewnić nie tylko równą wytrzymałość połączenia spawanego, ale także bliskość spoiny i metali nieszlachetnych pod względem ich elektrochemicznej szlachetności.

W każdym przypadku, E.E.S. elementu korozyjnego "rąbek spawany - metal nieszlachetny" (E = φ_1 - φ_2) nie może przekraczać 0.25 V.

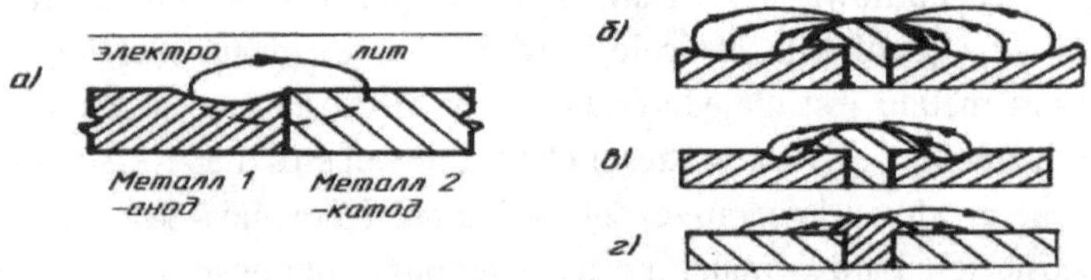

a - schemat procesu; *b, c* - anodowa polaryzacja części metalowych;

d - anodowa polaryzacja metalu nitowego.

Rysunek 64 - Korozja bimetaliczna połączenia nitowego

Korozja szczelinowa - zwiększona korozja metalu wewnątrz otworów nieprzelotowych, w wąskich szczelinach i szczelinach między łączonymi elementami. W warunkach atmosferycznych, w takich miejscach struktury gromadzi się trwale zwilżona masa korozyjna, która ma ograniczoną wymianę materii z otaczającą ją przestrzenią. Potencjał elektrody metalu w szczelinie jest przesunięty w kierunku bardziej ujemnych wartości, tzn. jest spolaryzowany anodowo. Występuje element korozyjny o dużej różnicy potencjałów (E = 0,5 ... 0,75 V), w którym metal w szczelinie - anoda - intensywnie rozpuszcza się. Katoda w tym korozyjnym elemencie to otwarta powierzchnia metalowa w pobliżu szczeliny (Rysunek 65).

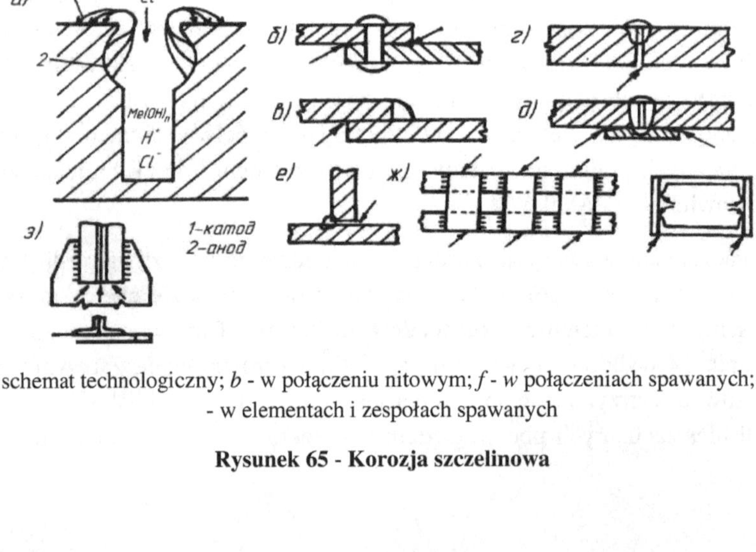

a - schemat technologiczny; *b* - w połączeniu nitowym; *f* - *w* połączeniach spawanych; g, h - w elementach i zespołach spawanych

Rysunek 65 - Korozja szczelinowa

W niektórych przypadkach produkty korozji klinują wąskie szczeliny (Rysunek 66), powodując mechaniczne uszkodzenia połączeń. Dotyczy to nie tylko nitów i śrub, ale również spawanych połączeń zakładkowych. Dlatego też zaleca się, aby szczelina pomiędzy łączonymi arkuszami była uszczelniona poprzez zastosowanie spawanych szwów narożnych na całym obwodzie.

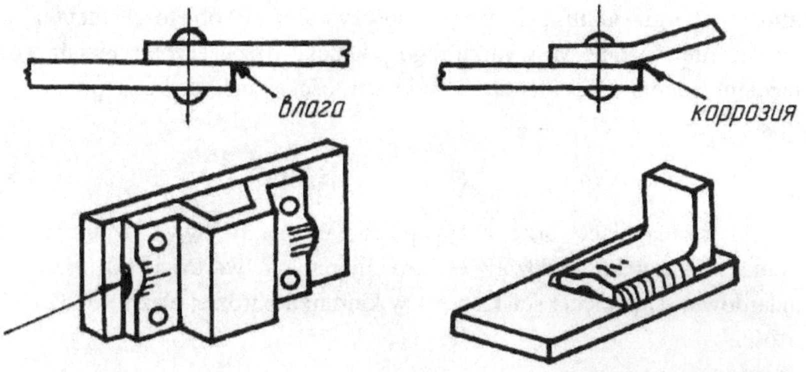

Rysunek 66 - Współgranie **wąskich szczelin z produktami korozji szczelinowej**

Korozja pod napięciem występuje w jednorodnym metalu na skutek nierównomiernie rozłożonych naprężeń. A naprężenia mogą powstać zarówno pod wpływem obciążenia zewnętrznego, jak i być zrównoważone wewnętrznie, tzn. szczątkowe. Napięcia zmieniają wartość potencjału standardowego w zależności od poziomu i znaku napięcia.

Standardowy potencjał rozpuszczania metali w elektrolicie jest miarą wolnej energii Gibbsa i może być określony za pomocą wzoru

$\varphi o=G/n\text{-}F$, (5. 17)

gdzie φ_0 to potencjał standardowy, B (tabela 5.10);

G to wolna energia Gibbsa, J/ED;

n jest ładunkiem elektronowym;

F to numer Faraday'a.

Elastyczna energia jest magazynowana w metalu pod napięciem, który, podobnie jak energia Gibbsa, jest wolny.

$$A = 0{,}5\ \sigma\text{-}\sigma \qquad , (5{,}18)$$

gdzie A jest wartością energii sprężystej objętości J/ED;

σ - naprężenie mechaniczne, N/cm2;

ε - Względne odkształcenie sprężyste wydłużenia lub skrócenia, patrz/cm.

Wartości energii Gibbsa i energii sprężystości w objętości metalu są algebraicznie złożone. W wyniku tego potencjał rozpuszczania metalu pod napięciem zmienia się w stosunku do wartości standardowej i przyjmuje wartość

$$_{\varphi o} +\text{-}\Delta\varphi =(G+\text{-}A)/n\text{-}F , \qquad (\qquad 5.19)$$

Napięcia rozciągające przesuwają potencjał elektrodowy rozpuszczania metalu w kierunku bardziej elektro ujemnych wartości od wartości standardowej $_{\varphi 0}$, napięcia ściskające - w kierunku bardziej elektro dodatnich wartości.

Konstrukcje metalowe kratowych konstrukcji przęsłowych pracują w swoich częściach składowych przy stosunkowo nierównomiernym stanie naprężeń i odkształceń. W rezultacie, gdy struktura jest zwilżona (elektrolit), powstaje wiele korozyjnych mikro i makro par, w których części i obszary pracujące przy rozciąganiu są poddawane rozpuszczaniu anod.

W konstrukcjach metalowych spawanych, najwyższych np. (E) mają korozyjne pary "near seam metal" - "base metal". Ta pierwsza działa jak anoda, ponieważ jest poddawana rozciągliwym szczątkowym naprężeniom spawalniczym.

Korozja topnienia jest definiowana jako proces mechaniczny i chemiczny, który zachodzi, gdy płyty, ściśnięte przez normalne siły, ślizgają się na siebie z powierzchniami stycznymi, wykonując ruchy oscylacyjne. Normalne siły muszą być na tyle duże, a amplituda oscylujących ruchów ślizgowych na tyle mała, że usunięcie produktów zużycia i korozji jest poważnie ograniczone.

Ze względu na konstrukcję i specyfikę pracy, połączenia śrubowe i nitowe stosowane na przęsłach mostów kolejowych w pełni spełniają warunki dotyczące wyglądu i rozwoju korozji frettingowej. Przy powtarzających się (cyklicznych) obciążeniach stosunkowo niewielkie wzajemne przesunięcia powierzchni styku mają miejsce poza krawędzią ściskanej strefy elementów łączących. Te ciągłe, bardzo małe ruchy do przodu i do tyłu prowadzą z czasem do uszkodzeń zmęczeniowych tych połączeń. Pęknięcia zmęczeniowe występują na każdej krawędzi strefy ściskanej, gdzie następuje ubytek i rozprzestrzeniają się głęboko w przekroju poprzecznym elementów łączących lub płyt łączących.

Ewoluujące pęknięcie zmęczeniowe musi zostać wykryte do momentu, gdy jego długość (głębokość) osiągnie wartość krytyczną, a następnie wiertło awaryjne, jak pokazano powyżej.

W konstrukcjach metalowych konstrukcji przęsłowych tempo wzrostu pęknięć zmęczeniowych linii głównej może znacznie wzrosnąć pod wpływem jednoczesnego obciążenia cyklicznego mocy i korozji elektrochemicznej (szczelinowej).

Ale korozja elektrochemiczna może być również bezpośrednią przyczyną pęknięć zmęczeniowych. Ten złożony rodzaj awarii, na który wspólnie wpływają niekorzystne skutki korozji i zmęczenia materiału, nazywany jest **korozją zmęczeniową.** W procesie korozji często na powierzchni metalu powstają lokalne ubytki, służące jako koncentratory naprężeń, czyli potencjalne ośrodki pęknięć zmęczeniowych. Stężenia naprężeń mogą być dodatkowo zwiększone przez pęknięcia w kruchej warstwie produktów korozji, które mogą być zarodkiem pęknięć zmęczeniowych propagujących się w metalu nieszlachetnym. Jednocześnie, w wyniku cyklicznego obciążenia, wzrost pęknięcia otwiera dostęp do "świeżego" metalu dla środowiska korozyjnego. W ten sposób oba procesy wzajemnie się przyspieszają, a ryzyko przedwczesnego uszkodzenia konstrukcji stalowej może być bardzo wysokie.

Na podstawie powyższego można stwierdzić, że zapobieganie korozji konstrukcji pracujących w warunkach atmosferycznych, w tym konstrukcji metalowych rozpiętości, jest możliwe w następujących warunkach i zasadach:

- należy dokonać właściwego wyboru materiału bazowego; w przypadku stali mostowych należy w miarę możliwości preferować stal niskostopową z gatunku 10ХСНД, jako mającą najwyższą odporność na korozję w warunkach atmosferycznych;

- konieczny jest prawidłowy dobór materiałów spawalniczych i sposobów spawania; metal spoiny powinien być zbliżony do materiału podstawowego pod względem potencjału elektrody; energia liniowa spawania powinna być możliwie najmniejsza;

- Konieczne jest wykluczenie niepożądanych styków metalu podstawowego konstrukcji, w szczególności płyt, śrub, nakrętek i podkładek połączeń śrubowych ciernych powinny być jednorodne elektrochemicznie z metalem podstawowym;

- przy projektowaniu węzłów, połączeń, połączeń i koniugacji szczeliny i luzów należy wykluczyć; jest oczywiste, że w wystarczającym stopniu warunek ten może być spełniony przy projektowaniu wzorów całkowicie spawanych;

\- konieczne jest nakładanie i okresowe odnawianie powłok ochronnych; przed nałożeniem nowej powłoki ochronnej wszystkie powierzchnie zewnętrzne wszystkich elementów konstrukcyjnych muszą być dokładnie oczyszczone. Przy wyborze kształtu przekrojów poprzecznych elementów konstrukcji przęsłowej należy zwrócić uwagę na to, aby były one możliwie jak najbardziej **opływowe** i miały jak najmniejszą **spójność**.

Szybkość, z jaką wilgoć wyparowuje z powierzchni, a zatem czas trwania procesów korozyjnych zależy od współczynnika przepływu. Ta ostatnia w dużym stopniu decyduje o odporności konstrukcji na korozję.

Badania [23] wykazały, że szybkość odparowywania wilgoci z powierzchni elementów zależy głównie od kształtu konstrukcyjnego przekroju poprzecznego. Graficznie, wyniki te zostały przedstawione na rysunku 67.

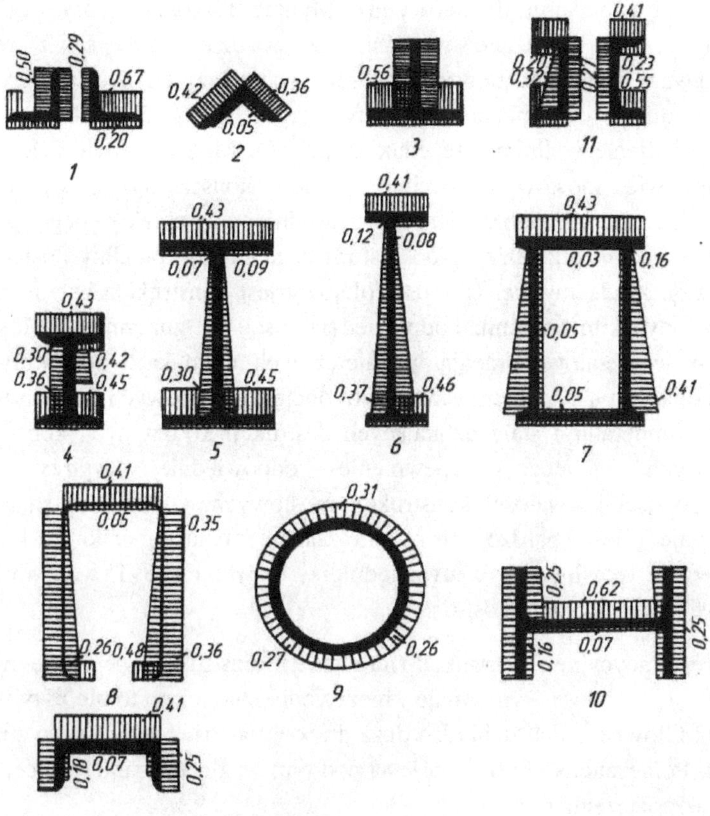

Rysunek 67 - Rozkład intensywności korozji atmosferycznej na obwodzie kształtowników walcowanych i giętych ze stali konstrukcyjnej niskowęglowej; rzędnych rzędnych epur - szybkość korozji, mm/rok

6.4 Spawanie w konstrukcji mostu. Historia problemu

Obecnie w przemyśle maszynowym, budowlanym, transportowym i innych branżach prawie cała gama łożyskowych konstrukcji metalowych jest produkowana w wersji spawanej.

Jedynym wyjątkiem jest budownictwo mostowe, czyli produkcja konstrukcji stalowych przęseł mostów kolejowych typu belkowego z kratownicami głównymi. Spawanie w tej produkcji jest stosowane w ograniczonym zakresie (tylko do produkcji elementów z kształtownikami zespolonymi, skrzynkami i belkami dwuteowymi). Montaż i montaż fabryczny oraz połączenia, jak pokazano wcześniej w rozdziale 6.1, są z reguły wykonywane wyłącznie za pomocą skręcanych złączy ciernych. Przepis ten jest uzasadniony dokumentami normatywnymi (SNiP 2.05.03-84) i znajduje odzwierciedlenie w literaturze edukacyjnej [5]. Możemy stwierdzić, że w budownictwie mostowym istnieje pewien konserwatyzm. Spróbujmy dowiedzieć się, jak dobrze jest on uzasadniony z obiektywnego punktu widzenia. Zanim przejdziemy do historii zagadnienia i analizy dostępnych rozwiązań, zgadzamy się, że most kolejowy jest konstrukcją inżynierską o bardzo wysokim stopniu odpowiedzialności i znaczenia. Mostowe konstrukcje metalowe pracują w najcięższych warunkach pod wpływem powtarzających się i zmiennych, w tym obciążeń udarowych, w warunkach niskich temperatur i stale działających destrukcji korozyjnych konstrukcji metalowych. Dlatego zapewnienie odpowiedniej wytrzymałości, niezawodności i trwałości konstrukcji mostowych w szerokim znaczeniu tych pojęć jest bardzo złożonym zadaniem inżynierskim, którego rozwiązanie powinno być uwzględnione w projekcie i wdrożone do produkcji i eksploatacji mostu.

W starej, tradycyjnej konstrukcji (nitowanej) konstrukcje metalowe przęseł okazały się być dość wytrzymałe i niezawodne, ale mimo to nie były wolne od wad. Główne z nich **to** bardzo duża pracochłonność i zwiększone zużycie metalu. Połączenia śrubowe cierne są pod tym względem mniej więcej takie same jak połączenia nitowane.

Pierwsze doświadczenia z zakresu stosowania spawania elektroiskrowego pokazały z całą pewnością, że spawanie jako technologia łączenia elementów metalowych, jako technologia wytwarzania konstrukcji metalowych jest znacznie bardziej efektywne niż nitowanie, spawanie kuźnicze i odlewanie pod względem wydajności, skuteczności i praktycznego braku ograniczeń w doborze rozmiarów, formy i konfiguracji konstrukcji, węzłów i połączeń, w najlepszy sposób odpowiadający zadanym obciążeniom i warunkom pracy.

Tempo rozwoju przemysłowego kraju w ciągu pierwszych pięciu lat było głównym kryterium przy określaniu polityki technicznej i podejmowaniu decyzji. Z tego powodu w 1932 roku kierownictwo kraju zdecydowało się na zastąpienie konstrukcji nitowanych konstrukcjami spawanymi we wszystkich gałęziach metalurgii i budownictwa przemysłowego.

Założono, że do końca drugiego planu pięcioletniego spawanie elektryczne zastąpiłoby prawie całe nitowanie i znaczną część odlewania. W tym celu konieczne było jednak dogłębne przestudiowanie i zbadanie wszystkich charakterystycznych cech nowego procesu technologicznego, określenie sposobów jego poprawy jakościowej, opracowanie i dostosowanie produkcji urządzeń do spawania elektrycznego i materiałów spawalniczych. W tamtym czasie wyniki tych działań badawczo-rozwojowych miały ogromne znaczenie praktyczne.

Najszybsze przejście od konstrukcji nitowanych do spawanych zaobserwowano w budownictwie przemysłowym. Na placach budowy Kuznetstroy, Magnitostroy, Azovstal i Krivorogstroy spawanie z wielkim efektem zastąpiło nitowanie w produkcji konstrukcji stalowych warsztatów hutniczych, obudowy wielkich pieców, kominy, rurociągi ziemne, wiadukty kolejowe itp. Trzeba powiedzieć, że to przejście na nową technologię spawania odbyło się w walce jej zwolenników i przeciwników. Wielu ekspertów uważało wówczas, że zastąpienie nita spawalniczego jest ryzykownym przedsięwzięciem i było przekonanych, że złącza spawane nie są równoważne z nitowaniem pod względem wytrzymałości i niezawodności. Praktyka eksploatacji konstrukcji spawanych była wówczas jeszcze bardzo ograniczona, a badania w tym kierunku właśnie się rozpoczęły.

Inżynierowie budownictwa mostowego byli szczególnie wytrwali w kwestii odporności na zastąpienie konstrukcji nitowanych konstrukcjami spawanymi. I ta odporność na zastąpienie nitowanych konstrukcji stalowych przęseł mostów kolejowych konstrukcjami spawanymi była w tym czasie całkiem uzasadniona.

Mniej więcej w tym samym okresie co za granicą zaczęto budować w naszym kraju mosty kolejowe spawane.

Na początku 1930 roku w Niemczech oddano do użytku pierwszy most kolejowy o rozpiętości 10 metrów i spawanych masywnych belkach głównych.

W Polsce pierwsze przęsło zgrzewane zostało zainstalowane zimą 1928-1929 r. na moście kolejowym pod Łowiczem.

W tym czasie w USA istniało już wiele spawanych mostów na krajowych torach kolejowych. Należy zauważyć, że do ich produkcji wykorzystano spawanie w łuku argonowym z dodatkiem. Środkowęglowa stal węglowa, podobna do tej stosowanej w budownictwie okrętowym, została użyta jako metal podstawowy w konstrukcjach przęseł mostowych.

W Anglii, jak już wspomniano w rozdziale II, pierwszy stalowy most kolejowy w kraju i na świecie został zbudowany w 1850 roku. W Stanach Zjednoczonych i Rosji budowano wówczas mosty kolejowe z drewna.

Ale spawanie w budownictwie mostowym w latach przedwojennych XX wieku, Anglia zaczęła się stosować z pewnym opóźnieniem w stosunku do innych krajów uprzemysłowionych.

W tym samym czasie rozpoczęto budowę mostów spawanych w Belgii, Francji i Holandii.

Wiele spawanych mostów drogowych i kolejowych zostało zbudowanych za granicą przed II wojną światową. W samych tylko Niemczech do 1941 r. wybudowano 800 mostów drogowych i 300 kolejowych spawanych [24].

Pierwszy domowy most kolejowy spawany został zbudowany na kolei kalińskiej w 1932 r. Był to most z całkowicie spawanymi głównymi gospodarstwami typu kratowego o rozpiętości 12 m, z przejazdem na szczycie. Konstrukcja przęsła była identyczna z konstrukcją nitowaną. Spawanie odbywało się za pomocą elektrod z powłoką kredową. Projekt mostu został opracowany w Centralnym Instytucie Badań Naukowych Budownictwa Transportowego (CRSTIC) pod kierownictwem G.A. Nikołajewa, późniejszego profesora MSTU imienia Baumana, organizatora działu spawalnictwa i jego kierownika.

Ta spawana konstrukcja przęsłowa działała bezawaryjnie przez 12 lat, została zastąpiona w 1944 r. przez konstrukcję o większej nośności. Podczas badania usuniętych konstrukcji nie stwierdzono żadnych wad w połączeniach spawanych.

Do początku Wielkiej Wojny Ojczyźnianej w naszym kraju zbudowano 20 spawanych mostów. Ponadto wyprodukowano 20 całkowicie spawanych konstrukcji przęsłowych, które czekały na montaż.

W tym okresie nośność połączeń spawanych i konstrukcji w porównaniu z połączeniami nitowanymi była badana przez dwie inne organizacje: Centralny Instytut Badawczy Urządzeń Przemysłowych i Instytut Spawalnictwa Elektrycznego Akademii Nauk Ukrainy SSR, na czele z E.O. Patonem.

Przy wymianie mostowych nitowanych konstrukcji stalowych na spawane natychmiast pojawił się problem kruchego niszczenia połączeń spawanych. Odnotowano również przypadki kruchego pękania konstrukcji spawanych na metalu podstawowym.

Tak więc w 1935 roku na linii Ufa-Ishimbayevo zainstalowano spawaną konstrukcję rozpiętościową z głównymi gospodarstwami typu kratowego o rozpiętości 45 m i zjazdem w dół. Konstrukcja została wykonana zgodnie z projektem prowadzonym przez G.A. Nikołajewa.

Na uwagę zasługują następujące cechy projektu i okoliczności, które pojawiły się w trakcie budowy budynku:

- metal nieszlachetny - gatunek stali Art.3;

- ręczne spawanie łukowe elektrodami "kredowymi";

- Konstrukcja spawanej konstrukcji przęsła była całkowicie nitowana, nie dopuszczono do spawania doczołowego, wszystkie połączenia elementów nakładały się na siebie, zachodzące na siebie mocowania rozpórek, podpór i wieszaków do pasów oprócz zwykłych zewnętrznych szwów przednich i bocznych "wzmocnionych" przez rozcięcie;

- pomimo tego, że fabryczne prace spawalnicze były prowadzone w temperaturze dodatniej, w spoinach występowały kruche pęknięcia, ale "bardzo rzadko" [26];

- Prace instalacyjne prowadzono zimą, w ujemnych temperaturach (do -35° C), podczas montażu stwierdzono pęknięcia w złączach fabrycznych, a także w głównym metalu belek poprzecznych jezdni i innych elementów konstrukcji metalowych.

Na podstawie współczesnej wiedzy i pomysłów nietrudno zauważyć, że projekt i wykonanie tego mostu zostało przeprowadzone z niedopuszczalnymi odstępstwami i naruszeniem wymogów i warunków istniejących dokumentów regulacyjnych. W szczególności, jakość materiału bazowego i metalu spoiny była bardzo niska dla wszystkich podstawowych kryteriów. Istniało wiele wad w połączeniach spawanych i spoinach. Kontrola jakości ograniczała się jedynie do kontroli zewnętrznej. Przyjęte w projekcie zakładki połączeń spawanych z zakładkami zawierały bardzo ostre koncentratory geometryczne typu "ostre cięcie" ze względu na swoje cechy konstrukcyjne. Przy występowaniu dużej koncentracji naprężeń, jak wiadomo, nawet wysokiej jakości metal traci nośność, zwłaszcza w niskich temperaturach. Dlatego też wystąpienie pęknięć w elementach i połączeniach mostu było obiektywnie nieuniknione. Lista wad projektu i technologii wytwarzania nie jest ograniczona do podanej listy.

Prace naprawcze na metaloplastyce mostu, mające na celu wyeliminowanie powstałych pęknięć, były również bardzo słabe. Nakładanie się na siebie pęknięć z płytami, które zostały zespawane na całym obwodzie, nie eliminuje "efektu koncentracji", ponieważ pęknięcie - koncentrator pozostał nienaruszony i pod obciążeniem mógł się swobodnie rozwijać, łącznie z metalową płytą naprawczą.

Po wymianie belek poprzecznych i "przyspawaniu" pęknięć, most został oddany do użytku i, co może się wydawać dziwne, działał przez dość długi czas.

Uważano, że precedens ten "stanowiłby zmianę w konserwatywnym stosowaniu spawania w budownictwie mostowym" [27].

Jednak podejście do technologii spawania nie zmieniło się w przypadku inżynierów budownictwa mostowego starej szkoły, ponieważ w tym samym projekcie, po pierwszych czterech kolejnych konstrukcjach spawanych rozpiętością znaleziono wiele pęknięć w spoinach i metalu nieszlachetnego. Konstrukcje te zostały wykonane z importowanej stali Thomas, która, jak wspomniano powyżej, jest całkowicie nieodpowiednia jako materiał bazowy dla dużych konstrukcji spawanych pracujących na wolnym powietrzu w niskich temperaturach, zwłaszcza konstrukcji mostowych w wersji spawanej.

Należy zauważyć, że sytuacja ta miała miejsce mniej więcej w tym samym czasie w przypadku konstrukcji mostu spawanego w Belgii, gdzie most nad kanałem Alberta zawalił się, a konstrukcje metalowe ponad 50 mostów spawanych zostały częściowo zniszczone. Wszystkie były wykonane ze stali Thomas i musiały zostać usunięte i zastąpione (rysunek *62a*).

Cztery wyżej wymienione konstrukcje przęsłowe zostały również zeskrobane po wielokrotnych naprawach pęknięć spawalniczych.

W okresie do 1946 roku, w tym w latach wojny, wielokrotnie podejmowano próby wykonania spawanych przęseł mostowych. Prawie wszystkie zakończyły się niepowodzeniem, głównie z powodu pęknięć w elementach konstrukcyjnych i połączeniach spawanych.

A te porażki były bezpośrednim odzwierciedleniem bardzo niskiego poziomu rozwoju bazy materiałowej i technicznej, a także nauki i praktyki produkcji spawalniczej w kraju w tamtym czasie.

Ale, jak wielokrotnie podkreślał E.O. Paton, "... Wszystko to oczywiście nie oznacza, że musimy czekać, aż wszystkie kwestie związane ze stosowaniem spawania w budowie mostów zostaną rozwiązane i dopiero wtedy przejdziemy do budowy mostów spawanych. Badania i zastosowanie konstrukcji mostu spawanego muszą iść w parze.

Doświadczenie w budowie mostów spawanych doprowadziło do zrozumienia, że konstrukcje spawane, w przeciwieństwie do nitowanych, mają swoją głęboką specyfikę, którą należy poznać.

W kolejnych latach uruchomiony został rozbudowany program rozwiązujący problem budowy mostów spawanych. W prace zaangażowało się wiele organizacji badawczych i projektowych, uczelni wyższych i laboratoriów zakładowych. Ta wielowymiarowa i złożona praca została zorganizowana i koordynowana przez Patona IES i Instytut Badawczy Mostu (Leningrad). Tematyka rozwoju i badań została uzgodniona z IPU.

Wśród tych prac należy zwrócić uwagę na tworzenie stali dla mostów spawanych. Mosty nitowane zostały wykonane ze stali St.3 mostu na OST 12535-38. Ta wrząca stal miała zwiększoną zawartość węgla, tendencję do starzenia się i niewystarczającą plastyczność (odporność na pęknięcia) w niskich temperaturach. Elektryczne spawanie łukowe w strefach przybrzeżnych szewów kruszyło stal. Nie nadawał się do mostów spawanych.

Stwierdzono, że stal na mosty spawane powinna być wytapiana cicho, z zawartością węgla nieprzekraczającą 0,20 % i zawartością krzemu nieprzekraczającą 0,25 %. Zawartość siarki nie powinna przekraczać 0,05 %, co zapewniło zmniejszenie skłonności stali do tworzenia pęknięć technologicznych. Przemysł metalurgiczny opanował swoją produkcję w postaci wszechstronnych wyrobów walcowanych.

Stal ta została nazwana Art.3 dla mostów spawanych (MPTU-2321-49), następnie została przemianowana na stal M16C (GOST 6713-53). Jego limit węgla został obniżony do 0,16-0,18 %. Obecnie jest ona znana jako stal 16D.

Ustanowiono przemysłową produkcję wysokiej jakości elektrod grubowarstwowych, zapewniających stabilne wypalanie łuku, ochronę, odtlenianie i niektóre stopów metali w kąpieli spawalniczej. Pozwoliło to znacznie poprawić jakość ręcznego spawania łukowego, metal złączy spawanych stał się prawie równy z głównym.

Przy budowie mostów zastosowano automatyczne spawanie łukiem krytym. W tym samym okresie zorganizowano przemysłową produkcję topnika i drutu elektrodowego, stworzono automatyczny sprzęt do spawania łukowego oraz inne urządzenia do spawania głównego i pomocniczego.

W ten sposób w pierwszych powojennych latach stworzono pewne zaplecze materiałowe i techniczne dla konstrukcji mostów spawanych, na bazie których mogła się ona szybko rozwijać.

Równolegle z tworzeniem bazy materiałowej prowadzono badania trwałości połączeń spawanych i węzłów, realizując optymalne formy konstrukcyjne wszystkich spawanych konstrukcji przęsłowych. Na podstawie tych badań zaprojektowano prototyp spawanej konstrukcji o rozpiętości L = 66 m. Był przygotowywany do produkcji.

Komisja Mostowa Ministerstwa Transportu Kolejowego w 1947 r. na podstawie eksperymentalnych opracowań Paton IES wykonała pierwszą w ZSRR "Tymczasową specyfikację techniczną produkcji spawanych konstrukcji przęsłowych mostów kolejowych z nitowanymi złączami montażowymi (TUPIM-sv.-47)". Niniejszy dokument normatywny reguluje produkcję blokową konstrukcji przęsłowych.

Duże, spawane bloki budynków zostały zaproponowane do montażu i spawania w zakładzie budowy mostu wraz z transportem na miejsce budowy mostu, gdzie zostały złożone razem za pomocą nitów montażowych. Ta metoda produkcji nie pozwalała na wstępny fabryczny montaż konstrukcji metalowych budynku. Okazało się to możliwe w przyszłości dzięki zastąpieniu połączeń nitowych połączeniami ciernymi na śrubach o wysokiej wytrzymałości. Ale montaż konstrukcji nitujących może odbywać się przez cały rok.

W latach 1946-1952 wybudowano fabryki mostów w Woronężu i Kremenczug, które zwiększyły możliwości produkcyjne przemysłu. Fabryki zostały wówczas wyposażone w nowoczesny sprzęt, który umożliwił wykorzystanie wysokowydajnej, zaawansowanej technologii w produkcji konstrukcji stalowych, w tym automatyczne spawanie łukiem krytym.

W 1949 roku Fabryka Mostów w Dniepropietrowsku wyprodukowała pilotażową konstrukcję przęsła L = 77 m z elementami spawanymi i nitowanymi złączami montażowymi. Latem tego samego roku obiekt został zmontowany i zainstalowany na moście na rzece Śnieżet.

Jakość spawanych elementów konstrukcji przęsłowej okazała się wysoka - ani podczas montażu, ani podczas dalszej eksploatacji nie stwierdzono żadnych pęknięć w połączeniach spawanych. Były to połączenia taśmowe prętów i belek, wykonane metodą automatycznego spawania łukiem krytym.

W latach 1950-1953 wykonano dużą serię konstrukcji nitowanych i spawanych o rozpiętości od 44 do 77 m, które zostały zainstalowane na nowych mostach i wykorzystane do zastąpienia starych przęseł.

Przez te wszystkie lata poszukiwaliśmy rozwiązań konstrukcyjnych i technologicznych dla połączeń spawanych montażowych. Kopiowanie nitowanych połączeń montażowych i elementów głównych kratownic było niedopuszczalne z kilku powodów. Głównym z nich jest niska wytrzymałość cykliczna spawanych połączeń zakładkowych. Dlatego też uznano za konieczne zastąpienie złączy zakładkowych złączami zakładkowymi w zespołach spawanych i złączach montażowych. W przypadku paneli pasów zgrzewanych doczołowo w kratownicach głównych zasugerowano, aby połączenia montażowe pasów zostały usunięte z zespołów. W tradycyjnej wersji nitowania złącza montażowe pasów gospodarskich są znane z tego, że znajdują się w środku węzłów. Efekt tej zmiany w konstrukcji urządzeń był dość znaczący.

Rys. 68 przedstawia projekt połączenia montażowego elementów kształtownika otwartego belki dwuteowej z dwoma wkładkami w wersji spawanej, zaproponowany przez Paton IES. W całości spawanej konstrukcji przęsłowej, nad którą pracował Instytut, konstrukcja ta miała być stosowana we wszystkich połączeniach montażowych konstrukcji, w tym w połączeniach pasów kratownicowych i belek jezdni. Specyfika konstrukcji pozwala na automatyczne spawanie łukiem krytym podczas spawania połączeń dolnego pasa kratownic głównych, co zostało następnie wdrożone w praktyce.

Wytrzymałość cykliczna połączeń spawanych tej konstrukcji była wyższa niż połączeń nitowanych z nakładkami.

Jednak poziom trwałości i produkcyjności spawanych i nitowanych złączy montażowych można obiektywnie porównać tylko w sposób eksperymentalny - **na podstawie** wyników rzeczywistych prac montażowych i eksploatacji w ramach konstrukcji przęsłowych pod obciążeniem przyjętym na torach kolejowych.

Zaproponowano dwa projekty wykonania prototypu całospawanej konstrukcji przęsłowej mostu kolejowego. Jeden został opracowany w Instytucie Badawczym Mostów pod kierownictwem K.G. Protasova, drugi był realizowany przez pracowników Patona IES i Dniepropietrowskich Zakładów Mostowych. Po rozpatrzeniu projektów podjęto decyzję o wyprodukowaniu obu przęseł i zamontowaniu ich na jednym moście przez rzekę Bolwę na linii kolejowej Moskwa-Kievskaya. W tym czasie na krajowych torach kolejowych działało wiele spawanych konstrukcji przęsłowych z nitowanymi zespołami montażowymi i złączami, które były pod pewnym nadzorem.

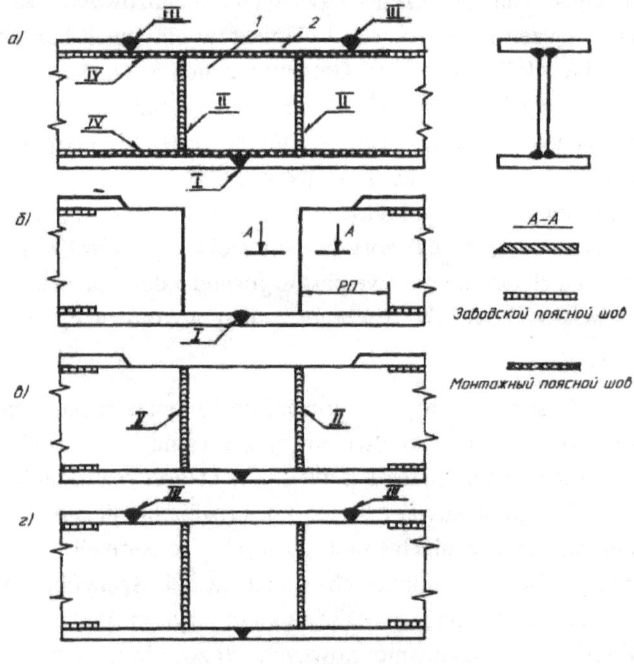

a - **złącze** spawane; b - montaż i spawanie złącza doczołowego I; usuwanie wzmocnienia szwu; *c* - montaż i spawanie złączy doczołowych II; d - montaż i spawanie złączy doczołowych II; *d* - **montaż i spawanie złączy doczołowych** I; spawanie "rozpuszczania" spoin kątowych pasa IV; 1, 2 - wkładki montażowe odpowiednio ściany i pasa górnego

Rysunek 68 - Schemat montażu i spawania złącza montażowego elementów przekroju dwuteownika Tauris

Obie eksperymentalne konstrukcje spawane miały tę samą rozpiętość.

L = 66 m z przejazdem w dół. W projekcie Instytutu Badawczego Mostu zastosowano kratownice główne z siatką trójkątną (rysunek 69), bez wisiorków i słupków. Dolne pasy o podwyższonej sztywności dzięki obliczeniom projektantów mogły z powodzeniem pracować przy znacznych długościach paneli, co dawało szansę na zmniejszenie ilości połączeń montażowych.

W projekcie Paton IES, skośne wolne gospodarstwa Virendal'a z zakrzywionymi górnymi pasami zostały wykorzystane jako główne gospodarstwa (Rysunek 70).

Elementy kratownic głównych obu konstrukcji rozpiętościowych były tego samego typu, o zespolonych przekrojach dwuteowników, w wersji spawanej.

Po raz pierwszy w praktyce budowy mostów zastosowano automatyczne spawanie do montażu konstrukcji przęsłowych. Każde złącze montażowe elementów odcinka I-Tauris (Rysunek 68) zostało wykonane w następującej kolejności: najpierw złącze spawane w dolnym pasie (I), następnie po zamontowaniu wkładki (1) złącze spawane złączy pionowych (II) w ścianie, ostatnie złącze spawane złączy poziomych (III) w górnym pasie I-Tauris.

Taśmowe szwy kątowe (IV) były spawane ręcznie, z górnym szwem w pozycji sufitowej. Wskazuje to z jednej strony na "słabe" miejsce w konstrukcji złącza, a z drugiej strony na brak wyposażenia technicznego ówczesnej technologii spawania, które nie pozwalało na mechanizację i automatyzację procesu spawania tych złączy. Należy zauważyć, że nawet w naszych czasach nie ma niezbędnego do tego celu sprzętu.

Przeguby (I i III) były spawane przez ciągnik TS-17M, przeguby (II) **- przez** maszynę A-384 z wykorzystaniem formowania wymuszonego.

Na uwagę zasługuje również fakt, że konstrukcja złącza i przyjęta procedura spawania nie zapobiegają, jak zauważamy, powstawaniu poprzecznego skurczu temperaturowego złączy, co zmniejsza ilość naprężeń rozciągających reaktywnych. Swobodny skurcz szwów zamykających (III) jest zapewniony przez "rozpuszczanie" na długości połączeń pasów skośnych (IV) w obszarach przylegających do połączenia. Obszary te są spawane po całkowitym ostygnięciu szwów (III).

Przypomnijmy, że wysokie naprężenia reaktywne rozciągające mogą prowadzić do powstawania pęknięć technologicznych, a także przyczyniać się do powstawania pęknięć zarówno zmęczeniowych, jak i kruchych. Należy również zauważyć, że nie ma połączeń zakładkowych, które mają znacznie mniejszą wytrzymałość zmęczeniową niż złącza.

W trakcie budowy konstrukcji przęsła według projektu Instytutu Badawczego Mostu (Rysunek 69) zespawano złącza montażowe o łącznej długości 1399 metrów bieżących, z czego 704 **są** urządzeniami automatycznymi.

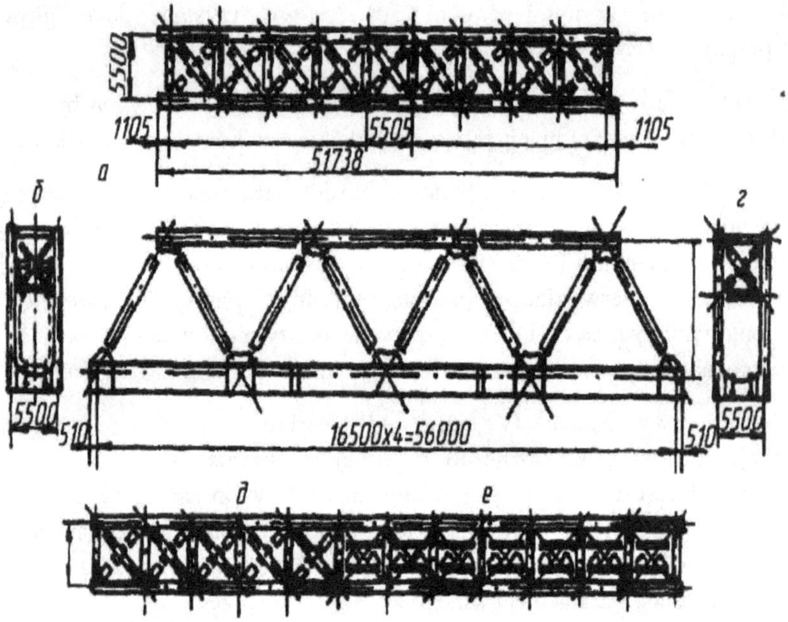

a - górna pozioma rama sprzęgająca; b - **rama** portalowa; *c* - *rama* główna; *d* - pośrednie ramy poprzeczne w przęśle; *e* - hamulce; kraty jezdni.

Rysunek 69 - Spawana konstrukcja przęsłowa opracowana przez Instytut Badawczy Mostu

Po wyprodukowaniu, konstrukcje rozpiętościowe zostały zamontowane na podporach i zbadane pod wpływem obciążeń statycznych, zmęczeniowych i udarowych. Konstrukcje te przeszły pomyślnie próby, zostały dopuszczone do eksploatacji i do dnia dzisiejszego pracują bezawaryjnie pod obciążeniami pociągów krążących [26].

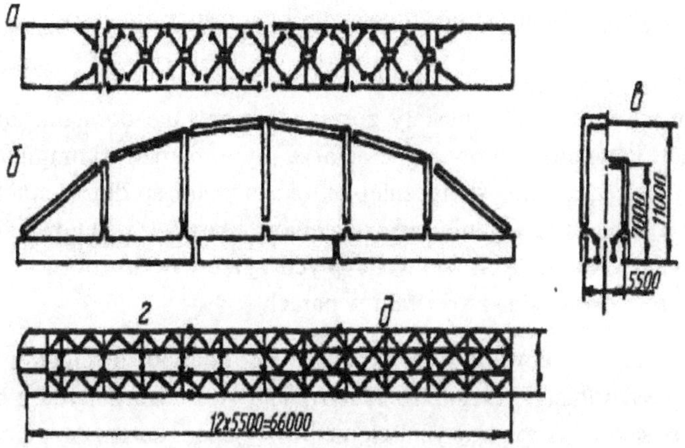

a - górna kratownica pozioma połączeń; *b* - kratownica główna (drzazgi łukowe Virendala); *c* - poprzeczne ramy o sztywności w przęśle; *d* - **kratownica** jezdni; *e* - hamulce.

Rysunek 70 - Spawana konstrukcja rozpiętościowa opracowania E.O. Paton IES

Był to wielki sukces w rozwiązaniu problemu produkcji całospawanych konstrukcji mostów kolejowych z przejazdem przez główne gospodarstwa rolne.

Pod koniec lat 50-tych zbudowano kolejny, w całości spawany przęsło kolejowe o rozpiętości 66 m ze stali M16C, również system rdzeniowy dla mostu na rzece Desnej. Górne pasy głównych kratownic konstrukcji miały przekrój skrzynkowy, a wszystkie pozostałe elementy miały kształt litery H. Węzły hodowlane zostały wykonane z użyciem wkładek fazowych (Rysunek 55a). Wszystkie połączenia faz połączeń z pionowymi blachami elementów zarówno w fabryce jak i w montażu były spawane przez automaty w pozycji pionowej szwami jednoprzebiegowymi z formowaniem wymuszonym.

Konstrukcje metalowe konstrukcji przęsłowej zostały wyprodukowane w Zakładach Mostu Woroneżskiego. To właśnie w tej fabryce pod koniec lat 50-tych XX wieku po raz pierwszy w praktyce budowy mostów (Rysunek 35 *c-i*) wyprodukowano elementy spawane w zamkniętej części skrzynki zespolonej z taśmowymi szwami kątowymi wykonanymi metodą automatycznego spawania łukiem krytym. W trakcie procesu produkcyjnego tych elementów okazało się, że oddzielne, sekwencyjne nakładanie się na siebie kątowych szwów w talii prowadzi do spiralnej krzywizny wzdłużnej wyrobów.

Elementy zdeformowane musiały zostać skorygowane do stanu absolutnie poprawnej geometrii formy. Operacja ta była bardzo skomplikowana i czasochłonna. Znacznie skuteczniejsze okazały się środki technologiczne mające na celu zapobieganie odkształceniom spirali. Zmieniono kolejność wykonywania oddzielnych, sekwencyjnych zgrzewów kątowych w talii na jednoczesne stosowanie szwów talii w parach.

W tym celu opracowano i wykonano (w oparciu o ciągnik TC-17) dwułukowe automaty - ciągniki z elektrodami rozmieszczonymi z boku, na szerokość sekcji skrzynkowych elementów: jeden automat - ciągnik do jednoczesnego spawania dwóch wewnętrznych zgrzewów taśmowych narożnikowych, drugi - do zewnętrznych.

Odkształcenia spawalnicze okazały się czynnikiem komplikującym nie tylko technologię wytwarzania elementów spawanych kształtowników zespolonych (skrzynkowych i dwuteownikowych), ale również technologię montażu i spawania montażowego całej konstrukcji przęsłowej. Problemem okazało się mocowanie elementów i elementów kratownic w pozycji projektowej podczas spawania elementów montażowych. Rozwój odkształceń spawalniczych doprowadził do zmian w danej pozycji i przesunięcia krawędzi, co było niedopuszczalne w warunkach technicznych.

Tak więc pod koniec lat 50-tych zakończył się etap ogromnej, wieloaspektowej pracy mającej na celu rozwiązanie problemu budowy mostów spawanych. Okazało się to dość owocne, ale nie było to całkowite powodzenie. Spawanie zajmuje pozycję podstawowej technologii w produkcji elementów (prętów i belek) kształtowników zespolonych, jak również w produkcji masywnych mostów drogowych i kolejowych, ale w produkcji konstrukcji przęseł kratowych, spawanie musiało, jeśli mogę tak powiedzieć, zadowolić się skromniejszą rolą.

Doświadczenie w produkcji i testowaniu tych trzech całkowicie spawanych konstrukcji rozpiętościowych z kratownicami głównymi o rozpiętości 66 m każda pokazało, że mogą one być wykonane w odpowiedniej jakości. W porównaniu z podobnymi strukturami nitującymi, zużycie metalu zmniejsza się o 25-30 %.

Ale, niestety, wszystkie spawane konstrukcje nie były wolne od wad. Głównym z nich **jest** większa pracochłonność produkcji w porównaniu z nitowaniem. Nadmiar ten wynikał głównie z czynności montażowych, z których wiele musiało być wykonywanych ręcznie i "na miejscu". Bardzo pracochłonne, na przykład, operacje regulacji wkładek spawanych złączy montażowych (Rysunek 65). Trudny i czasochłonny był również montaż elementów gospodarskich w pozycji projektowej, ponieważ elementy te nie posiadały niezbędnych urządzeń montażowych i mocujących.

Deformacje spawalnicze bardzo poważnie skomplikowały prace instalacyjne.

Znaczna część prac spawalniczych musiała być wykonywana przy montażu w niewygodnych warunkach, na wysokości.

Konstrukcje złączy i zespołów montażowych nie pozwalały na zastosowanie automatycznego spawania łukowego dla wszystkich 100% objętości pracy.

Do tego wszystkiego należy dodać, że usługa kontroli jakości połączeń spawanych okazała się nieskuteczna w warunkach instalacji.

Po rozpatrzeniu przedstawionych materiałów Komisja Mostowa Ministerstwa Transportu Kolejowego doszła do wniosku, że projekty konstrukcji i technologii montażu eksperymentalnych konstrukcji przęseł kratowych w całości spawanych wymagają poprawy [26].

Oczywiście, przy dominujących wówczas koncepcjach rozwoju gospodarczego kraju, rozwiązanie nie mogło być inne, zwłaszcza w środowisku, w którym nawet prywatne niepowodzenia inżynierskie były ściśle określone jako "polityczny koloryt".

Ale ta decyzja Komisji bardzo poważnie opóźniła rozwiązanie rozpatrywanego problemu. Od końca lat 50. i do chwili obecnej krajowe zakłady mostowe produkują konstrukcje kratowe tylko w wersji kombinowanej. Złącza montażowe i elementy budowlane są montowane za pomocą złączy ciernych na wysokowytrzymałych śrubach. Decyzja taka jest ustalona we wszystkich dawnych i obecnie obowiązujących standardach projektowania mostów [6].

Należy zauważyć, że niniejszy dokument regulacyjny nie zabrania wyraźnie stosowania spawanych połączeń montażowych. Ale ich zastosowanie jest dozwolone... z odpowiednim uzasadnieniem... biorąc pod uwagę technologię instalacji i inne warunki... i w porozumieniu z IGC" [6].

W rzeczywistości oznacza to, że takie warunki można spełnić nie tylko poprzez dalszą pracę w poszukiwaniu nowych rozwiązań projektowych i technologicznych w celu skuteczniejszego wykorzystania potencjału spawania.

Chęć rozwiązania problemu konstrukcji mostu spawanego nie jest celem samym w sobie. Spawanie jako technologia otwiera w zasadzie nieograniczone możliwości tworzenia doskonałych w formie i nienagannych w jakości konstrukcji stalowych o dowolnym przeznaczeniu, w tym również mostu. Nie ma potrzeby udowadniać, że nie ma praktycznie żadnych ograniczeń co do formy, rozmiaru, grubości i składu materiałowego łączonych elementów.

Jednak do tej pory daleko jeszcze do pełnej świadomości, że spawanie należy do kategorii wysokich technologii i wymaga odpowiedniej postawy opartej na głębokiej i pełnej znajomości specyfiki i prawidłowości procesów spawalniczych, obecności i stosowaniu doskonałej technologii, wysokiej jakości materiałów spawalniczych, dyscypliny technologicznej i wielu innych, co jest częścią koncepcji "kultury produkcji". Jego poziom jest nadal w naszych czasach w stanie niedorozwoju. Trudno więc winić założycieli, którzy w latach 50. nie potrafili skutecznie rozwiązać problemu budowy mostów spawanych. Stało się to, jak teraz rozumiemy, ze względu na dość obiektywną własność.

Ich zalety są wielkie. Odkryli i pokazali potencjalną moc technologii spawania, ale praktycznie udało im się wykorzystać tylko jej część. Praca założycieli w dziedzinie konstrukcji mostów spawanych i innych gałęziach produkcji zapoczątkowała jednocześnie zrozumienie, że spawanie jest niezwykłą technologią, że zdolność do efektywnego wykorzystania całego swojego potencjału technicznego jest zadaniem o wyjątkowej złożoności i znaczeniu.

Zastąpienie konstrukcji rozpiętościowych w wykonaniu łączonym obiektywnie jest konieczne, ponieważ węzły kratownic głównych na śrubach o dużej wytrzymałości mają nieusuwalne, immanentne wady prowadzące do przedwczesnego zniszczenia konstrukcji metalowych danej konstrukcji.

Po pierwsze, mogą one obejmować dużą koncentrację naprężeń w wielu miejscach zamocowanych elementów, spowodowanych przez otwory na śruby, podkładki i "pęknięcia blachy".

Po drugie, obejmują one również wszelkiego rodzaju szczeliny, zatoki i worki, w których z reguły gromadzą się stale zwilżone zanieczyszczenia.

Te dwie wady przyczyniają się do powstawania pęknięć zmęczeniowych i intensywnej korozji.

Po trzecie, sam mechanizm działania złączy ciernych, polegający na ściskaniu pakietu łączonych blach, ma poważną wadę. W miejscach styku łączonych blach ściskanych występują unikalne rodzaje pęknięć, takie jak kantowanie i zmęczenie zmęczeniowe.

Niezawodność i trwałość konstrukcji każdego celu zależy w dużym stopniu od poziomu ich obsługi i konserwacji, w tym czyszczenia, malowania, kontroli i terminowej naprawy. Możliwość kontroli i naprawy jest, zgodnie z nowoczesnymi pomysłami, bardzo ważnym kryterium jakości wzornictwa.

Przyjęty schemat standardowy (rys. 55) i konstrukcyjny układ węzłów na śrubach o dużej wytrzymałości (rys. 58) "zakłócają" techniczną realizację wymienionych operacji obsługi eksploatacyjnej. Nietrudno zauważyć, że połączenia węzłowe są zbyt gęsto rozmieszczone w przestrzeni węzłowej i zamknięte po obu stronach blachą. Dostęp do połączeń węzłowych możliwy jest tylko po ich demontażu.

W elementach składowych takiej konstrukcji jest całkiem możliwe, że niekontrolowane pojawienie się i rozwój pęknięć zmęczeniowych do niebezpiecznych rozmiarów.

Ustalono, że większość wypadków w konstrukcjach mostowych jest spowodowana ich niezadowalającą zawartością.

6.5 Spawane konstrukcje części składowych

Wymagania ogólne, które muszą być spełnione podczas projektowania głównych kratownic w dowolnym projekcie (spawane, śruby lub nity o wysokiej wytrzymałości), zostały podane powyżej (punkt 6.2). Spośród tych wymagań, następujące są bezwarunkowe:

- osie wzdłużne wszystkich elementów zbiegających się w węźle powinny przecinać się w punkcie odpowiadającym środkowi węzła obliczonego schematu geometrycznego gospodarstwa;

- przy umieszczaniu elementów łączących (spoin, śrub i nitów), ich środek ciężkości musi być zgodny z osią wzdłużną łączonego elementu.

Przy projektowaniu elementów spawanych należy uwzględnić następujące dodatkowe wymagania:

- konstrukcja połączeń spawanych musi być w pełni zgodna z technicznymi i technologicznymi możliwościami wybranej metody spawania;

- Przy ocenie metod alternatywnych należy preferować automatyczne spawanie łukiem krytym;

- w konstrukcji spawanych elementów nie powinno być miejsc i miejsc o dużej koncentracji naprężeń;

- Połączenia spawane w zespołach powinny być dostępne dla operacji kontroli jakości w wybrany sposób;

- Konstrukcja zespołu spawanego jako całości i we wszystkich jego elementach powinna umożliwiać niezbędną konserwację (czyszczenie, malowanie) oraz kontrolę stanu w okresie eksploatacji;

- nie zaleca się stosowania połączeń nakładających się na siebie;

- Konstrukcja złączy doczołowych powinna umożliwiać przetopienie pełnej grubości łączonych części i płynne przejście z połączenia do metalu podstawowego;

- Połączenia narożne powinny mieć wklęsłe przekroje i gładkie przejścia do metalu podstawowego;

- bezpośrednio przytwierdzona powierzchnia przekroju poprzecznego elementów kratownic głównych w węzłach powinna wynosić co najmniej 50% całkowitej powierzchni roboczej przekroju.

Praktyczne metody i sposoby rozwiązania tych wymagań są przedstawione poniżej na przykładach dostępnych rozwiązań projektowych.

Rysunek 71 przedstawia jeden z wariantów projektowych jednostki H2 głównej spawanej ramy rozpiętościowej. Weźmy pod uwagę jego urządzenie i podstawowe cechy przyjętych decyzji projektowych.

Główną częścią węzła jest blok węzłowy 1, składający się z dwóch perełek z blachy UV i trzech membran UV połączonych ze sobą spawanymi szwami narożnymi. Do bloku węzłowego przymocowane są cztery elementy prętów 2, 3, 4 i 5. Połączenia spawane tych elementów z blokiem węzłowym są częścią węzła H2. Należy zauważyć, że przekrój poprzeczny wszystkich czterech połączonych elementów jest taki sam - jest to złożony I-Tauris.

W literaturze technicznej, gdy ściana jest pozioma, odcinek belki dwuteowej nazywany jest czasem H, ściana jest pozioma, a półki pionowe. Nietrudno zauważyć, że z reguły, jako część głównych kratownic konstrukcji przęsłowych, w poziomym, ale nie pionowym układzie ścian stosowane są jej elementy - belki dwuteowe. Jest to podyktowane głównie specyfiką jednostek gospodarczych. Główne gospodarstwo rolne, którego budowę analizujemy, nie jest wyjątkiem w tym sensie.

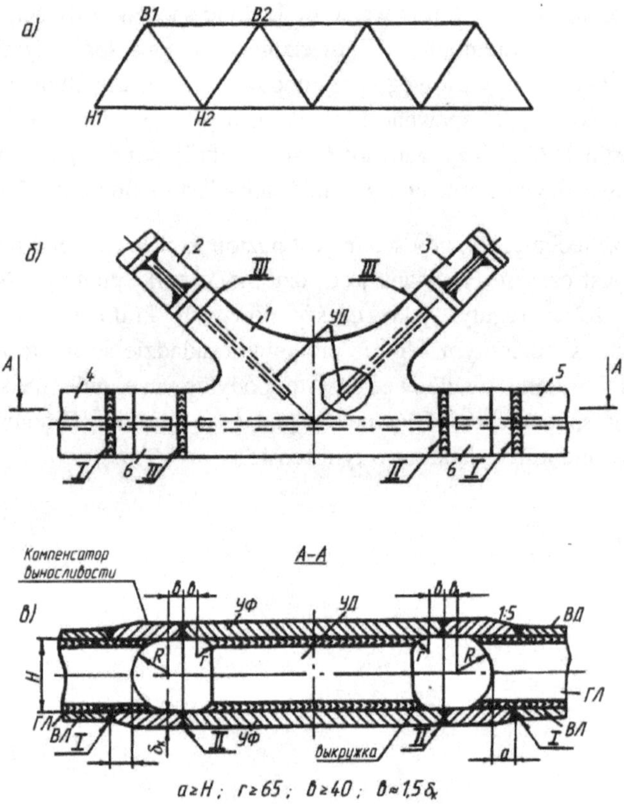

a - schemat gospodarstwa; *b* - fasada; *c* - sekcja *A-A;* 1 - blok węzłowy;

2, 3 - rozpórki kraty głównej gospodarstwa; 4, 5 - przylegające elementy pasa dolnego gospodarstwa głównego; 6 - kompensatory wytrzymałościowe;

UV - faza węzłowa; *UD* - pozioma przysłona węzłowa;

VL i *GL* - pionowe i poziome elementy pasa dolnego;

I - przegub fabryczny; P, W - przeguby montażowe.

Rysunek 71 - Spawany węzeł *H2* farmy głównej z kompensatorami wytrzymałościowymi

Główną cechą wyróżniającą rozpatrywany wariant konstrukcyjny węzła H2 jest sposób rozmieszczenia mocowania elementów gospodarskich do bloku węzłowego.

Jak pokazano na rysunku 71 *c*, mocowanie to nie jest wykonywane przez cały obszar przekroju poprzecznego elementów, lecz tylko przez część. Tylko piony HL elementów 4 i 5 są przymocowane do faz bloku węzła UV 1, a poziomy HL tych elementów są "rozdarte" w pobliżu bloku węzła. Końce poziomów w punktach klifowych są zaprojektowane jako wypady, które w dużym stopniu "zmiękczają" koncentrację naprężeń powstających w pionowych arkuszach w obszarach przylegających do tych klifów.

Podobne wytłoczki są również rozmieszczone na końcach dolnej poziomej apertury EDR bloku węzłowego 1. Podczas montażu urządzenia, wykopy te, zamykając się parami, tworzą się przez okna, co pozwala na zastosowanie automatycznego montażu zgrzewania złączy czołowych II.

Niemniej jednak piony HL elementów 4 i 5, jak również połączenia pasowe w obszarach przylegających do połączeń montażowych II są nadal przepięciowe, ponieważ przepływ mocy z rozerwanych i niepołączonych z węzłem poziomych blach HL jest rozprowadzany w pobliżu połączenia II do pionu HL tych elementów. Dystrybucja przechodzi przez szwy w talii.

Aby zapobiec miejscowym przepięciom, doczołowe kompensatory wytrzymałości spawane doczołowo są stosowane na końcach. W tym samym celu wykonuje się końcowe odcinki szwów talii z elementów 4 i 5 z wytopem blach poziomych do pełnej grubości.

Pole przekroju poprzecznego kompensatora można wyznaczyć metodą podaną w [12].

Rozważane rozwiązania zgodnie z ideą twórców miały głównie na celu zwiększenie wytrzymałości zmęczeniowej połączeń spawanych montażowych II. Jednak badania eksperymentalne i doświadczenia eksploatacyjne wykazały, że wytrzymałość zmęczeniowa przegubu montażowego II, którego konstrukcję poddaliśmy przeglądowi, nie była wystarczająco wysoka.

Oczywiście, pęknięcie poziomej blachy elementu mocowanego w pobliżu złącza montażowego ma tak silny negatywny wpływ, że urządzenie wykopowe i zastosowanie kompensatora wytrzymałościowego nie jest w stanie go w pełni zneutralizować.

Nietrudno zauważyć, że konstrukcja spawanego węzła (rysunek 71) w części urządzenia połączenia elementów gospodarstwa z blokiem węzłowym, w rzeczywistości stanowi kopię konstrukcji podobnego węzła na śrubach o dużej wytrzymałości (rysunek 58). W obu projektach elementy składowe gospodarstwa są przymocowane do urządzeń, a nie do całej powierzchni przekroju roboczego. Mocowane są tylko pionowe arkusze elementów, a niezamocowane poziomy są odcinane w pobliżu montażu.

Przy opracowywaniu projektów węzłów spawanych nie jest konieczne kopiowanie decyzji projektowych przyjętych w węzłach nitowych i węzłach z połączeniami ciernymi na śrubach o dużej wytrzymałości, ponieważ połączenia spawane są bardziej wrażliwe "na karb", tj. na koncentrację nacisku. Niedopuszczalne są rozwiązania związane z łamaniem się części elementów składowych, z zastosowaniem podkładek nakładających się na złącza montażowe, w zespołach spawanych.

Rysunek 72 przedstawia wariant opracowania projektowego tej samej spawanej jednostki H2 (Rysunek 71 *a*) gospodarstwa głównego, w którym poziome i pionowe arkusze elementów składowych 4 i 5 są bezpośrednio przymocowane do bloku węzłowego I. Mocowanie poziomych blach HL odbywa się poprzez zastosowanie wkładek montażowych, które jednocześnie dają możliwość automatycznego spawania montażowego pionowych blach HL z fazami jednostki UV 1.

Urządzenie, kolejność montażu i spawania złącza montażowego przy użyciu wkładek przedstawiono na Rysunku 68. Węzeł H2 wykorzystuje zmodyfikowaną wersję tego węzła.

Przy montażu i spawaniu złącza montażowego w zespole H2 (rysunek 72) należy zachować pewną kolejność spawania połączeń. Złącza doczołowe blach pionowych I muszą być najpierw zmontowane i zespawane przed zamontowaniem wkładki 6. Metoda spawania - automatyczne spawanie łukiem krytym z wymuszonym formowaniem szwu.

Następnie, po ustawieniu wkładki 6 "na miejscu", montuje się i zgrzewa złącza poziomego arkusza II. Stosunkowo swobodny skurcz poprzeczny złączy tych złączy podczas chłodzenia jest możliwy, jeśli złącza narożnikowe w talii na końcu łączonego elementu są rozpuszczone na długości "d" (Rysunek 72 *b*). W przypadku braku temperatury rozpuszczania skurcz temperatury spoiny II podczas chłodzenia występuje w spoinie nie swobodnej, jakby ściskanej, co ma wpływ na rozciąganie naprężeń reaktywnych, przyjmując największą wartość w lokalnym obszarze w pobliżu spoiny, wykonanej w ostatnim miejscu.

Wiadomo, że reaktywne naprężenia rozciągające i koncentratory naprężeń, takie jak ostre cięcia, stanowią największe zagrożenie dla wytrzymałości zmęczeniowej połączeń spawanych i zespołów.

Ostatnią rzeczą, którą należy zrobić, to zgrzać szwy łączące talię. Trwałość zmęczeniowa połączeń montażowych rozpatrywanego węzła spawanego H2 (rys. 72) po wykonaniu dodatkowych oddziaływań na zmniejszenie koncentracji ciśnienia jest praktycznie równa trwałości zmęczeniowej całych elementów.

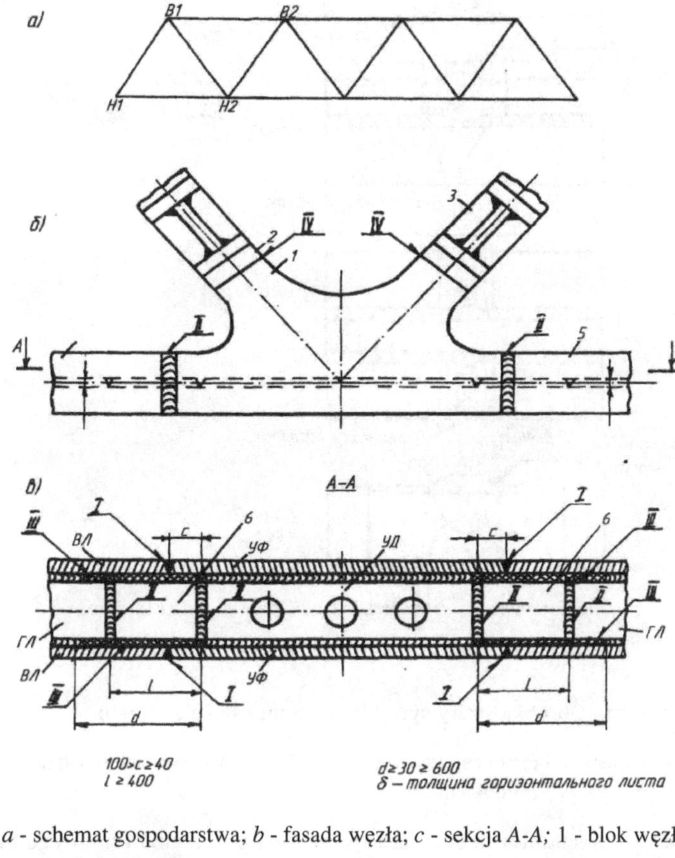

a - schemat gospodarstwa; *b* - fasada węzła; *c* - sekcja *A-A;* 1 - blok węzła;

2, 3 - rozpórki kraty głównej gospodarstwa; 4, 5 - elementy przylegające do pasa dolnego gospodarstwa głównego; 6 - wkładki montażowe; I, P, S - procedura spawania połączeń połączenia montażowego; IV - połączenia montażowe rozpórek; *UV* - elementy węzłowe; *UD* - otwór poziomy węzłowy; *VL* i *GL* - piony i poziomy dolnych elementów pasa

Rysunek 72 - Zespół **spawany *H2* głównej farmy z wkładkami montażowymi**

Aby zwiększyć wytrzymałość zmęczeniową spawanych konstrukcji przęsłowych, strefy koncentracji naprężeń w konstrukcji metalowej muszą być poddane obowiązkowej obróbce mechanicznej (rysunki 73 - 76).

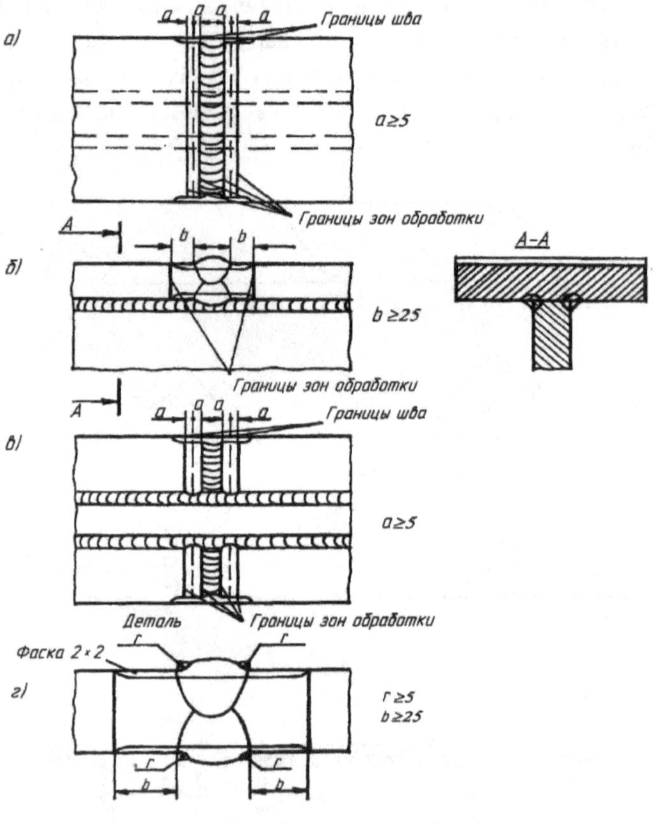

a - Obróbka strefy syntezy po stronie szwu górnego;

b - obróbka powierzchni czołowej; *c* - obróbka strefy topienia po stronie szwu dolnego; *d* - obróbka mechaniczna końca połączenia

Rysunek 73 - Mechaniczna obróbka spawanego połączenia czołowego blach górnej półki Ibex bez usuwania wzmocnienia szwu

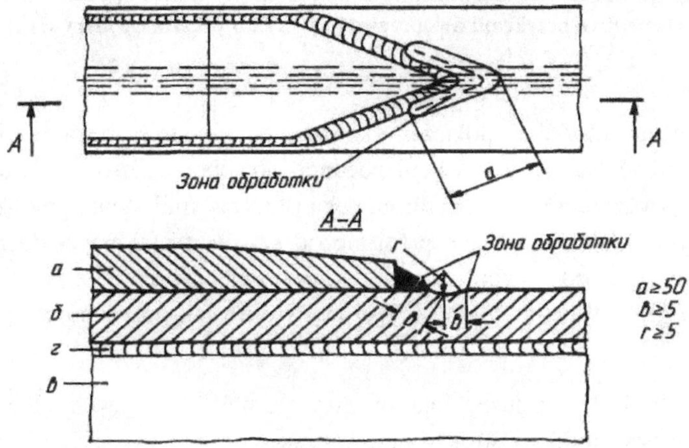

a - dodatkowa blacha taśmowa; *b* - blacha główna; *c* - ściana Itaur; *d* - łącznik talii

Rysunek 74 - Mechaniczna obróbka złącza narożnego na końcu zakładki dodatkowej nakładki i głównych arkuszy pasa dwuteowego

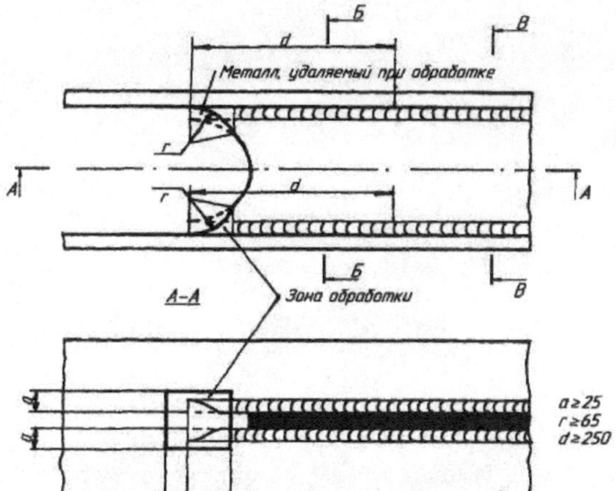

Rysunek 75 - Mechaniczna obróbka końca łamliwej pionowej blachy (ściany) elementu o przekroju dwuprzewodowym (lub w kształcie litery H)

Mechaniczną obróbkę połączeń spawanych i stref pękania należy przeprowadzić na głębokości niezbędnej do obowiązkowego usunięcia warstwy powierzchniowej metalu na całej długości linii stopu, aby uzyskać czystą powierzchnię i płynne przejście od szwów metalowych do metalu podstawowego, od końca elementu pękającego (części przekroju) do elementu głównego (pozostałej części przekroju), jak pokazano na rysunku 75.

Rysunki 76 i 77 przedstawiają obszary obróbki spawanych elementów głównej farmy ulotki konstrukcji przęsłowej.

Podczas obróbki złączy i zespołów spawanych należy usunąć wady spawania i cięcia gazowego, jeśli zostały one wykorzystane jako poprzednia operacja w celu usunięcia nadmiernych naddatków przed obróbką.

Pełne instrukcje dotyczące obróbki elementów po spawaniu znajdują się w [12].

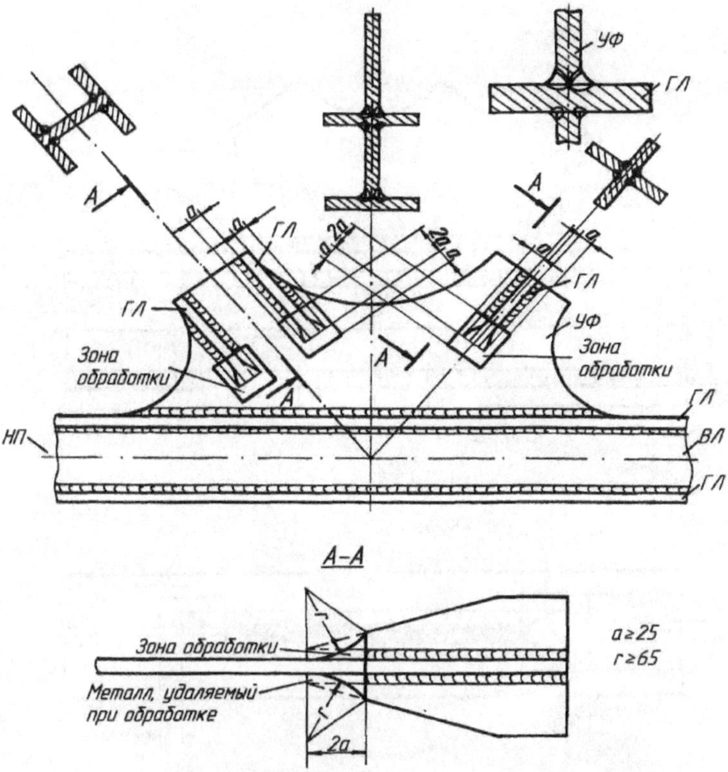

NP - pas dolny gospodarstwa głównego; *UV* - faza węzłowa; *HL, PL* - odpowiednio "poziomy" i "pionowy" elementów gospodarstwa.

Rysunek 76 - Obróbka mechaniczna odcinków końcowych belki dwuteowej (po lewej) i przekrojów poprzecznych rozpórek poziomych oraz połączeń spawanych połączeń poziomych z linią węzłową.

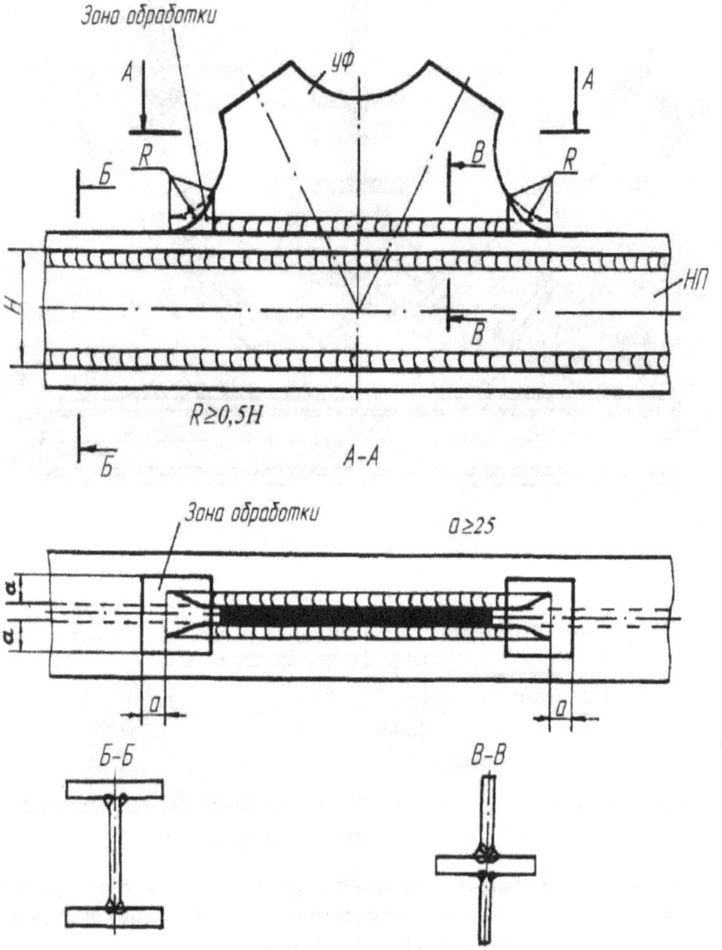

Rysunek 77 - Obróbka mechaniczna odcinków końcowych faz węzła *UV* przyspawanych do poziomu dolnego pasa *NP* farmy głównej.

Konstrukcje zespołów spawanych i połączeń montażowych nie ograniczają się do opcji konstrukcyjnych pokazanych na rysunkach 71 i 72. Istnieje wiele podobnych projektów. Z dostępnego archiwum budowy mostu rozważymy jeszcze dwa warianty projektowania zespołów spawanych kratownic głównych. Zostały one opracowane dość dawno temu, ale nadal są wykorzystywane w produkcji spawanych przęseł mostowych w Niemczech i Czechach.

Urządzenia te są łatwe w instalacji i niezawodne w eksploatacji, ponieważ wszystkie połączenia urządzeń są otwarte i dostępne do kontroli, konserwacji i napraw. Dzięki tym kryteriom są one w pełni zgodne z nowoczesnymi wymogami.

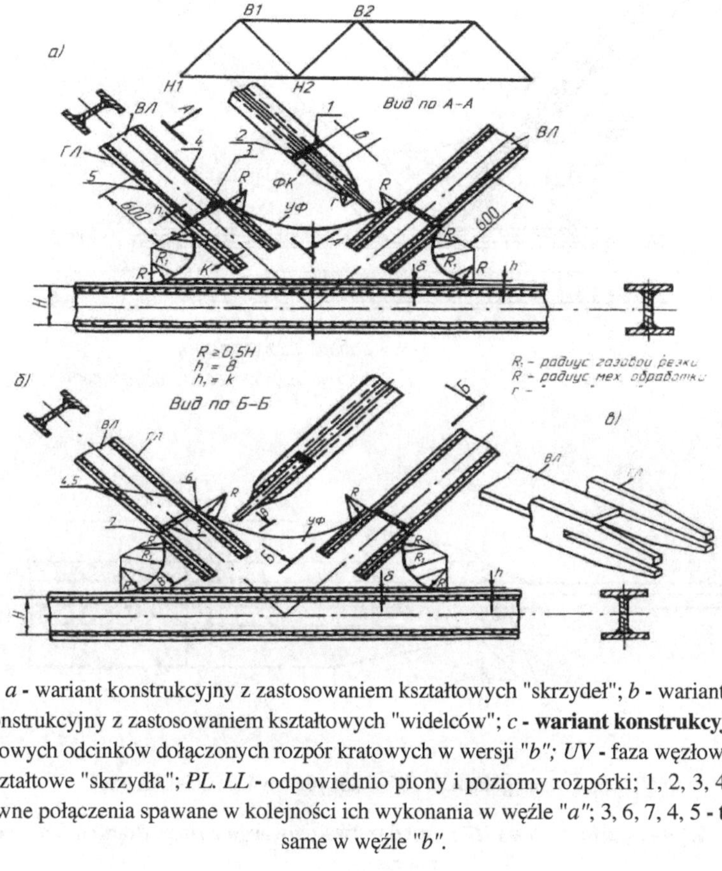

a - wariant konstrukcyjny z zastosowaniem kształtowych "skrzydeł"; *b* - wariant konstrukcyjny z zastosowaniem kształtowych "widelców"; *c* - **wariant konstrukcyjny** końcowych odcinków dołączonych rozpór kratowych w wersji *"b"; UV* - faza węzłowa; *FK* - kształtowe "skrzydła"; *PL. LL* - odpowiednio piony i poziomy rozpórki; 1, 2, 3, 4, 5 - główne połączenia spawane w kolejności ich wykonania w węźle *"a"*; 3, 6, 7, 4, 5 - **takie** same w węźle *"b"*.

Rysunek 78 - Zespół spawany *H2* pasa dolnego gospodarstwa głównego bez wkładek instalacyjnych

Na rysunkach 78 i 79 przedstawiono konstrukcje urządzeń wykorzystujących nie tylko połączenia doczołowe, ale także połączenia spawane do kości T. W węzłach stosowane są pojedyncze fazki UV, przyspawane do górnej poziomej blachy pasa głównego gospodarstwa dwustronne szwy kątowe z pełną penetracją fazek na grubości. Końce faz są obrabiane maszynowo, jak pokazano na rysunku 77.

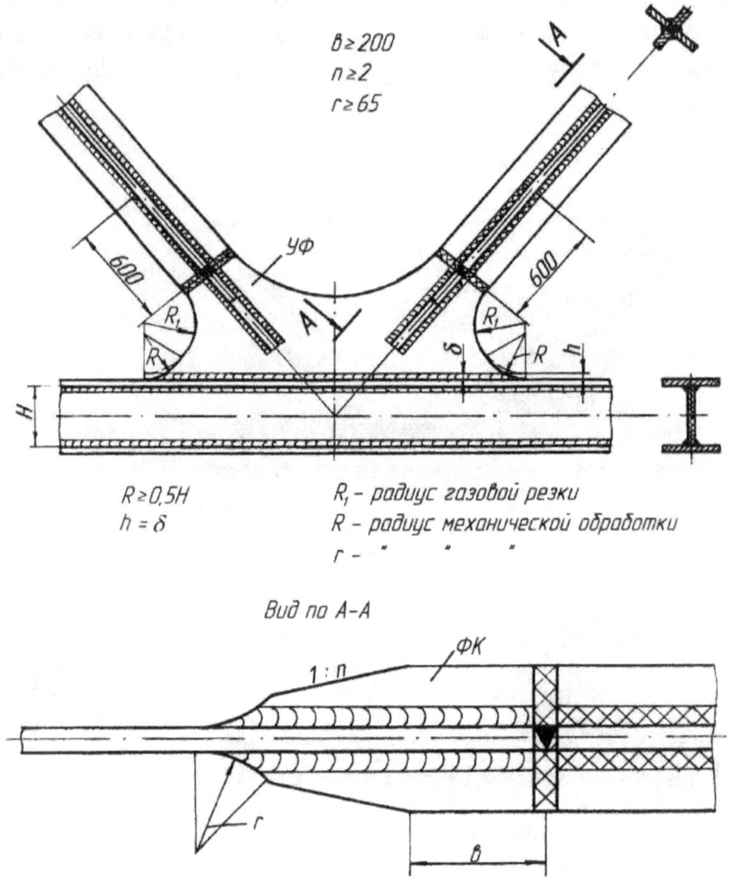

UV - fazowanie połączeń; *FK* - "skrzydła" w kształcie skrzydeł.

Rysunek 79 - Spawany węzeł *H2* gospodarstwa głównego z rozpórkami o przekroju poprzecznym

Mocowanie rozpór do fazy węzła może być wykonane w dwóch wersjach. W pierwszej wersji (Rysunek *78a*) pionowe arkusze linii napowietrznych (ścian) przekroju belki dwuteowej są przyspawane do fazy czołowej (połączenie 3). Blachy poziome rozpórki HL są również przyspawane do "fazerów - skrzydeł" FC (połączenia 1 i 2). Elementy te, przyspawane obustronnie do skosów UV, zapewniają płynne przenoszenie sił ze skosów na półki skośne. Po zespawaniu złączy doczołowych 1, 2 i 3, spawane są "rozcięcia" spoin pasa kątowego 4 i 5. Wszystkie te połączenia i końcówki elementów FK są obrabiane maszynowo.

W drugim wariancie (Rys. 78 b) rowki przelotowe powinny być przecięte przez poziome blachy GL (półki) rozpórki (Rys. 78 *c*). Szerokość rowków powinna być nieco większa niż grubość węzłowego arkusza fazowego UV (*Vp* > δуф), a długość powinna być równa długości "skrzydła fazowego" FC. Ściany (PL pionowe) na tej długości łamią się. Jak widać na rysunku, końce półek (poziomy HL) rozpórek mają postać "widelców". Podczas montażu urządzenia blacha profilowana UV umieszczana jest w tych rowkach, a zęby widełek zakrywają blachę profilowaną po obu stronach, tworząc rodzaj profilu w przekroju poprzecznym B-B - podwójny krzyż.

Po montażu złącza są spawane w kolejności 3, 6, 7, 4, 5. Złącza 4 i 5 **to** rozcięcia szwów talii; konieczność ich ostatniego spawania, jak wspomniano wcześniej, jest obowiązkowa. Połączenia spawane 1 i 2 (Rysunek 78 *a*) w drugiej wersji węzła są zbędne, co można uznać za przewagę komparatywną tego rozwoju.

Obróbka elementów po spawaniu jest taka sama w obu wersjach.

Rysunek 79 przedstawia układ spawanej głównej jednostki gospodarskiej z rozpórkami o przekroju poprzecznym. Jak nietrudno zauważyć, węzeł ten i węzeł z rozpórkami I-Tauris rozpatrywany powyżej (rysunek 78) są w zasadzie takie same.

Jednak kształt przekroju poprzecznego rozpórek decyduje o charakterze połączeń spawanych, które przymocowały rozpórkę do skosu. Przy równej wartości sił w rozpórkach dwuteowników i połączeniach spawanych przekrojów poprzecznych ostatnich wytrzymują duże obciążenia.

Na koniec rozważmy budowę spawanych łączników (węzłów) klatki dźwigara konstrukcji jezdni. Przypomnijmy, że zadaniem koszyka belkowego ma być kratownica, przenosząca dno mostu i tor kolejowy (Rysunek 28). Konstrukcyjnie, klatka belki jest systemem składającym się z zestawu belek poprzecznych i wzdłużnych połączonych razem (Rysunki 25, 40) (rozdział 4). Belki poprzeczne są z kolei przymocowane na końcach do węzłów gospodarstw o głównych przęsłach. Łączniki te mogą być wykonane z zastosowaniem ciernych połączeń śrubowych (Rysunek 41) lub w wersji spawanej.

Rysunek 80 przedstawia konstrukcję zespołu spawanego do mocowania belek wzdłużnych do belki poprzecznej o tej samej wysokości w dwóch wersjach urządzenia. Przekroje poprzeczne wszystkich belek tego samego typu - spawane zespolone I-Tauris.

W pierwszej wersji z trzech elementów belek podłużnych mocowane są tylko półki. Ściany belek nie są przymocowane i "rozdarte" w pobliżu węzła.

W drugiej wersji, wszystkie trzy elementy belek podłużnych są dołączone.

Pod względem pracochłonności i wygody montażu i spawania preferowana jest oczywiście jednostka pierwszej opcji rozwoju. Jednak, jak pokazały doświadczenia z badań i eksploatacji w ramach konstrukcji przęsłowych, belki wzdłużne w obszarach przylegających do miejsca pęknięcia ścian, mają zmniejszoną wytrzymałość zmęczeniową. Stwierdzono, że przedwczesne występowanie pęknięć zmęczeniowych w tych miejscach spowodowane jest miejscowym przepięciem końcowych odcinków szwów talii, przez które siła od rozerwanej ściany rozkłada się na półki belki wzdłużnej.

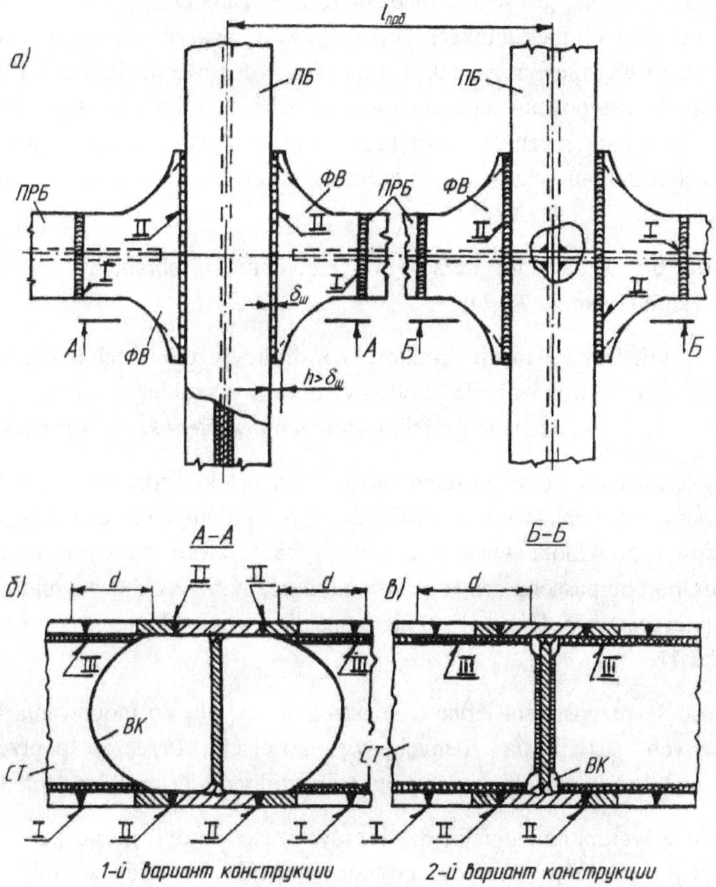

a - I wariant konstrukcji - z "przepaścią" ściany; *b* - II wariant konstrukcji - z mocowaniem belek wzdłużnych na wszystkich odcinkach; *FV* - wkładki kształtowe; *VK* - przemieszczenia ścian belek wzdłużnych w ich przepaści; I, II, III - podstawowe węzły połączeń spawanych; *d* - długość szwów taśm montażowych przy spawaniu "rozpuszczania".

Rysunek 80 - Zespół spawany do mocowania belek wzdłużnych "*PBB* routingu" części jezdni konstrukcji przęsłowej do belki poprzecznej "*PBB*" na ich równej wysokości

Negatywny wpływ koncentracji naprężeń w rozważanej konstrukcji urządzenia jest w dużej mierze neutralizowany przez zastosowanie pewnych metod projektowych i technologicznych.

Przerwanie ściany jest ozdobione w formie zatoczki. Przekrój roboczy złączy taśmowych na odcinkach końcowych "d" jest zwiększony z powodu całkowitego wytopienia ścianek w grubości. Końcowe odcinki półek belek podłużnych zastępowane są opracowanymi wkładkami szerokokątnymi FV, które zapewniają niezbędne zwiększenie przekrojów roboczych półek w miejscach załamań ścian oraz urządzenie płynnych przejść w węzłowych koniugacjach.

Ponadto, po zespawaniu urządzenia, elementy są obrabiane zgodnie z instrukcjami (Rysunki 73-74).

Zastosowanie rozważanych środków konstrukcyjnych i technologicznych pozwala na zapewnienie odpowiednio wysokiej wytrzymałości zmęczeniowej rozważanego projektu urządzenia w pierwszym wariancie.

Należy zauważyć, że w węzłach mocowania belek wzdłużnych jezdni do belek poprzecznych stosuje się niekiedy oprócz głównych złączy spawanych dodatkowo podkładki wzmacniające ("ryba"), które są montowane na jednym lub obu pasach i spawane szwami narożnymi, zachodzącymi na pasy belek poprzecznych. Rysunek 80 nie pokazuje "ryby". Można je zobaczyć na rysunku 41.

Rysunek 81 przedstawia jedną z konstrukcji zespołu do mocowania belek wzdłużnych (LBF) na różnych wysokościach. Przekrój poprzeczny wszystkich belek jest taki sam - spawane zespolone I-Tauris (Rysunek 35 *a*).

Zgodnie z warunkami układu dźwigarów części jezdni, górne pasy belek wzdłużnych i poprzecznych powinny znajdować się w tej samej płaszczyźnie. Dlatego, jak widać, nie można bezpośrednio mocować dolnych pasów wzdłużnych. Mocowanie to odbywa się poprzez element pośredni - stół podporowy (Rysunek 81 b). Stół składa się z trzech elementów - poziomej blachy kształtowej (HFS), ustawionego pionowo żebra poprzecznego (PC) oraz spawanej płyty nośnej (OSB).

Belki GFS są przyspawane do ściany belki poprzecznej (połączenie I) z pełną penetracją w grubości. Dolny pas wiązara wzdłużnego jest przyspawany do nachodzącej na siebie płyty kształtowej wzdłuż całego konturu połączenia (połączenie II).

Końce arkusza kształtownika HFS są obrabiane maszynowo, aby uzyskać łagodne przejście, jak pokazano na rysunku 77.

Ściana pionowa dźwigara wzdłużnego jest przyspawana (podobnie jak belki HFS) do ściany dźwigara poprzecznego (połączenia III).

Wiadomo, że odporność belek na zniszczenie zmęczeniowe jest znacznie zmniejszona, jeżeli w dolnym pasie rozciągniętym belek występują strefy koncentracji naprężeń, które powstają w pobliżu jakichkolwiek nierówności geometrycznych. Z tego powodu nie zaleca się spawania bezpośrednio do dolnego pasa dźwigara jakichkolwiek elementów łączących, żeber lub zakładek, szczególnie w przypadku belek teowych. W tym celu konieczne jest zastosowanie blach profilowanych, przyspawanych do bocznej powierzchni taśmy i odpowiednio obrobionych po spawaniu. Te zalecenia w projekcie węzła na rysunku 81 uwzględniają w szczególności przyleganie płyty nośnej OPS do okapów dolnego pasa poprzecznicy jest realizowane konstrukcyjnie bez użycia połączeń spawanych. Deska spoczywa tylko na wysięgniku z pewnym napięciem.

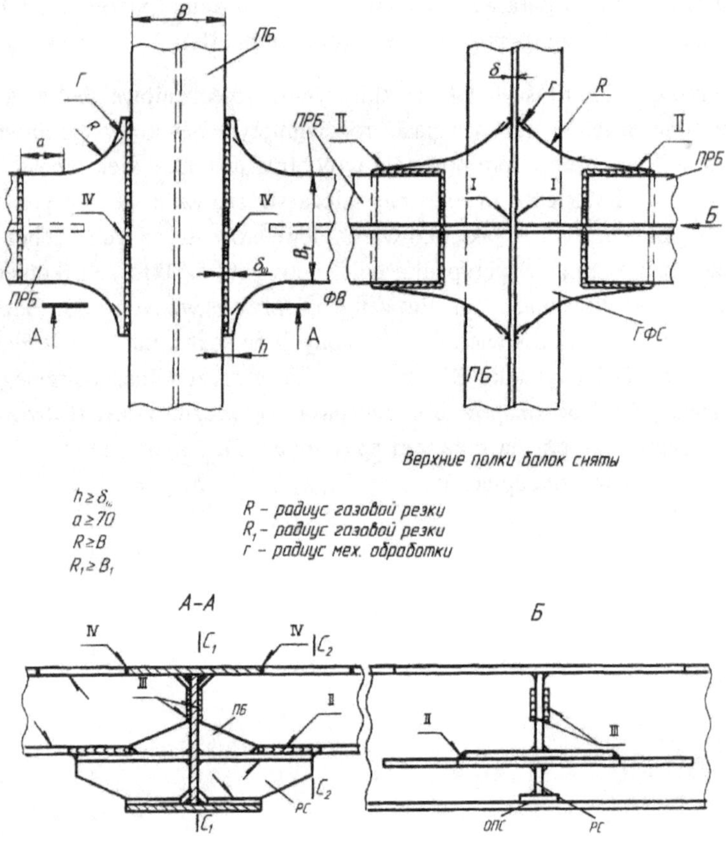

1FS. PC i *OPS* - odpowiednio pozioma faza, żebro i płyta podporowa stołu; I, II, III, IV - złącza głównych spoin zespołu; *B* - szerokość półki; *S* - grubość ściany poprzeczki; *R*, *d* - **obróbka** przejść wzdłuż promieni łuków.

Rysunek 81 - Zespół spawany do mocowania belek wzdłużnych "*PBB* routingu" części jezdni konstrukcji przęsłowej do belki poprzecznej "*PBB*" na różnych wysokościach

Niemniej jednak, konstrukcja rozpatrywanego urządzenia nie jest pozbawiona poważnych wad. Powinny one obejmować zastosowanie połączeń zakładkowych dolnych pasów belek wzdłużnych z pasami GFS (połączenie II), złożoność montażu węzła, pewne "przesycenie" węzła szwami spawanymi oraz konieczność ich wykonania przy montażu we wszystkich pozycjach przestrzennych.

Jednak najpoważniejszą wadą projektu węzła, jak widać na rysunku 81 b, jest obecność schodkowych, ostrych przejść C1 - C1 i C2 - C2, które są strefami o dużej koncentracji naprężeń.

Należy zauważyć, że jakość projektu zależy, niestety, nie tylko od poziomu kwalifikacji projektanta-projektanta. Wybór wariantu rozwiązania konstrukcyjnego jest często uwarunkowany realnymi możliwościami technologicznymi produkcji i organizacji montażu zakładów mostowych. Niewystarczające możliwości technologiczne produkcji prowadzą do konieczności osiągania kompromisów, co może nie być najlepszym rozwiązaniem.

W projekcie rozpatrywanego węzła odnotowane wady są najprawdopodobniej konsekwencją właśnie tej sytuacji.

W projektowaniu edukacyjnym konieczne jest podejmowanie najlepszych decyzji w zasadzie, kierując się możliwościami technologicznymi produkcji spawalniczej jako branży obróbki metali jako całości.

Rysunek 82 przedstawia drugi wariant konstrukcji zespołu mocowania belek wzdłużnych do belki poprzecznej na różnych wysokościach. Nietrudno zauważyć, że rozwój ten jest bardziej zaawansowany w porównaniu z wariantem podstawowym rozpatrywanym powyżej (rysunek 81), ponieważ nie ma on żadnych wad.

Osiągnięto to głównie poprzez zmianę kształtu konstrukcyjnego belek podłużnych (Rys. 83). Istotą tej zmiany, jak widać, jest rozwój końcowych odcinków belek na wysokości. Schemat wytwarzania tych niestandardowych belek pokazano na rysunku 83 *b*.

Ich zastosowanie jest dość skuteczne. Okazało się, że możliwe jest przede wszystkim znaczne uproszczenie konstrukcji urządzenia, ponieważ nie ma potrzeby stosowania stołów podporowych. Jednocześnie wzrosła wielkość kształtowników nośnych belek podłużnych, co z kolei usuwa przeciążenie połączeń węzłowych z oddziaływania momentu nośnego.

Wszystkie główne przejścia w koniugacjach elementów węzła mają, jak widać, gładki kształt, który jest, jak wiadomo, niezbędnym warunkiem wstępnym w zestawie środków zapewniających niezbędną wytrzymałość zmęczeniową konstrukcji.

Pomimo dość wysokich korzyści technicznych, rozważana konstrukcja urządzenia nie może być przypisana liczbie w pełni rozwiniętych i doskonałych, ponieważ nadal ma poważną wadę. Konstrukcja jest zaprojektowana z myślą o stosunkowo "słabych" miejscach. Są to spawane złącza ścienne belek teowych (złącza IV na rysunku 82 *a, c*).

Wyniki badań eksperymentalnych jednoznacznie świadczą o tym, że nośność połączeń spawanych Taurus przy dowolnym wykonaniu jest zasadniczo niższa od nośności połączeń spawanych doczołowych [11, itp.]. Podniesienie wytrzymałości zmęczeniowej połączeń spawanych Taurus do poziomu spawanych połączeń doczołowych jest w zasadzie niemożliwe, ponieważ obszar przejść stopniowych od ściany do półki jest nieusuwalną strefą koncentracji ciśnienia.

"Miękki" do pewnego stopnia ten niebezpieczny efekt można osiągnąć poprzez płynne kształtowanie szwów, całkowite stopienie ścian i mechaniczną obróbkę elementów połączeń po spawaniu.

Zapewnienie odporności zmęczeniowej połączeń węzłowych jest najprawdopodobniej możliwe dzięki znalezieniu nowych, niestandardowych rozwiązań konstrukcyjnych i technologicznych.

W istniejącej formie, konstrukcja węzła jest w pełni funkcjonalna i nadaje się do zastosowania w klatce jezdni wszystkich spawanych konstrukcji przęsłowych.

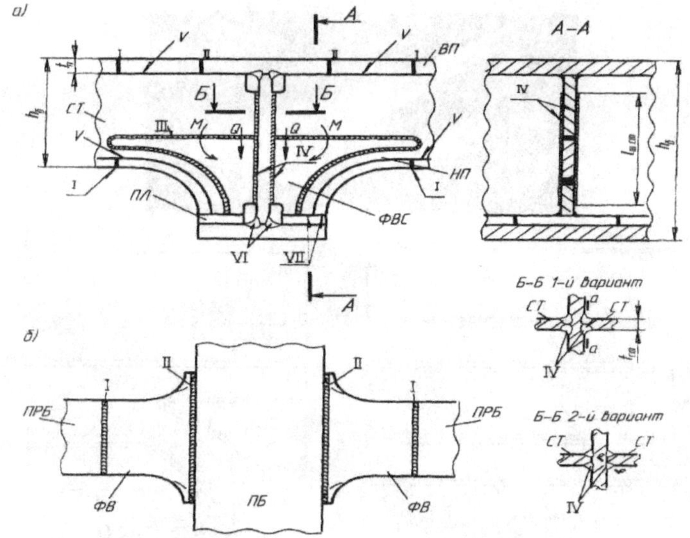

FV - wkładka kształtowa górnego pasa belek wzdłużnych;

FVS - wkładka kształtowa wzdłużnej ściany belki; I, II - połączenia spawane pasów belek; III - **połączenia spawane** wkładek i ścian *FVS;* IV - **połączenia spawane** ścian teowników; V, VI - **połączenia pasów belek**; VII - połączenia spawane płyt nośnych i wzdłużnych ścian belek.

Rysunek 82 - Spawana jednostka do mocowania belek wzdłużnych *PBB* Prowadzenie części jezdni konstrukcji przęsłowej do belki poprzecznej *PBB* na różnych wysokościach (wariant konstrukcyjny)

Należy jednak pamiętać, że wystarczająca niezawodność i wydajność urządzenia może być zapewniona nie tylko przez wysoką jakość jego wykonania, ale także przez właściwą konserwację podczas eksploatacji. Należy prowadzić regulowany nadzór nad wszystkimi elementami złączy spawanych w trakcie eksploatacji i terminowo dokonywać odpowiednich napraw.

Rozważane konstrukcje zespołów spawanych "dają" w tym celu pełną możliwość.

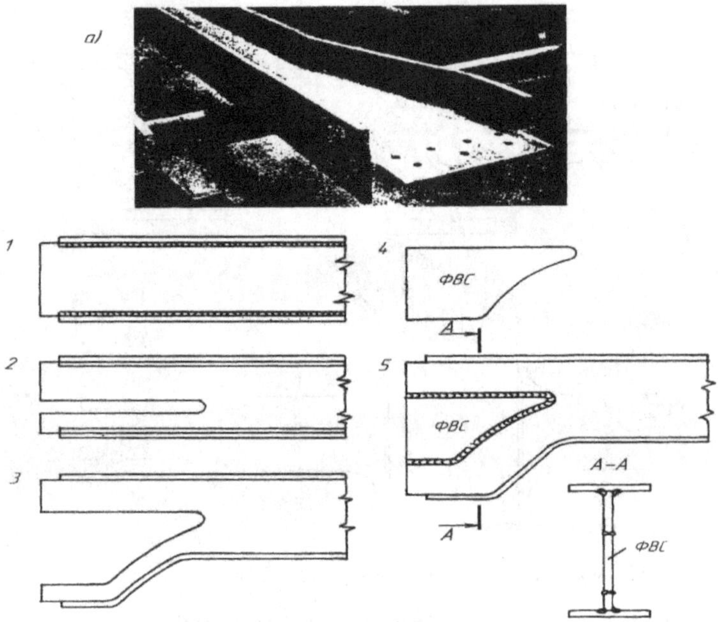

a - widok ogólny; b - schemat wykonania; 1 - **montaż i** spawanie belki zgodnie ze standardową metodą wykonania; 2 - wycinanie rowków; 3 - zginanie pasa dolnego; 4 - przygotowana wkładka kształtowa; 5 - montaż i spawanie wkładki oraz złącza belki

Rysunek 83 - Spawana zespolona belka dwuteowa z podwyższonymi odcinkami końcowymi

Przymocowanie belek poprzecznych do głównych kratownic jest jednym z najważniejszych elementów konstrukcji rozpiętościowej. W projekcie należy podjąć wszelkie możliwe środki w celu zminimalizowania możliwości wystąpienia zmęczenia materiału i kruchego uszkodzenia tych elementów złącznych. Nagłe zawalenie się tych wzmocnień może doprowadzić do zawalenia się całej konstrukcji przęsła.

Z tego powodu struktura opracowanej konstrukcji mocującej powinna zapewniać możliwość monitorowania stanu wszystkich elementów mocujących podczas eksploatacji. Warunek ten, jak już wspomniano, jest obowiązkowy przy projektowaniu wszystkich koniugacji, połączeń i jednostek spawanych konstrukcji przęsłowych. Jeśli ten warunek nie zostanie spełniony, jakość projektu nie może być bez wyjątku uznana za wysoką.

Weźmy pod uwagę dostępne typowe konstrukcje tych elementów złącznych z zastosowaniem ciernych połączeń śrubowych (Rysunek 59 *in*) i połączeń spawanych (Rysunek 84) w bezpośrednim porównaniu.

Porównanie tych struktur pozwala na łatwe ustalenie, że są one identyczne morfologicznie. Jest to całkiem naturalne, ponieważ położenie przywiązania i działające na nie siły są obiektywne i prawie niezależne od rodzaju połączenia. Jednocześnie czynnik ten może decydować o specyficznym projekcie łączonych elementów, kosztach produkcji oraz, co najważniejsze, właściwościach użytkowych konstrukcji, itp. Wszystkie te zależności projektant-projektant powinien przedstawić w sposób wystarczająco jasny zarówno w planie jakościowym, jak i ilościowym.

Biorąc pod uwagę przedstawione *na* rysunkach 59 i 84 warianty konstrukcyjne mocowania poprzecznicowego do głównej jednostki gospodarstwa ograniczymy nasze zadanie jedynie do ustalenia stopnia ich zgodności funkcjonalnej z przeznaczeniem mocowania i charakterem jego pracy.

W tym przypadku możliwa jest ocena stopnia efektywności ciernych połączeń śrubowych w porównaniu z połączeniami śrubowymi.

Struktura rozpatrywanych konstrukcji wynika głównie ze specyfiki belek poprzecznych. Ich głównym celem jest postrzeganie obciążeń eksploatacyjnych (tabela 3.1) i przenoszenie ich na główne gospodarstwa rolne za pomocą odpowiednich narzędzi. Charakter obciążenia pionowego z taboru jest cykliczny.

Drugim przeznaczeniem belek poprzecznych jest praca jako części ram poprzecznych, które zapewniły sztywność rozpiętości jako całości (Rysunek 33). Węzły ramowe muszą być sztywne. W dolnych zespołach tych ram krzyżowych sztywność zapewniają rozważane mocowania belek krzyżowych (poprzez ich przekroje nośne) do zespołów kratownic głównych.

Dlatego też sztywne mocowanie ram poprzecznych do węzłów głównych gospodarstw jest obiektywnie konieczne, ale ma negatywne konsekwencje. Gdy belka poprzeczna jest obciążona w odcinku podparcia, generowany jest reaktywny moment podparcia, który może zostać pochłonięty przez elementy łączące łączników - śruby (Rysunek 56 *c*) lub spoiny (Rysunek 84).

Od uderzenia momentu podparcia zgodnie z prawem rozkładu naprężeń w sekcji podparcia, najbardziej obciążone będą najbardziej zewnętrzne części tych połączeń.

W przypadku stosowania złączy ciernych na śrubach o wysokiej wytrzymałości, górne śruby będą pracować przy rozciąganiu, a dolne przy ściskaniu. Siły rozciągające, które są sumowane z siłami wstępnego naprężenia śrub, mogą spowodować, że całkowite naprężenie rozciągające przekroczy nośność obliczeniową materiału.

Nie wolno nam zapominać, że połączenia te przenoszą również siłę poprzeczną. W ciernych połączeniach śrubowych jest on postrzegany przez kontaktowe siły tarcia i nie ma wpływu na stan naprężenia materiału śruby.

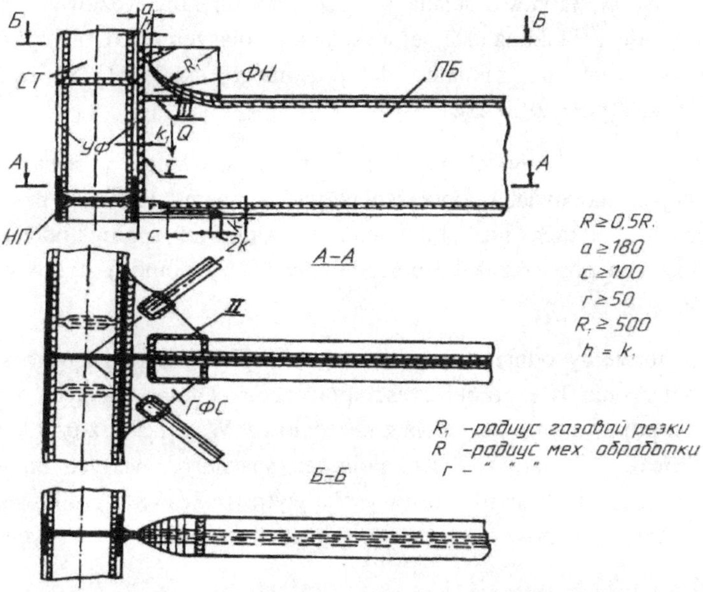

NP - pas dolny farmy głównej; *ST* - element pionowy (podwieszenie lub stojak) siatki głównej farmy; *PB* - **belka poprzeczna**; *FN* - nadbudowa konsoli ściany poprzecznej; *GFS* - **faza** pozioma do mocowania wiązań: *UV* - faza węzłowa farmy głównej; I, II - spawane złącza montażowe złączy głównych; *Q* - wyliczona siła poprzeczna w przekroju nośnym belki.

Rysunek 84 - Spawana poprzeczna jednostka mocująca kratę jezdni do dolnego pasa głównego gospodarstwa rolnego

Niemniej jednak, w celu poprawy warunków pracy śrub ciernych, przednia część ich montażu jest zwiększona poprzez zastosowanie fazerów narożnych ("ryb"), jak pokazano na Rys. 2. 59 *c*, pozuj. 7, przymocowany do górnego paska. Wielkość tego zwiększenia wybiera się poprzez obliczenie warunków wytrzymałościowych górnych śrub w rzędach pionowych.

W konstrukcji osprzętu pokazanego na Rysunku 84 zamiast złączy ciernych zastosowano złącza spawane. W swojej konstrukcji konstrukcja ta różni się zasadniczo od tej rozważanej tylko przez to, że belka poprzeczna jest przymocowana do węzła nie **przez** wszystkie elementy, ale tylko **przez** dwa - ścianę pionową (ST) i dolny pas (NP). Górny pas (UB) nie jest przymocowany i jest "rozerwany" w pobliżu skosów węzłowych (UV). Zerwanie taśmy jest zaprojektowane konstrukcyjnie jako płynne przejście

(Rysunek 84 *c*). Pionowa ściana jest spawana do fazy węzłowej Vtavr o pełnej grubości ścianki na całej jej wysokości (połączenie I). Dolny pas belki jest przyspawany na zakładkę do poziomego skosu (HFS) połączeń hamulcowych (połączenie II).

Wpływ siły na śruby cierne i połączenia spawane w rozważanych konstrukcjach mocowania poprzecznego jest taki sam, ale spoiny pracują w cięższych warunkach niż śruby cierne, ponieważ spoiny odbierają i przekazują siłę poprzeczną bezpośrednio, a nie za pomocą stykowych sił tarcia.

Moment obrotowy odniesienia powoduje przepięcie nakładającego się na siebie połączenia II i górnej części połączenia T-bone. W tych właśnie miejscach pojawiają się pęknięcia zmęczeniowe. W związku z tym lokalny, dziesiątkowo zdeformowany stan połączeń spawanych w tych miejscach określa w rzeczywistości nie dość wysoką wytrzymałość zmęczeniową, a co za tym idzie, zdolność do pracy wszystkich połączeń spawanych jako całości.

Rysunek 85 przedstawia wariant rozwoju rozważanej konstrukcji mocowania belki poprzecznej, który nie ma żadnych zauważalnych wad.

Rozważane konstrukcje spawanych węzłów i zapięć dają dość wyraźne wyobrażenie o ich cechach, zaletach i brakach. Jest oczywiste, że głównym zadaniem twórców tych konstrukcji było zapewnienie im wysokiej wytrzymałości zmęczeniowej.

Zadanie to jest w pełni rozwiązane poprzez zastosowanie znanego zestawu środków i technik projektowych i technologicznych. We wszystkich rozważanych opracowaniach znalazły odzwierciedlenie pomysły projektantów na urządzenie i rejestrację płynnych, bezstopniowych przejść w połączeniach i koniugacjach elementów. Ta technika projektowania jest znana jako jeden z najbardziej efektywnych sposobów na zwiększenie wytrzymałości zmęczeniowej stawów węzłowych i węzłów w ogóle.

W tym celu we wszystkich projektach zastosowano również obróbkę mechaniczną po spawaniu potencjalnych stref stężeń.

W konstrukcjach widać dość wyraźną tendencję do preferowania połączeń doczołowych. Niemniej jednak zastosowano również połączenia nakładające się na siebie (wymuszone) (Rysunek 84, przedział II). Chociaż powiązanie to znajduje się w miejscu oddziaływania stosunkowo niskich naprężeń cyklicznych, to jednak jest ono "słabym ogniwem" konstrukcji i oczywiście jej wadą.

W konstrukcjach stosowane są inne środki zapobiegania koncentracji naprężeń, w szczególności całkowite przenikanie elementów spawanych w grubości, konieczność spawania złącza montażowego w określonej kolejności.

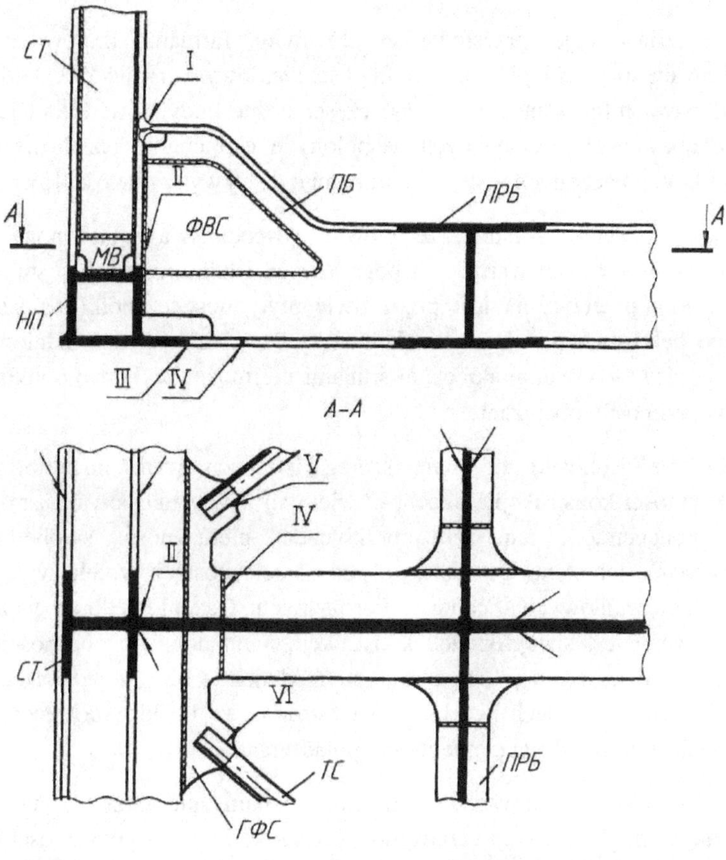

NP - pas dolny gospodarstwa głównego; *ST* - pionowy element siatki (stojak, podwieszenie) gospodarstwa głównego; *PB* - **belka** poprzeczna; *PB* - belka wzdłużna; *GFS* - odcinek poziomy spoin; I, II, III, IV - główne spoiny montażowe spoin węzłowych.

Rysunek 85 - Spawana poprzecznicowa jednostka mocująca, prowadząca jezdnię do dolnego pasa kratownicy głównej konstrukcji przęsłowej (opcja projektowa)

Dużą zaletą rozpatrywanych konstrukcji spawanych węzłów i osprzętu jest pełna otwartość połączeń spawanych, dająca możliwość ich swobodnej kontroli podczas eksploatacji i wykonywania terminowych napraw. Rozważane konstrukcje elementów, jednostek i osprzętu dodatkowego są typowymi rozwiązaniami. Powinny one zostać zbadane i wykorzystane jako część projektowanej struktury przęseł jako podstawowe opcje rozwoju.

6.6 Prace przy spawaniu elementów o wysokiej dostępności fabrycznej

Obecnie konstrukcje przęsłowe z głównymi farmami kratowymi są produkowane w Rosji głównie według standardowych projektów. Główne gospodarstwa rolne stanowią główne części nośne budynków. Składają się one ze spawanych zespawanych zespolonych elementów kształtowników pasów i krat, połączonych w zespoły śrubami o dużej wytrzymałości [5].

Taka konstrukcja gwarantuje, że główne gospodarstwa rolne mogą być montowane w każdych warunkach pogodowych i klimatycznych o stabilnej jakości. Siła przenoszona jest przez dwie płyty boczne (półki), a ściany zarówno belki dwuteowej, jak i sekcji skrzyniowej nie są uwzględnione w pracy, ponieważ w wersji skręcanej śrubami nie można wykonać podkładek tak, aby przenosiły obciążenie.

Jednocześnie jednostki te mają szereg istotnych wad: niski poziom produkcyjności konstrukcji i obecność większej liczby miejsc i obszarów o dużej koncentracji naprężeń; praktyczna niemożność swobodnego kontrolowania ich stanu technicznego podczas eksploatacji w celu wykrycia pęknięć zmęczeniowych i centrów korozyjnych. Ostatni niedobór węzłów spowodowany jest specyfiką ich konstrukcji, a mianowicie: obecnością w strukturze każdego z węzłów tego typu nakładek z blachy jednoczącej - kształtów zakrywających węzły z obu stron oraz bliskim dostępem do zagłębienia ze wszystkimi elementami i połączeniami.

Fakt ten, zgodnie z nowoczesnymi koncepcjami, nie pozwala nam na sklasyfikowanie konstrukcji urządzenia i konstrukcji przęsła jako całości jako niezawodnej i bezpiecznej w eksploatacji.

Aby stworzyć technologiczny i niezawodny w działaniu węzeł gospodarstwa metalowego, proponuje się wykonanie z dwóch wytłaczanych połówek, które są połączone szwami spawanymi i tworzą węzeł odbierający siły z połączonych kołnierzy spawanych, mocowanych do wzajemnych kołnierzy prętów gospodarstwa za pomocą zdejmowanych kołnierzy [46]. Jedna z wytłoczonych połówek urządzenia może mieć płaską powierzchnię boczną z otworami do połączenia z poprzecznicą jezdni mostowej. Rysunek 86 przedstawia konstrukcję zespołu; Rysunek 87 przedstawia połączenie jednego z gniazd zespołu z prętem kratownicy o przekroju rurowym przy użyciu kołnierzy i łączenie półhammaków.

Kuta spawana jednostka gospodarcza składa się z dwóch segmentów 1 i 2 ocynkowanych ogniowo, które są spawane ze sobą poprzez połączenie szwów łączących te segmenty w jedną monolityczną strukturę. Łącząc te segmenty otrzymujemy mufy cylindryczne, do których zgrzewane są kołnierze 3 i 4.

Podczas montażu mostu, gotowa jednostka jest połączona z prętami gospodarskimi za pomocą kołnierzy z dzielonymi półzaciskami, które mają stożkowe powierzchnie boczne umożliwiające dokręcenie pręta do jednostki bez luzu. Powierzchnie stożkowe półzacisków są wykonane pod kątem, który zapewnia efekt samoblokujący stałych półzacisków (Rysunek 87).

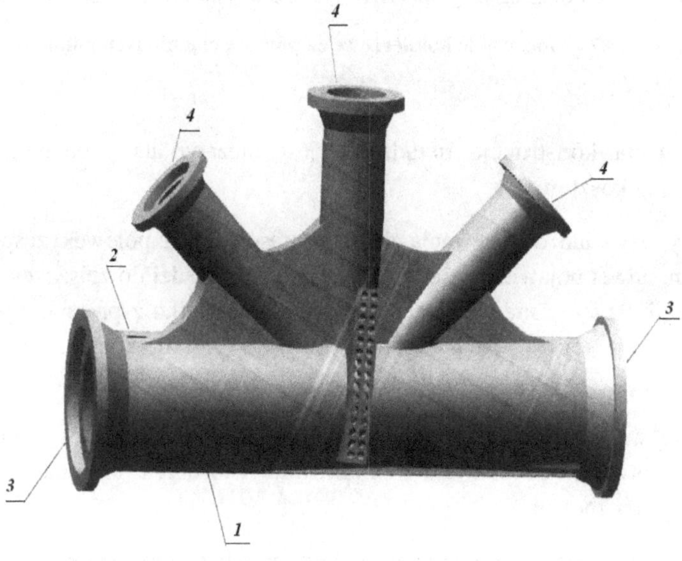

1 - wytłoczony segment węzła z otworami do mocowania belek poprzecznych; 2 - drugi (lustrzany) segment węzła; 3 - kołnierz do mocowania za pomocą taśmy ramy; 4 - kołnierz do mocowania prętów kratowych

Rysunek 86 - Spawana w tłoczeniu jednostka hodowlana

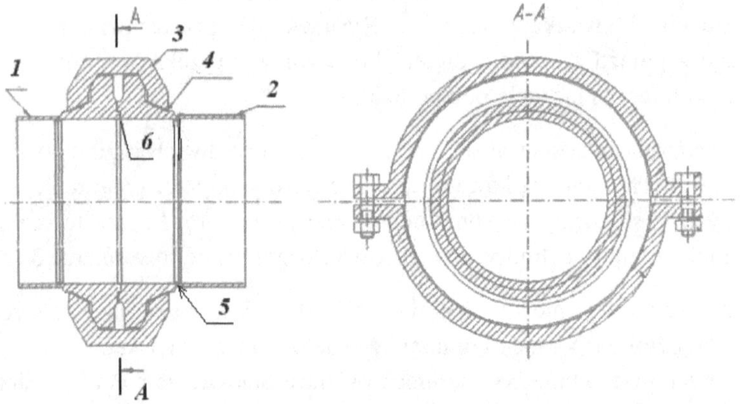

1 - pręt (rura) taśmy gospodarstwa; 2 - korpus spawany; 3 - półpłaszcz stożkowy; 4 - kołnierz do mocowania taśmą gospodarstwa; 5 - szew spawany; 6 - uszczelka stalowa

Rysunek 87 - Mocowanie kołnierzowe za pomocą ciągnionych półmłotów

Proponowana konstrukcja urządzenia jest niezawodna i bezpieczna w eksploatacji kosztem:

- Spoiny używane do spawania dwóch sprasowanych połówek zespołu są spoiwem, nawet pojawienie się w nich wad nie prowadzi do zniszczenia całej konstrukcji. Szwy te nie odbierają bezpośrednio wysiłku z prętów, a jedynie uczestniczą w redystrybucji wysiłku, co tworzy niezawodną konstrukcję węzła;

- fakt, że wszystkie połączenia spawane wytłaczanych połówek urządzenia pozostają otwarte, co pozwala monitorować jakość ich wykonania i stan podczas pracy mostu;

- możliwości obróbki cieplnej urządzenia po montażu i spawaniu jako całości w celu zmniejszenia naprężeń resztkowych i zwiększenia wytrzymałości;

- Możliwość zorganizowania zdalnego monitorowania stanu węzła w celu wykrycia poprzez pęknięcia zmęczeniowe za pomocą nadciśnienia wstrzykiwanego okresowo do wewnętrznej zamkniętej jamy węzła;

- czy sprzęgła są dokręcane kontrolowanymi śrubami, aby zapewnić wymaganą dokładność produktu;

- możliwość umieszczania uszczelek pomiędzy kołnierzami w celu dopasowania ich pomiędzy produktami;

- wysoka wytrzymałość zmęczeniowa wynikająca z braku miejsc i obszarów o dużej koncentracji naprężeń;

- wysoka odporność na korozję atmosferyczną ze względu na brak miejsc gromadzenia się wilgoci i trwale zwilżonych zanieczyszczeń;

- łatwość konserwacji, w tym możliwość łatwego monitorowania wszystkich elementów i połączeń podczas eksploatacji za pomocą wszelkich możliwych środków;

- w pełni fabrycznie wykonane z zastosowaniem automatycznych i zautomatyzowanych metod spawania zapewniających wysoką jakość połączeń spawanych;

- pełna kontrola spoin dla pęknięć na zimno i na gorąco.

Spawany dwuwarstwowy korpus jednostki gospodarskiej. Aby zwiększyć niezawodność i poprawić przetwarzalność, zaleca się wykonanie korpusu urządzenia jako dwuwarstwowego (Rysunek 88) [47].

W tym przypadku, montaż metalowej podwójnej siatki bez stojaków hodowlanych składa się z rury wewnętrznej (1) o przekroju koniecznym do zapewnienia nośności taśmy hodowlanej, na końcach tych kołnierzy rurowych (3) są spawane do połączenia z sąsiednimi prętami. Od strony zewnętrznej rura wyposażona jest w osłonę (2), uformowaną z blachy, z wytłoczonymi szyjkami, do których przyspawane są mufki (4) z kołnierzami, łączącymi je z rozpórkami młyna.

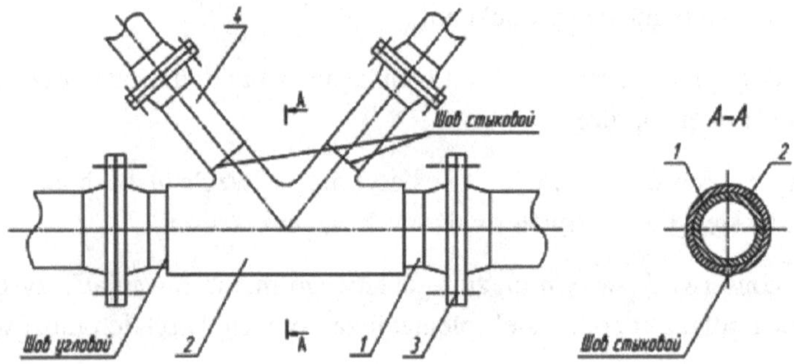

1 - główna rura nośna zespołu; 2 - rura zewnętrzna (płaszcz) z wyciskanymi króćcami; 3 - kołnierz przyspawany do rury nośnej; 4 - króćce przedłużające do komunikacji przez kołnierze z rozpórkami dźwigu.

Rysunek 88 - Dwuwarstwowa jednostka gospodarstwa rolnego

Płaszcz ściśle przylega do powierzchni rury wewnętrznej i do strony przeciwległej do króćców, jego krawędzie są przyspawane do siebie i to samo połączenie jest przyspawane do rury wewnętrznej jak na pozostałej okładzinie stalowej. Boczne krawędzie powłok obwodowych są przyspawane do zewnętrznej powierzchni rury wewnętrznej. Taka konstrukcja zespołu kratownicy metalowej zapewni wytrzymałość pasa kratownicy pod działaniem zarówno obciążeń rozciągających, jak i ściskających, a powłoka, ściśle przylegająca do rury, zapewni sztywność zespołu oraz wytrzymałość na ściskanie i rozciąganie w rozpórkach kratownicy. Tak więc siła wzdłużna w jednej z dwóch rozpórek węzła będzie się rozciągać, a siła w drugiej rozpórce będzie się ściskać z identyczną wielkością siły, co prowadzi do wzajemnej kompensacji rzutów pionowych sił w tych rozpórkach, co zmniejsza wielkość ciśnienia roboczego w węźle i zwiększa jego cykliczną wydajność roboczą. Wytłaczana szyjka z płynnym przejściem od pasa do rozpórki zapewnia przenoszenie siły w węźle bez koncentracji naprężeń, co zwiększa wydajność i trwałość węzła rolniczego pod wpływem obciążeń wielocyklowych.

Taka konstrukcja zespołu kratownicy metalowej zapewni wytrzymałość pasa kratownicy pod działaniem zarówno obciążeń rozciągających, jak i ściskających, a powłoka ściśle przylegająca do rury zapewni sztywność zespołu oraz wytrzymałość sił ściskających i rozciągających w rozpórkach kratownicy.

Jeśli ściśnięcie szyjek jest technicznie trudne, możliwy jest inny wariant montażu dwuwarstwowego (Rysunek 89) [48]. Proponuje się metalowy agregat farmy, składający się z rury wewnętrznej z przyspawanymi kołnierzami na końcach rury do połączenia z prętami taśmy farmy. Na rurze wewnętrznej zakłada się rurę zewnętrzną i spawaną wzdłużnie z rurą wewnętrzną płaszcza z otworami, w które wsuwa się króćce rozpórków, które są odkształcone w celu uzyskania obrzeża, które są połączone z krawędziami otworu w szwie złącza płaszcza (Rysunek 89).

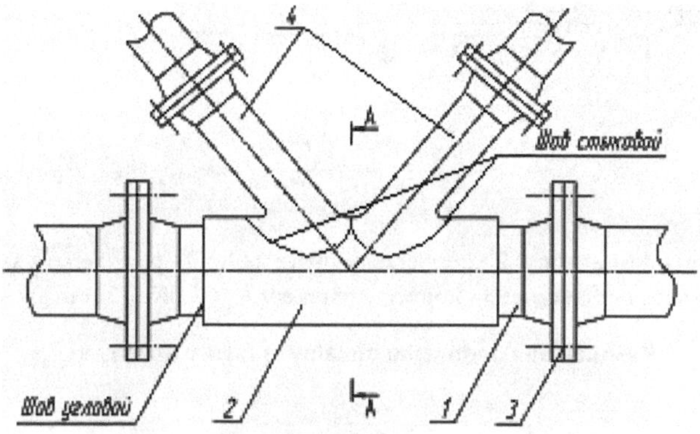

1 - główna rura nośna węzła; 2 - rura zewnętrzna (płaszcz) z otworami do połączenia z rozpórkami; 3 - kołnierz przyspawany do rury nośnej; 4 - króćce przedłużające rozpórki z pasami kołnierzowymi do połączenia przez połączenia z węzłem ramy

Rysunek 89 - Dwuwarstwowa jednostka gospodarcza z prętami rurowymi

W celu uproszczenia technologii wytwarzania szczegółów węzła z Rysunku 89 proponuje się inną wersję projektu węzła, pokazaną na Rysunku 90 [49].

Metalowy zespół kratownicy mostowej składający się z rury 1 z przyspawanymi do niej kołnierzami 2 do połączenia z prętami pasa kratownicy mostowej, różniący się tym, że zawiera dodatkowo pierścienie 3 z szyjkami, do których przyspawane są króćce 4 z kołnierzami 5 do połączenia z prętami kratownicy mostowej, Szyjki są wykonane z płynnym przejściem z profilu rurowego do pierścienia, pierścienie na całym obwodzie są przyspawane do rury zespołu i posiadają gwintowany otwór 6 do podłączenia mufy w celu sprawdzenia szczelności spoin.

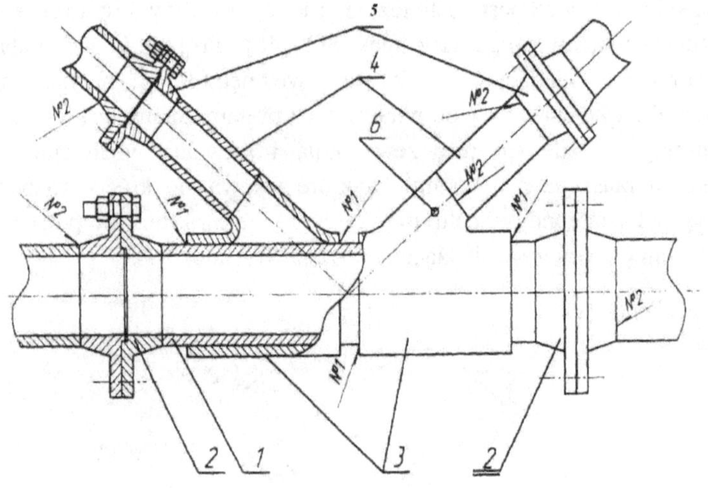

1 - centralna rura nośna taśmy; 2 - kołnierze taśmy zespołu; 3 - pierścienie z szyjkami; 4 - króćce poprzeczne; 5 - kołnierze poprzeczne; 6 - otwór sterujący

Rysunek 90 - Jednostka metalowej farmy mostowej

Węzły z płytami nośnymi. Analizując siły w prętach w gospodarstwach bez rozpórek i wisiorków, możemy stwierdzić, że siły w prętach jednostki gospodarstwa są wzajemnie zrównoważone (jedna z rozpórek jest rozciągnięta, a druga - w tym przypadku ta sama siła jest ściskana). Zasada ta zawsze działa, a z dwóch rozpórek, które zbiegają się w zespole zgodnie z zasadami mechaniki budowlanej, można łatwo zdefiniować przy maksymalnych siłach w analizowanych rozpórkach ściskany i rozciągany pręt, a ta cecha rozkładu sił może być wykorzystana do niezawodnego i łatwego mocowania prętów kratownicowych w zespołach kratownic głównych [50].

W celu poprawy wydajności przy zmęczeniowym charakterze obciążenia i poprawy produkcyjności konstrukcji mostu proponuje się zaprojektować farmę węzłową z podwójną kratą lub z kratą romboidalną z prętami wykonanymi z rur, nie ciętych, oraz poprzez pasy spawane z płytami nośnymi, wstawiane w rowki przelotowe w farmie z nie ciętych taśm w środku każdego węzła kratownic głównych. Płyty nośne przechodzą przez rurę przez i na zewnątrz na przeciwległą stronę rury i po obu stronach płyty są spawane do rury za pomocą jednostronnego spawania Taurus z pełną penetracją grubości ścianki rury. Na krawędziach każdej płyty znajdują się otwory na śruby wzdłuż osi wzdłużnej rury. Koniec każdego z dwóch pasów rurowych kratownic zbiegających się w zespole odkształca się, dzieląc rurę na dwa paski pokrywające rurę talii aż do płaszczyzny płyty podstawowej, przy czym końce pasków zostają oderwane, a oderwane powierzchnie połączone śrubami z płytą podstawową zespołu (rysunek 91).

Pręty kratowe łączy się z zespołem w następującej kolejności: pierwszy z nich montuje się na płycie podstawy rozpórki z siłą rozciągającą, drugi (zewnętrzny) pręt ściskany.

Rysunek 91 *a* przedstawia węzeł kratownicy o układzie rombowym kratownicy mostowej z odcinkiem A - A. Konstrukcja węzła zawiera pręt przelotowy 1 pasa kratownicy, w środku węzła symetrycznie na przecięciu rozpórek znajduje się płyta podstawowa 2, przyspawana po obwodzie do rury. Ściśnięta rozpórka 3 i rozciągnięta rozpórka 4 są połączone z płytą podstawową śrubami 5. Na każdym z rozpór wycina się go na wąskim pasku metalu z gładkim zaokrągleniem R w górnej części cięcia w celu zmniejszenia koncentracji naprężeń przed deformacją końcową w diametralnie ułożonych strefach rozpuszczania. Rozciąg 4 montuje się najpierw na płycie podstawy, a rama ściskana 3 dociska dolną, odłączaną od płyty, do płyty z jej powierzchnią nośną. W zależności od stanu konstrukcji statycznych suma rzutów wszystkich sił w węźle na pionową oś Y jest równa zeru: $\sum P_y = 0$. Dla jednostki gospodarstwa, pionowe rzuty sił P3 i P4 będą równe wielkości i przeciwne w znaku, a ich całkowity nacisk na płytę podstawową będzie zerowy. Poziome występy siły w rozpórkach P3g i P4g są skierowane w jednym kierunku, a ich suma daje siłę ścinającą, która będzie odbierana przez śruby cierne 5, a przez nie przenoszona na płytę podstawową urządzenia rolniczego. Płyta nośna 2 jest umieszczona wzdłuż osi rury równolegle do sił wzdłużnych P1 i P2 działających w rurze, więc obecność płyty nie spowoduje znacznych stężeń naprężeń w ściance rury.

Taka konstrukcja urządzenia rolniczego umożliwi fabryce produkcję przez pręty taśmowe o maksymalnej długości do transportu lub z łącznikami kołnierzowymi w środku jednego z paneli każdej taśmy. Pręty krat pomostowych mogą być wykonane w jednym kawałku bez połączeń technologicznych i są połączone z pasami kratownicowymi na montażu za pomocą śrub ciernych. Proponowany projekt jednostki gospodarczej może być stosowany w mostach z innymi schematami kratownic. Jeżeli w konstrukcji mostu znajduje się płyta ortotropowa, może być ona umieszczona na elementach nośnych rozpórek i przymocowana za pomocą śrub 5.

a

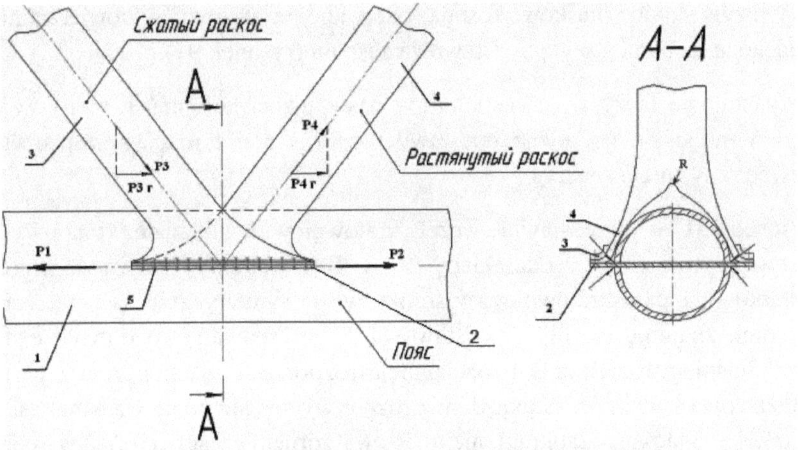

б

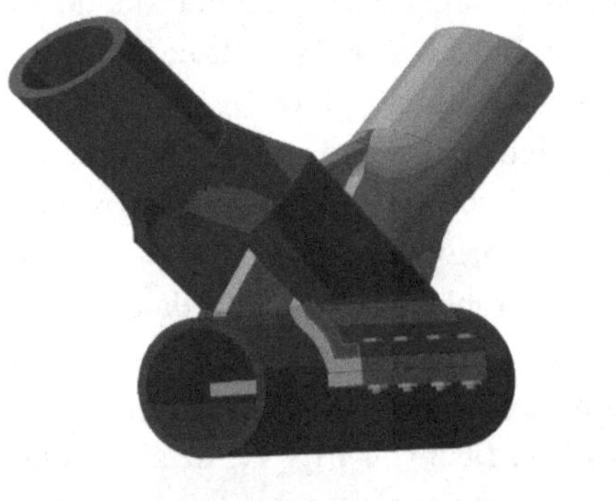

a) schemat obciążeń w węźle rolniczym: 1 - pręt przelotowy pasa rolniczego; 2 - płyta nośna; 3 - stężenie ściskane; 4 - stężenie rozciągane; 5 - śruby cierne mocujące stężenie o dużej wytrzymałości b) widok ogólny węzła rolniczego

Rysunek 91 - Zespół gospodarstwa rolnego z płytą podstawową

6.7 Zwiększenie niezawodności i bezpieczeństwa eksploatacji konstrukcji przęsłowych

Przęsła sprężone

W kratownicach naprężenie wstępne może być wykonane przez dokręcenie, w kratownicach nie ciętych przez przesunięcie podpór. W przypadku kratownic tnących głównym sposobem na wytworzenie naprężenia wstępnego jest ich naprężenie za pomocą materiałów o wysokiej wytrzymałości (lin stalowych, wiązek drutów o wysokiej wytrzymałości itp.). Elementy złączne powinny być umieszczone tak, aby w wyniku ich naprężenia w najbardziej obciążonych prętach gospodarstwa występowały siły odwrotne do sił pochodzących od obciążenia zewnętrznego. Rozmieszczenie naprężaczy decyduje o charakterze sprężania i pracy w gospodarstwie.

Ściągacze mogą być umieszczane w obrębie długości poszczególnych prętów pracujących pod obciążeniem rozciągającym, tworząc w nich naprężenie naprężające.

Metoda ta może być skuteczna tylko w przypadku ciężkich gospodarstw, gdzie każda wędka jest elementem zwrotnym. Bary są następnie sprężane w fabryce.

W gospodarstwach, w których taśma (pracująca przy rozciąganiu) ma znaczny ciężar właściwy pod względem zużycia metalu, można zastosować jedno dokręcenie, aby wytworzyć naprężenie ściskające we wszystkich panelach taśmy, a tym samym znacznie zmniejszyć jej ciężar.

W celu wydłużenia okresu bezpiecznej eksploatacji mostu i zwiększenia jego nośności zaproponowano konstrukcję rozpiętościową kratową mostu metalowego zawierającą dolny pas, który wyróżnia się tym, że dolny pas jest ściskany w kierunku podłużnym przez naprężony kabel metalowy [38; 39; 51; 52]. Naprężona lina tworzy naprężenie ściskające w prętach dolnego pasa. Gdy na moście umieszczane jest obciążenie mostu, np. pociągiem kolejowym, generowane przez niego naprężenie rozciągające jest częściowo kompensowane przez wstępne sprężenie dolnych prętów taśmowych. Całkowite naprężenie rozciągające dolnych prętów pasowych jest zatem mniejsze w porównaniu z pasem nienaciągniętym. Zmniejszenie naprężeń rozciągających na dolnych prętach taśmowych pod normalnym obciążeniem spowalnia zużycie zmęczeniowe metalu, wydłużając tym samym bezpieczny okres eksploatacji mostu. Ponadto tworzy to dodatkowy margines bezpieczeństwa, który zwiększa nośność mostu.

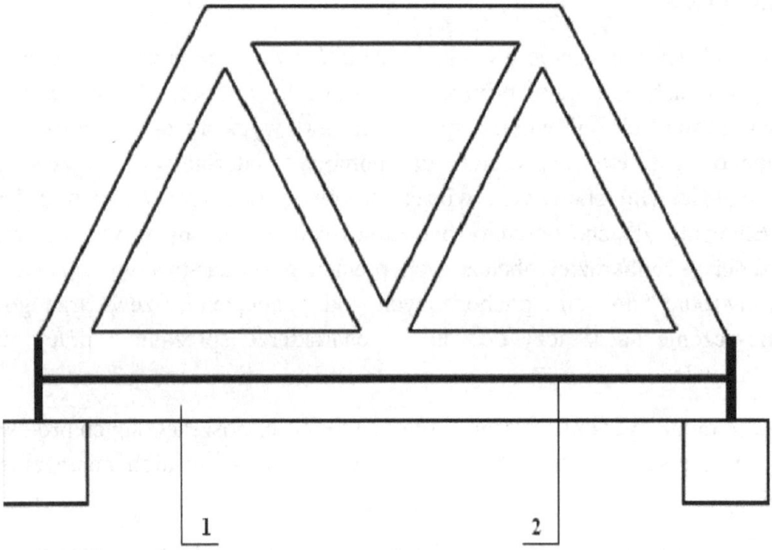

1 - dolny pas; 2 - naciągnięta lina ściskająca dolny pas

Rysunek 92 - Schemat konstrukcji rozpiętościowej mostu z kratą metalową z dolnym pasem wstępnie sprężonym za pomocą kabla

Przy tworzeniu sił wstępnego ściskania prętów celowe jest stworzenie i system monitorowania stanu szczelności pasa rozciąganego dna, jako najbardziej narażonego na uszkodzenie zmęczeniowe (rys. 93) [51; 52].

Rysunek 93 - System monitorowania stanu naprężeń i odkształceń w konstrukcji przęsła mostu kratowego

Opis konstrukcji urządzenia: - system monitorowania stanu w stanie odkształceń dziesiątkowych metalowego mostu kratowego zawiera urządzenie tenzometryczne 1 wraz z tensometrami, a tensometry są założone na stalowym pręcie 2 przenoszącym siłę wstępnego naprężenia na lince metalowej 3 ściskającej dolny pas mostu w kierunku wzdłużnym, oprócz systemu monitorowania zawiera urządzenie sygnalizacyjne 4.

Działanie urządzenia jest następujące. W przypadku powstania pęknięcia w konstrukcji nośnej mostu przy obciążeniu czasowym pociągu, dochodzi do niestandardowej deformacji łańcucha nośnego: dolny pas - kabel - trakcja. Jeśli którekolwiek z prętów dolnego pasa ulegnie uszkodzeniu, integralność obwodu zasilania dolnego pasa zostanie naruszona, a cała siła dolnego wydłużonego pasa będzie odbierana przez naciągnięty przewód. Ta siła awaryjna będzie znacznie większa niż zwykła siła normalna przy zachowaniu integralności rozciągniętego pasa. Przy tym obciążeniu awaryjnym naprężenie w metalu trakcyjnym wzrasta powyżej ustalonego wcześniej poziomu naprężenia rozciągającego w trakcji. Deformacja czujników wagowych zmienia się odpowiednio. Informacja o tej zmianie jest przesyłana do sygnalizatora, na przykład do komputera, który wygeneruje alarm, jeśli napięcie zmieni się powyżej dopuszczalnej wartości granicznej.

Stalowy pręt, który przenosi siłę naprężenia wstępnego na linę metalową ściskającą dolny pas mostu w kierunku wzdłużnym, ulega równomiernemu naprężeniu rozciągającemu w całym swoim przekroju poprzecznym. Dlatego zainstalowanie na nim czujników wagowych pozwala na prawidłową ocenę odkształceń ciągnienia i liny, co zapewnia adekwatność odkształceń czujników wagowych i konstrukcji energetycznych mostu.

Podłączenie czujników wagowych do urządzenia sygnalizacyjnego, np. komputera zaprojektowanego z możliwością wyzwolenia sygnału niebezpieczeństwa, daje natychmiastowy alarm w przypadku zmian napięcia powyżej dopuszczalnej wartości granicznej.

Informacje, które potwierdzają, że komputer może wykonywać określoną funkcję przypisaną do niego w tym urządzeniu, są następujące.

Komputer sprawdza, czy wartość sygnału czujnika wagowego mieści się w zakresie tolerancji. Jeżeli sygnał przekroczy wartość progową, komputer wysyła polecenie włączenia sygnalizatora.

Tak więc proponowany system monitorowania stanu naprężeń i odkształceń metalowego mostu kratowego zwiększa niezawodność monitorowania, niezawodność i wydajność systemu.

W przypadku pęknięcia rozciągniętej liny z jej całkowitym rozłączeniem, całe obciążenie dolnego pasa zostanie przejęte przez linę naprężoną; dlatego też przekrój poprzeczny liny musi zapewniać jej działanie w obszarze sprężystym obciążenia, co wyklucza nagłe kruche pękanie liny jako systemu nośnego z dużej liczby cienkich drutów, którego kruche pękanie jest konstruktywnie wykluczone.

Obecność wstępnie naprężonej liny o przekroju wystarczającym do wytrzymania maksymalnych sił rozciągających w przypadku zmęczenia lub kruchego pęknięcia dolnego pręta pasowego, eliminuje przypadkowe pęknięcie mostu, a tym samym zwiększa jego niezawodność.

Zwiększenie stabilności prasowanych prętów rolniczych. Sprężone pręty hodowlane są dłuższe, czasami ponad 20 metrów długości, co zwiększa ich elastyczność i zmniejsza współczynnik oporu φ. W celu zwiększenia stabilności sprasowanych długich prętów wykonanych z pełnych rur okrągłych lub prostokątnych, jak również pełnych spawanych prętów skrzynkowych, proponuje się wypełnienie wewnętrznej przestrzeni sprasowanych prętów światłem, np. materiałem ceramicznym (ceramicznym). Ta innowacja zwiększy stabilność sprasowanego rdzenia przy niewielkim wzroście jego masy [37].

Rozdział 6: Obliczanie kości wysokich

1) Przepisy podstawowe

Na obliczeniach projektowych projekty metalowe są wydawane w dwóch etapach. Pierwszym z nich **jest** określenie sił obliczeniowych w elementach konstrukcyjnych. Drugim **jest** obliczanie struktur metodą stanów granicznych.

Definicję zabiegów osiadania w elementach mostu kratowego na pierwszym etapie obliczeń można przeprowadzić zarówno tradycyjną metodą linii oddziaływania, jak i z wykorzystaniem programów komputerowych na metodzie elementów skończonych.

Przęsła mostu mają strukturę przestrzenną. Aby uprościć obliczenia wzdłuż linii wpływów, konstrukcja jest podzielona warunkowo na oddzielne układy płaskie i obliczona oddzielnie, ale z pewnym uwzględnieniem ich pracy zespołowej.

We wszystkich przypadkach jako podstawowy przyjmuje się system definiowalny statycznie i niezmienny.

Schemat osiadania każdej części konstrukcji przęsłowej powinien w pełni odpowiadać przyjętemu schematowi geometrycznemu projektu, przy którym w trakcie projektowania należy dać pierwszeństwo projektom typowym (tabela 4.1, rysunek 25).

Nie jest wykluczona możliwość opracowania nietypowego, oryginalnego projektu konstrukcji przęsła.

Wyznaczenie wyliczonych sił powinno być poprzedzone obliczeniem statycznym konstrukcji według wybranego schematu z budową linii wpływu sił wzdłużnych, momentów zginających, sił poprzecznych w stosunku do poszczególnych elementów konstrukcji i celów kolejnych obliczeń.

Obliczone siły w elementach konstrukcyjnych elementów konstrukcji przęsłowej - prętach kratownicowych i belkach jezdnych - są określane poprzez obciążenie linii oddziaływania kombinacją obciążeń określonych przez normy (patrz rozdział III).

Normatywne obciążenia zewnętrzne i uderzenia (stałe, chwilowe ruchome, wiatr, hamowanie itp.) - przy wykonywaniu odpowiednich obliczeń przyjmuje się w najbardziej niekorzystnych kombinacjach. Kombinacje te są różne dla każdego obliczonego elementu i muszą być znalezione i określone ilościowo.

Błędy w ocenie obliczonych wartości siły w elementach są niedopuszczalne.

W obliczeniach wytrzymałościowych jako siły obliczeniowe przyjmuje się maksymalne siły wynikające ze wszystkich możliwych obciążeń w ich niekorzystnych kombinacjach. W trakcie projektowania są to obciążenia o numerach 1, 2, 3, 6 i 7 zgodnie z tabelą 3.1.

W obliczeniach wytrzymałościowych obliczone siły w elementach są określane tylko na podstawie oddziaływania stałych i tymczasowych obciążeń ruchomych (nr 1, 2 i 3), również w ich niekorzystnych kombinacjach. Wartości obliczonych sił w elementach kratownic głównych są określane przez odpowiednie obciążenie linii oddziaływania.

Po określeniu obliczonych sił, kształt i przekrój poprzeczny elementów dobierany jest w zależności od warunków wytrzymałościowych lub stabilności.

W przypadku akceptacji przekrojów poprzecznych elementów wykonywane są badania wytrzymałościowe i stabilizacyjne.

Pręty w głównych gospodarstwach i belki jezdni muszą być sprawdzone pod kątem wytrzymałości w niebezpiecznych przekrojach.

Obliczenia konstrukcji stalowych przęseł mostów kolejowych przeprowadza się metodą stanów granicznych, przy których wystąpieniu niemożliwa staje się eksploatacja konstrukcji bez naprawy lub wzmocnienia.

Pierwsza grupa (I) stanów granicznych, które mogą wystąpić w konstrukcjach rozpiętościowych, obejmuje:

- nadmierne odkształcenia sprężyste elementów i konstrukcji jako całości;
- płynność materiału;
- utrata stabilności ściskanych elementów i płyt;
- pojawienie się pęknięć zmęczeniowych;
- Kruche zniszczenie (całkowite lub częściowe);

• nadmierna redukcja wymiarów przekrojów roboczych elementów na skutek korozji.

Wystąpienie któregokolwiek z tych stanów granicznych zasadniczo niszczy konstrukcję danego typu (patrz rozdział V) i może spowodować awarię mostu jako całości.

Dlatego też podczas projektowania konstrukcji rozpiętościowej należy podjąć wszelkie możliwe środki w celu zapewnienia, że wszystkie wyżej wymienione stany graniczne nie wystąpią podczas eksploatacji.

Wykonalność elementu konstrukcyjnego w obliczeniach w stanie granicznym I jest zapewniona przy wykonywaniu stanu granicznego I

$$\sum Ng + \sum NY \leq RY \text{-A-m/ } gn \qquad (6.1)$$

gdzie Ng **jest** wysiłkiem od stałych obciążeń;

Nv - siły od obciążeń czasowych (patrz 3.2);

Ry - obliczeniowa nośność stali mostowych (tabele 3.5 i 3.6);

m - współczynnik warunków pracy [6];

gn - współczynnik niezawodności do tego celu, uwzględniający stopień odpowiedzialności elementu; przyjęty warunkowo w projekcie kursu gn = **1;**

A - charakterystyka geometryczna elementu obliczonego przekroju poprzecznego (powierzchnia, moment oporu, itp.).

Wzór (6.1) to matematyczny model zachowania się obliczonych elementów (prętów i belek) pod obciążeniem statycznym w strefie sprężystości pracy materiału (stal, $Ry < \sigma T$). Lewa strona roszczenia odzwierciedla wpływ zewnętrzny na element, prawa strona odzwierciedla nośność elementu. Zachowanie warunków określonych we wzorze, eliminuje możliwość wystąpienia płynności materiału w obliczonym przekroju elementu, co gwarantuje jego wytrzymałość pod obciążeniem statycznym.

Wytrzymałość (stabilność) ściskanych prętów jest gwarantowana przez spełnienie tych samych warunków, ale po prawej stronie nierówności znajduje się dodatkowy współczynnik zginania wzdłużnego $\varphi < 1$, który uwzględnia specyficzne zachowanie się prętów pod wpływem wzdłużnej siły ściskającej.

Wzór (6.1) jako model matematyczny składa się z założenia równomiernego rozkładu naprężeń w obliczonych przekrojach elementów. Nie jest brany pod uwagę efekt koncentracji naprężeń powstający w materiale elementów w dowolnym stopniu ich niejednorodności geometrycznej na całej długości.

Założenie to, jak pokazuje doświadczenie, jest dość dopuszczalne przy obliczaniu wytrzymałości statycznej elementów wykonanych z tworzyw sztucznych i materiałów ciągliwych, takich jak stal mostowa.

W niskich temperaturach (patrz 3.3) i/lub przy obciążeniu cyklicznym, założenie to jest nie do przyjęcia, gdy komora posiada obszary o dużej koncentracji naprężeń. W tych przypadkach rzeczywista wytrzymałość elementu lub połączenia jest określana nie na podstawie charakterystyki geometrycznej obliczonego przekroju, lecz na podstawie współczynnika koncentracji naprężeń, którego wielkość i stopień zagrożenia jest określany na podstawie obliczeń wytrzymałościowych lub oceniany doświadczalnie.

2) Określenie siły w elementach gospodarstwa głównego

Główne gospodarstwa rolne znane są z płaskich konstrukcji prętowych ze sztywnymi jednostkami. Obliczenia dotyczące głównych gospodarstw przedstawiono na rysunku 26. W celu uproszczenia metod obliczeń statycznych w schematach projektowych, zespoły sztywne zostały zastąpione przez przeguby elementów obrotowych lub krótkie zawiasy.

System obliczeń głównych gospodarstw rolnych powinien być określony statycznie i niezmienny geometrycznie. Statyczne obliczanie takich gospodarstw jest stosunkowo proste.

Statycznie niedefiniowalne gospodarstwa, których obliczanie według zasad statyki konstrukcji wymaga zastosowania specjalnych metod, lub obliczenia takich gospodarstw mogą być wykonywane na podstawie metody elementów skończonych w programie 3D FERM.

Gospodarstwo może być załadowane tylko w węzłach. Przy tej metodzie załadunku, elementy gospodarstwa pracują tylko na siłach wzdłużnych niż samo gospodarstwo i różnią się od ramy, której elementy pracują również na zginanie i cięcie.

Należy pamiętać, że gospodarstwo może również pracować pod wpływem ciągłego, równomiernie rozłożonego obciążenia. Ale nawet w tym przypadku, kratownica urządzenia konstrukcji jezdni pozwala na przenoszenie tego ciągłego obciążenia na główne gospodarstwa tylko przez węzły.

Siły w elementach (prętach) głównych gospodarstw rolnych wynikają z szeregu obciążeń, które zostały podane w tabeli 3.1 niniejszej instrukcji pod odpowiednimi numerami.

Przy określaniu sił w głównych elementach kratownicy bierzemy pod uwagę tylko oddziaływanie kombinacji głównej, która obejmuje następujące obciążenia:

- Stałe obciążenia pionowe pochodzące od ciężaru własnego konstrukcji stalowych konstrukcji przęsłowej (nr 1) oraz od ciężaru dna mostu (nr 2);
- tymczasowe obciążenie pionowe z taboru (nr 3);
- tymczasowe poziome obciążenie wzdłużne spowodowane hamowaniem lub przyspieszaniem taboru (nr 6);
- tymczasowe poziome poprzeczne obciążenie wiatrem (nr 7).

Siły od obciążeń pionowych, stałych i czasowych, określamy regułami statyki konstrukcji za pomocą linii oddziaływania, które wstępnie powinny być wykonane.

Przy obliczaniu siły elementów skończonych w prętach za pomocą programu 3D FERM konieczne jest określenie wpływu powyższych obciążeń w każdym węźle gospodarstwa.

Siły od stałych obciążeń pionowych określa się według wzoru

$$Ng = 0{,}5qn1 - \gamma fg - (\sum\omega) + 0{,}5qn2 - \gamma fg - (\sum\omega), \quad (6.2).$$

gdzie Ng **jest** siłą wzdłużną w głównym elemencie gospodarstwa od obciążeń stałych nr 1 i nr 2, (tc);

0,5qn1- natężenie równomiernie rozłożone na długości przęsła obciążenia od ciężaru własnego konstrukcji metalowych w jednym gospodarstwie, t/m;

0,5qn2- intensywność równomiernie rozłożonego na całej długości przęsła obciążenia od ciężaru dna mostu na jednym gospodarstwie, t/m;

γfg - współczynnik niezawodności przy obciążeniu [6, tabela 8];

$\Sigma\omega$ - pełna (całkowita, biorąc pod uwagę oznaczenia powierzchni) powierzchnia linii oddziaływania wymaganej siły, m.

Metoda oznaczania qnl została omówiona w punkcie 3.2 niniejszej instrukcji.

Wartość obciążenia qn2 zależy od wyboru typu podłoża mostowego (Rysunek 24). Dla "jazdy poprzecznej" qn2 = 2 t/m; dla "jazdy balastowej" qn2 = 6 t/m. Uzasadnienie wyboru jest również rozważane w s. 3.2.

Przyjmuje się, że wartość współczynnika γfg wynosi 1,3 lub 0,9. Dla każdego przypadku wybiera się jedną z tych dwóch wartości, aby obliczyć, że całkowite oddziaływanie obciążeń stałych i czasowych będzie największe.

Na liniach wpływu jednego znaku (szyba pasowa) przyjąć γfg = 1,3.

Należy wziąć pod uwagę, że obciążenie Ng pochodzące od ciężaru własnego konstrukcji stalowych oraz ciężaru blachy mostowej jest składnikiem stałym we wszystkich możliwych kombinacjach obciążeń i wpływów, które określają siły w elementach głównych kratownic.

Siły pochodzące z chwilowego pionowego obciążenia ruchomego określa się za pomocą wzoru

$$NV=0{,}5qe \cdot \gamma fv \cdot (1+\mu) \cdot \omega \quad , (6,3)$$

gdzie Nv **jest** siłą wzdłużną w głównym elemencie gospodarstwa, t; znak siły jest określony przez znak powierzchni linii oddziaływania ω;

0,5qe - natężenie równoważnego równomiernie rozłożonego obciążenia pionowego taboru (na jedno gospodarstwo), w zależności od długości obciążenia λ i wartości współczynnika α, t/m; (tabela 3.2);

γfv - współczynnik niezawodności przy czasowym obciążeniu pionowym [6, tabela 13];

1+ μ = 1,20 - współczynnik dynamiczny;

Obszar linii wpływu (ω) definiuje **się** jako: w przypadku jednoznacznej linii wpływu, cały obszar linii wpływu (łącznie ze znakiem), m; w przypadku dwucyfrowej linii wpływu, pod uwagę brany jest tylko obszar odpowiadający obszarowi linii wpływu (łącznie ze znakiem), m.

Siła w każdym z prętów farmy wynikająca z obciążenia wiatrem jest określana przez następujące pozycje. Pasy kratownic głównych są również pasami poziomych kratownic wzdłużnych (rysunki 25 i 26), które odbierają i przekazują poziome poprzeczne obciążenie wiatrem do podpór mostu (nr 7 zgodnie z tabelą 3.1). Obciążenia wiatrowe są generowane przez napór wiatru na główną farmę, jezdnię i tabor kolejowy znajdujący się na moście (Rysunek 94).

Przyjmuje się, że natężenie poprzecznego obciążenia wiatrem na konstrukcję przęsła w obecności pociągu na moście i z uwzględnieniem współczynnika aerodynamicznego jest równe qw = 0,180 tc/m2.

Obliczanie obciążeń wiatrowych na farmie głównej Ff, na jezdni Ff oraz na taborze Ff omówiono powyżej w rozdziale 3. Schemat wpływu tych obciążeń pokazano na rysunku 94.

Jak wskazano, większość z tych obciążeń przenoszona jest na dolny pas przy 0,6FF, do 0,8Fpts i 0,8Fpts.

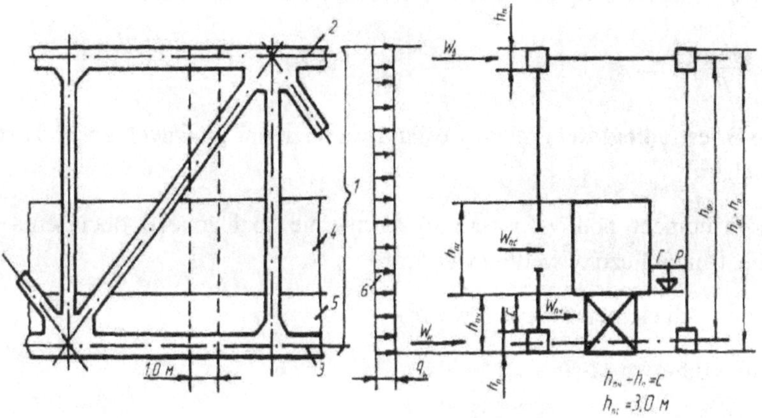

1 - farma główna; 2 - pas górny farmy głównej; 3 - **pas** dolny; 4 - tabor kolejowy; 5 - jezdnia przęsła; 6 - obciążenie wiatrem o natężeniu qw, t/m"; *hn* - wysokość pasa dolnego; *C* = *hn4* - *hn* - wysokość jezdni nie objętej pasem dolnym; *GR* - górny znak toru kolejowego.

Rysunek 94 - Schemat poziomego poprzecznego obciążenia wiatrem

W związku z tym intensywność bieżącego obciążenia wiatrem na dolnym pasie głównego gospodarstwa jest równa

$$qwH=qw- \gamma fw(0,6Ff+0,8FHR+0,8FPS)/IH, t/m \qquad (6.4)$$

gdzie In = *L* **jest** długością dolnego pasa, m;

γfw = 1,10 - 1,30 - współczynnik niezawodności na obciążenie wiatrem [6, tabela 13].

Górny pas jest obciążany z sekcji: 0,6Ff, 0,4Fpc, 0,4Fpc.

Natężenie liniowego obciążenia wiatrem na górnym pasie

qwB=qw-γfw(0,6Ff+0,4FHR+0,4FPS)/IB, t/m (6. 5)

gdzie Iv = L - 2d **to** długość górnego pasa, m (rysunek 95).

Przyjmuje się, że współczynnik rozkładu obciążenia wiatrem pomiędzy dolnym i górnym pasem jest taki sam i równy 0,6 ze względu na niepewność rozkładu.

Siły w elementach pasa kratownicy głównej wynikające z poziomego obciążenia wiatrem (rysunek 95) określa się za pomocą wzoru (w t).

$$N_W = \frac{M_{Wi}}{B}, \quad (6.6)$$

gdzie B jest **odległością** między osiami wzdłużnymi głównych gospodarstw rolnych, m;

Mwi - moment pod wpływem równomiernie rozłożonego obciążenia w taśmie, t-m, obliczony według wzorów:

- dla dolnych elementów pasa (w t-m)

Mwni = 0,5-qwn -x-(*In* - x); (6 , 7)

- dla górnych elementów pasa (w t-m)

Mwi = 0,5-qw -x (*iw* - x), (6,8)

gdzie qwn, qwv **jest** natężeniem ruchu wiatru dla pasów dolnych i górnych, odpowiednio, t/m, określonym według wzorów (6.4 i 6.5);

x - odległość od końca obliczonego elementu zwróconego w kierunku środka przęsła do najbliższego skrajnego węzła gospodarstwa (Rys. 95), m.

Wartości pozostałych wartości są podane powyżej.

Przy obliczeniach metodą elementów skończonych należy stosować obciążenia wiatrem odpowiednio do górnego i dolnego zespołu pasa z tylko jednej zawietrznej strony mostu.

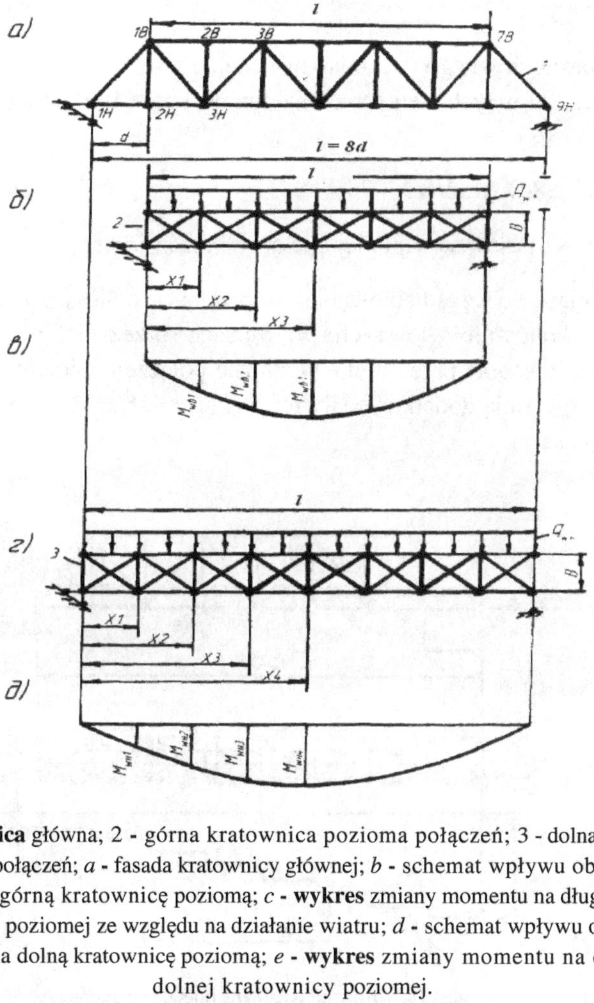

1 - **kratownica** główna; 2 - górna kratownica pozioma połączeń; 3 - dolna kratownica pozioma połączeń; *a* - fasada kratownicy głównej; *b* - schemat wpływu obciążenia wiatrem na górną kratownicę poziomą; *c* - **wykres** zmiany momentu na długości górnej kratownicy poziomej ze względu na działanie wiatru; *d* - schemat wpływu obciążenia wiatrem na dolną kratownicę poziomą; *e* - **wykres** zmiany momentu na długości dolnej kratownicy poziomej.

Rysunek 95 - Schematy obliczania sił w elementach pasów głównych farmy od obciążenia wiatrem podczas obliczeń przy użyciu metody grafoanalitycznej linii oddziaływania

Jak pokazują wykresy na rysunku 95 *c, e,* największe siły wzdłużne pochodzące od obciążeń wiatrem występują w środkowych elementach (panelach) głównych pasów energetycznych. W dolnym pasie głównego gospodarstwa, pokazanym na rysunku 95a, są to elementy 4H-5H i 5H-6H. Nakład pracy w tych elementach o długości pasa In = 8d, jest równy (w t)

NWH= 8qwH-d2/B. (6.9)

W górnym pasie głównego gospodarstwa znajdują się elementy 3B-4B i 5B-6B. Ilość wysiłku w tych elementach na długości pasa Iv = 6d jest równa (w t).

NWB= 4,58qwB-d2/B . (6.10)

Panele końcowe pasów są najmniej obciążone przez wiatr.

Siły występujące podczas hamowania lub przyspieszania są przenoszone na dolne pasy kratownic głównych w węzłach przez belki wzdłużne i poprzeczne jezdni oraz przez dolne wzdłużne połączenia poziome (rysunek 96). Siły te powodują dodatkowe siły rozciągające lub ściskające w dolnych elementach pasa.

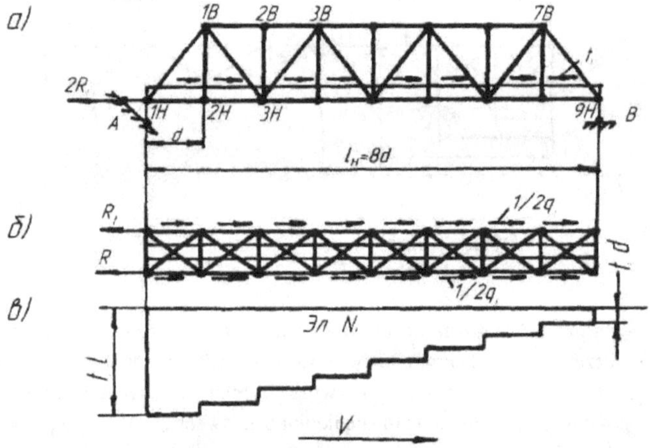

V - kierunek ruchu pociągu, tT - rozłożone wzdłużne obciążenie hamujące, RT - reakcja wsporników ruchomych na zawiasach; tf·d - siła wzdłużna w prawym skrajnym elemencie dolnego pasa, tT ·lH - siła wzdłużna w lewym skrajnym elemencie dolnego pasa.

Rysunek 96 - Wykresy służące do obliczania sił w elementach pasa o niższym obciążeniu w głównym gospodarstwie rolnym na podstawie wpływu wzdłużnego obciążenia hamującego

Na przykład w konstrukcji przęsłowej, której schemat przedstawiono na rysunku 96, w określonym kierunku V ruchu pociągu z sił hamowania w elementach dolnego pasa kratownic głównych rozciągających siły wzdłużne występują.

Normalne poziome obciążenie wzdłużne od sił hamowania przyjmuje się warunkowo jako poziome równomiernie rozłożone obciążenie o natężeniu tT = 0,1qe t/m. Zgodnie z przyjętym wzorem siły rozciągające w elementach dolnego pasa kratownicy głównej od obciążenia hamującego rosną w kierunku wspornika przegubowo-przesuwnego A (rysunek 96 c).

Siły w dolnych elementach pasa wynikające z obciążenia hamującego określane są według wzoru (w t).

NT = 0,5tT -d-ni , (6.11)

gdzie 0,5tT **to** intensywność rozłożonego obciążenia hamulców na gospodarstwo, t/m;

d - długość dolnego elementu pasa (panelu), m;

ni - liczba dolnych paneli pasa, licząc od wspornika zawiasowego B, wraz z poszukiwanym elementem.

Największa siła wzdłużna rozciągająca przy hamowaniu konstrukcji w naszym przypadku występuje w elemencie ekstremalnym 1H-2H. To równa się...

NT = 0,*5-tT-In*. (6.12)

W ten sposób obliczone siły w głównych elementach farmy są określane przy najbardziej niekorzystnych kombinacjach możliwych obciążeń z uwzględnieniem współczynników kombinacji obciążeń "η", współczynników niezawodności obciążenia "γf" i współczynników dynamicznych "1+ μ".

Wpływ siły zewnętrznej na główne elementy gospodarstwa jest różny.

Aby obliczyć wytrzymałość i stateczność pod działaniem jedynie stałych obciążeń pionowych (nr 1 i nr 2) według tabeli 3.1 oraz tymczasowego ruchomego obciążenia pionowego (nr 3), obliczone siły w głównych elementach kratownicy (w rozpórkach, rozpórkach i wieszakach) określa się według następujących wzorów (η = 1):

- najsilniejszy ze wszystkich

$$NI = Ng + Nv, \quad (6.13)$$

gdzie NI **to** obliczona siła dla przeszukiwanego pręta, to znaczy;

Ng - siła od obciążeń stałych (nr 1 i nr 2), określona wzorem (6.2), t;

Nv **to** siła pochodząca od chwilowego ruchomego ładunku (nr 3), określona według wzoru (6.3), t;

- dla dwucyfrowych linii wpływu

$$NI_{max} = Ng + Nv1, \quad (6.14)$$

gdzie NI_{max} **jest** największą siłą rozciągającą w wymaganym rdzeniu, t;

Ng - siła pręta od obciążeń 1 i 2, t;

Nv1 - siła w pręcie od obciążenia nr 3, t, określona wzorem (6.3) przy wartości ω = $_{\omega 1}$, gdzie $_{\omega 1}$ - wartość pola przekroju linii wpływu znaku dodatniego;

$$NI_{min} = Ng + Nv2, \quad (6.15)$$

gdzie NI_{min} **jest** siłą w poszukiwanym pręcie w miejscu ruchomego obciążenia pionowego nr 3 powyżej przekroju ujemnej linii znakowej;

Ng - siła pręta od stałych obciążeń nr 1 i nr 2, t;

Nv2 - siła w pręcie od obciążenia ruchomego nr 3, t, określona wzorem (6.3) o wartości ω = $_{\omega 2}$, gdzie $_{\omega 2}$ - wartość pola powierzchni znaku ujemnego.

Wartość nakładu NI_{min} obliczona według wzoru (6.15) może mieć dwie wartości: pierwsza z nich jest znakiem dodatnim, a druga ujemnym. Pierwsza wartość nie jest brana pod uwagę, ponieważ jest mniejsza niż NI_{max}. Druga wartość **jest** wartością największej siły ściskającej działającej na dany pręt. Przyjmuje się, że jest to obliczona siła dla testu stabilności pręta.

Pręt, którego przekrój poprzeczny został dobrany pod kątem stabilności, powinien w niektórych przypadkach być również badany na wytrzymałość na rozciąganie z siłą obliczeniową NI_{max}.

Przy jednoczesnym działaniu stałych obciążeń nr 1 i 2 (η = 1), tymczasowego ruchomego obciążenia nr 3 (η = 0,8), poziomego obciążenia hamowania nr 6 ($\eta = 0,6$) i obciążenia wiatrem nr 7 ($\eta = 0,5$), obliczone siły w elementach dolnej strefy obciążeń określa się za pomocą wzoru 6.16 (t).

$$NII_n = Ng + 0.8Nv + 0.6NT + 0.5Nw . \qquad (6.16)$$

Obliczone siły w górnych elementach pasa są określone wzorem 6.17 (w tonach).

$$NII_{in} = Ng + 0.8Nv + 0.5Nw. \qquad (6.17)$$

Obliczenia mające na celu określenie wartości wszystkich składników sił NII i NII są rozważane powyżej.

Metodę wyznaczania obciążeń zewnętrznych dla obliczeń MES za pomocą programu 3D FERM przedstawiono w punkcie 3.5. poniżej.

Wyboru przekrojów głównych elementów gospodarstwa (w formie i wymiarach) dokonuje się za pomocą obliczeń wytrzymałościowych i stabilnościowych. Zakłada się, że charakter wpływu obliczonych wysiłków jest statyczny.

W rzeczywistości, wszystkie elementy gospodarstwa głównego pracują w cyklicznym (powtarzającym się) trybie ładowania. Wynika z tego, że wymiary przekroju poprzecznego elementów określone na podstawie wytrzymałości statycznej i warunków stabilności mogą być niedoszacowane (pod względem powierzchni) i muszą być dostosowane tak, aby zapewnić również wytrzymałość zmęczeniową elementów i ich łączników. Operacja dostosowania jest przeprowadzana z zastosowaniem określonej metodologii, która została omówiona poniżej.

W literaturze technicznej technika ta nazywana jest badaniami wytrzymałościowymi lub obliczeniami.

Zauważono powyżej, że zmęczenie materiału części i elementów, wyrażone występowaniem i rozwojem pęknięć zmęczeniowych, występuje tylko pod wpływem powtarzających się obciążeń. W związku z tym obliczenia głównych elementów farmy na wytrzymałość prowadzi się z uwzględnieniem wpływu tylko obciążeń stałych nr 1 i 2 wg tablicy 3.1 oraz chwilowego obciążenia tocznego z taboru nr 3, które wspólnie tworzą cykliczne obciążenie elementów w całym okresie eksploatacji konstrukcji przęsłowej.

Zgodnie z obowiązującymi koncepcjami, obciążenia hamowania nr 6 i obciążenia wiatrem nr 7, jeśli wystąpią przypadkowo, nie wpływają znacząco na uszkodzenia zmęczeniowe materiału elementów.

Przeprowadzenie obliczeń wytrzymałościowych elementu gospodarstwa głównego jest możliwe, jeżeli znane są wartości $N_{r\,max}$ i $N_{r\,min}$ - podstawowe parametry cyklu powtarzalnego obciążenia elementu (rysunek 97), oraz współczynnik asymetrii cyklu.

$$r = \frac{N_{r\,min}}{N_{r\,max}}, \tag{6.18}$$

gdzie $N_{r\,max}$ i $N_{r\,min}$ są najmniejsze i największe w wartościach bezwzględnych siły w cyklu przeładunkowym, t; w równaniu (6.18) są one przyjmowane ze swoimi znakami.

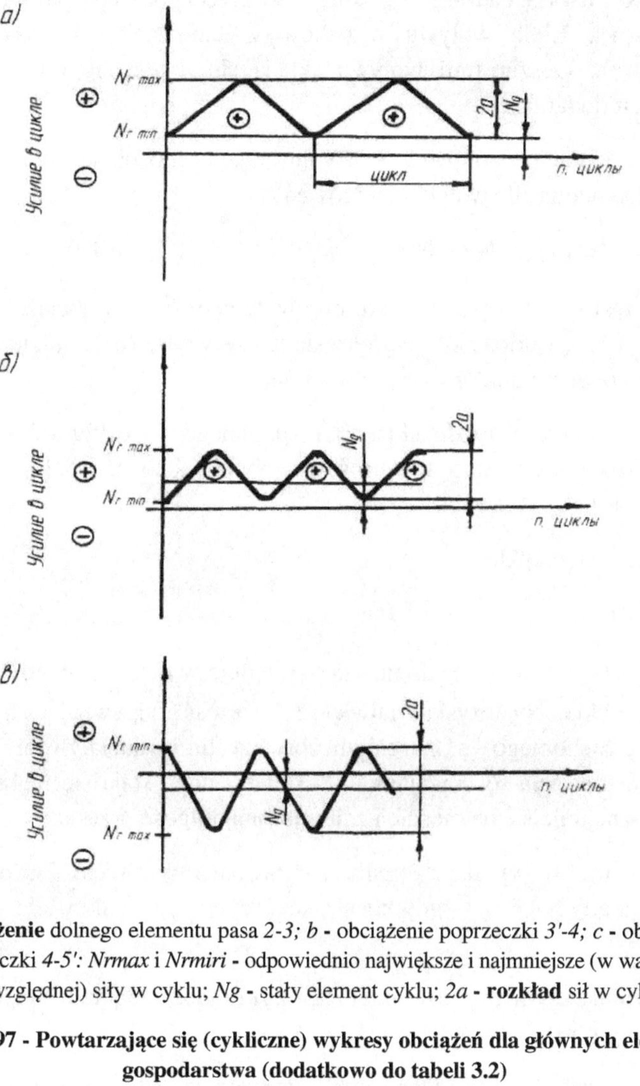

a - **obciążenie** dolnego elementu pasa *2-3; b* - obciążenie poprzeczki *3'-4; c* - obciążenie poprzeczki *4-5': Nrmax* i *Nrmiri* - odpowiednio największe i najmniejsze (w wartości bezwzględnej) siły w cyklu; *Ng* - stały element cyklu; *2a* - **rozkład** sił w cyklu.

Rysunek 97 - Powtarzające się (cykliczne) wykresy obciążeń dla głównych elementów gospodarstwa (dodatkowo do tabeli 3.2)

Wysiłki te mają różne wartości dla każdego elementu głównego gospodarstwa, których definicja zostanie uwzględniona w przykładach. W tym celu użyjemy wykresów linii sił w głównych elementach gospodarstwa, przedstawionych w tabeli 3.2 i na rysunku 97.

Weźmy pod uwagę element 2-3, który jest częścią dolnego pasa głównego gospodarstwa. Linia wpływu wysiłków w elemencie, jak widać, jest jednoznaczna. Obszar linii wpływu składa się z jednego odcinka, znak obszaru jest dodatni.

Element 2-3 pracuje ponownie w trybie pulsującego obciążenia (Rysunek *97a*). Maksymalna siła w cyklu jest równa

$$Nr_{max} = Ng + Nv, \qquad (6.19)$$

gdzie Ng **jest** składową stałą cyklu pod wpływem stałych obciążeń nr 1 i 2 wg tabeli 3.1, t; wartość siły Ng określa się ze wzoru (6.2), gdzie $\Sigma\ \omega$ **jest** całkowitą powierzchnią linii oddziaływania;

Nv **to** największa wartość składnika zmiennego w cyklu od uderzenia ruchomego obciążenia nr 3, t; wartość siły Nv określa wzór (6.3), gdzie ω **to** pełny obszar linii uderzenia.

Minimalna siła w cyklu to

$$Nr_{min} = Ng\ . \qquad (6.20)$$

Z wzoru (6.19) wynika, że siła nr $_{max}$ występuje w momencie, gdy zmienna składowa cyklu Nv uzyska największą wartość odpowiadającą pozycji obciążenia ruchomego "e" na całym obszarze linii oddziaływania. Innymi słowy, zmienna siła rozciągająca w 2-3 elementach staje się maksymalna, gdy tabor znajduje się na moście i zajmuje całą długość przęsła.

Ze wzoru (6.20) wynika, że siła rozciągająca w pręcie 2-3 staje się minimalna, gdy Nv = 0, tj. gdy konstrukcja przęsła jest całkowicie wolna od taboru.

Współczynnik asymetrii powtarzalnego cyklu obciążenia działającego na element 2-3, r > 0.

Należy zauważyć, że jeden cykl powtarzających się obciążeń na rozpatrywanym elemencie 2-3 (rysunek 94 *a*) odpowiada przejazdowi na konstrukcji przęsłowej mostu jednego pociągu. Podczas pracy, element 2-3, jak wszystkie inne elementy gospodarstwa głównego, musi wytrzymać co najmniej 2-106 cykli bez zniszczenia.

Element 3-4 - w dół do środka przęsła, nachylenie kraty głównej farmy - ma dwucyfrową linię oddziaływania (tabela 3.2). Obszar lewego przekroju jest ujemny, obszar prawego przekroju **jest** dodatni. W wartościach bezwzględnych powierzchnia prawej $_{\omega пр}$ $_{jest}$ większa niż powierzchnia lewej $_{\omega лев}$. Wynika z tego, że rozpórka znajduje się w stanie stałej siły rozciągającej Ng, wynikającej ze stałych obciążeń o numerach 1 i 2 w tabeli 3.1. Ponadto rozpórka poddawana jest działaniu zmiennych sił Nv1 - rozciągania i Nv2 - ściskania od obciążenia ruchomego nr 3. Połączenie tych sił tworzy obciążenie cykliczne (rysunek 94 b), w którym działa element trybu 3-4.

Maksymalna siła w cyklu jest równa

$$Nr_{max} = Ng + Nv1 , \quad (\qquad 6.21)$$

gdzie Ng **jest** składową stałą cyklu, t, określoną wzorem (6.2); całkowita powierzchnia linii oddziaływania $\Sigma\ \omega = {}_{\omega лев} + \omega$ $_{pr}$ jest obliczana z uwzględnieniem znaków powierzchni;

Nv1 - maksymalna siła w cyklu od obciążenia ruchomego nr 3, t, określona wzorem (6.3) przy wartości $\omega = {}_{\omega пр}$ (tabela 3.2).

Minimalna siła w cyklu to

$$Nr_{min} = Ng + Nv2 , (\qquad 6.22)$$

gdzie Ng **jest tą** samą wartością według wzoru (6.2);

Nv2 **jest** minimalną siłą w cyklu od obciążenia ruchomego nr 3, t, określoną wzorem (6.3), ale o wartości $\omega = {}_{\omega лев}$ znak ujemny.

Współczynnik asymetrii cyklu ponownego obciążenia (rysunek 94 b) jest równy

$$r = Nr_{min} / Nr_{max} > 0.$$

Element 4-5 - wznoszący się do środka rozpiętości kraty farmy głównej - pracuje w innym trybie obciążenia cyklicznego niż rozpórka 3-4 opadająca.

Linia wpływu elementu 4-5 oraz elementu 3-4 jest dwucyfrowa (tabela 3.2), ale obszar prawej części linii wpływu $_{\omega пр}$ $_{jest}$ większy niż obszar lewej części $_{\omega лев}$ znaku dodatniego w wartości bezwzględnej. Wynika z tego, że rozpórka 4-5 znajduje się w stanie stałego ściskania wzdłużnego z siłą Ng, wynikającą z tych samych stałych obciążeń o numerach 1 i 2. Ponadto rozpórka 4-5 poddawana jest również działaniu zmiennych sił Nv1 - rozciągania i Nv2 - ściskania od obciążenia ruchomego nr 3.

Kombinacja tych obciążeń tworzy obciążenie cykliczne (Rys. 94 *c*), w trybie, w którym działa rozpatrywany element. Na rys. 97 widać, że w cyklu tego obciążenia największa siła w wartości bezwzględnej Nr_{max} ma znak ujemny, najmniejsza Nr_{min} - dodatni.

W związku z tym maksymalna (według wartości bezwzględnej) siła w cyklu jest równa

$$Nr_{max} = Ng + Nv2, \quad (6.23)$$

gdzie Ng **jest** składową stałą cyklu, t określoną wzorem (6.2); całkowita powierzchnia linii wpływu suma $\omega = _{\omega лев} + _{\omega пр}$ jest obliczana z uwzględnieniem znaków przekrojów;

Nv2 - największa (w wartości bezwzględnej) siła w cyklu od obciążenia ruchomego nr 3, t, znak ujemny, określona wzorem (6.3) o wartości $\omega = _{\omega пр}$ znak ujemny.

Minimalna (według wartości bezwzględnej) siła w cyklu jest równa

$$Nr_{min} = Ng + Nv1, \quad (6.24)$$

gdzie Ng **jest tą** samą wartością według wzoru (6.23);

Nv1 - najmniejsza (według wartości bezwzględnej) siła w cyklu od obciążenia ruchomego nr 3, t, określona według wzoru (6.3) na wartość

$\omega = _{\omega лев}$ znak dodatni.

Współczynnik asymetrii cyklu ponownego obciążenia (rysunek 97 *c*) jest równy

$r = Nr_{min} / Nr_{max} < 0.$

W ten sam sposób określane są wartości siły Nr_{max} i Nr_{min} pozostałych elementów gospodarstwa głównego, których schemat przedstawiono w tabeli 3.2.

3 Obliczanie konstrukcji przy użyciu metody elementów skończonych

3.1 Metoda elementów skończonych

Pojawienie się nowoczesnych środków obliczeniowych wpłynęło nie tylko na zmianę algorytmów klasycznych metod obliczeniowych, takich jak metoda siłowa, metoda przemieszczeń itp., ale także na kształtowanie się nowych idei i metod. Zmieniło się również podejście do szacowania efektywności metod obliczania konstrukcji, zmieniły się kryteria pozwalające na sformułowanie wymagań wobec nowoczesnych metod. O ile więc wcześniej przy zastosowaniu klasycznych metod obliczeń statycznie nieokreślonych systemów zawiasów i prętowych pracochłonność obliczeń była określona liczbą zbędnych niewiadomych, o tyle teraz podstawowe trudności obliczeń podobnych systemów wiążą się z koniecznością dialogu człowieka z maszyną, z pewnym ograniczeniem istniejących języków algorytmicznych. Jednocześnie konieczne stało się stworzenie takich algorytmów, które mogą prowadzić do bardziej złożonego opisu matematycznego, ale mają większą jasność i przejrzystość logiczną.

Jedną z takich metod, która została ostatnio skutecznie opracowana, jest metoda elementów skończonych (FEM) [3].

Nazwa tej metody w pewnym stopniu określa jej istotę, ponieważ przy jej stosowaniu konstrukcja, w ten czy inny sposób, jest podzielona na oddzielne elementy o skończonej długości i wystarczająco prostej konfiguracji, których stan jest wstępnie szczegółowo badany. Koniugacja elementów odbywa się poprzez spełnienie warunków równowagi i nierozłączności ruchów (ta sama wartość ruchu w węźle dla wszystkich elementów połączonych z danym węzłem). Zachowanie każdego elementu jest opisane skończoną liczbą uogólnionych współrzędnych. Takie sformułowanie obliczeń łączy w sobie podejście zarówno do obiektów mechaniki konstrukcyjnej układów prętowych, jak i do obiektów teorii sprężystości, co pozwala na znalezienie skutecznych metod obliczania rzeczywistych konstrukcji, w których pręty, płyty, blachy, powłoki itp. są zazwyczaj połączone (najczęściej spawane razem).

Za pomocą FEM możliwe wydaje się wyraźne sformułowanie trzech grup równań, jak to robi się w teorii sprężystości:

1) Statyczny, opisujący stan równowagi systemu;

2) geometryczny, ustalający zależność pomiędzy deformacją a

przemieszczeniem;

3) siły fizyczne, wiążące i deformacje.

Jeśli chodzi o systemy rdzeniowe, FEM jest dokładną metodą.

3.2 Algorytm obliczania sił w prętach płaskich za pomocą metody elementów skończonych

Algorytm opiera się na zastosowaniu teorii macierzy do obliczeń gospodarstw rolnych [3; 53].

Zastanówmy się nad arbitralnym systemem płaskiego rdzenia. Po pierwsze, należy opisać strukturę sieciową systemu poprzez numerację wszystkich jednostek gospodarstwa i wszystkich jego prętów. Aby opisać strukturę, tworzona jest matryca strukturalna -S, w której każda z jej kolumn zawiera tylko dwie liczby: 1 i -1, przy czym 1 znajduje się w linii, której numer pokrywa się z początkiem pręta, oraz -1 - w linii, której numer pokrywa się z numerem węzła, do którego przylega koniec pręta. Za początek wędziska uważany jest koniec przylegający (mocujący) do mniejszego numeru węzła. W każdym rzędzie macierzy konstrukcyjnej (a rząd odpowiada węzłowi zbiegającemu się z nim liczbowo) istotne liczby charakteryzują liczby elementów, które mają być połączone w węźle, przy czym *1 podkreśla, że początek pręta zbliża się do węzła*, a *-1* podkreśla, że koniec pręta zbliża się do węzła. Następnie należy utworzyć matryce - kolumny współrzędnych węzłów gospodarstwa:

$$\bar{C}_i = \begin{Vmatrix} X_i \\ Y_i \end{Vmatrix}, \qquad (6.25)$$

gdzie *i* **jest** numerem odpowiedniego węzła,

Xi i *Yi* to odpowiednio współrzędne *X* i *Y* węzła w wybranym układzie współrzędnych.

Matryca ogólna - kolumna współrzędnych węzłów gospodarstwa:

$$\bar{C} = \begin{Vmatrix} C_1 \\ C_2 \\ . \\ . \\ C_m \end{Vmatrix}, \qquad (6.26)$$

gdzie *m* **to** liczba węzłów gospodarskich.

Matryca długości projekcyjnych elementów gospodarstwa:

$$\vec{\Pi} = \overline{Sc}^{*} \cdot \vec{C}, \qquad (6.27)$$

$\overline{Sc}^{*}$ – gdzie jest przetransponowana matryca $\overline{Sc}$.

(Tłumaczenie - transformacja macierzy źródłowej, która polega na zastąpieniu wierszy kolumnami przy zachowaniu ich numeracji). Elementami matrycy rzutowej są matryce - kolumny, z których dwa elementy po jednym i-tym pręcie dają występy:

$$\vec{\Pi}_i = \begin{Vmatrix} L_{ix} \\ L_{iy} \end{Vmatrix}. \qquad (6.28)$$

Długości prętów są określone przez wyrażenie:

$$L_i = \sqrt{\Pi_i^{*}} \_\Pi_I, \qquad (6.29)$$

gdzie $\vec{\Pi}_i$ **jest** matryca projekcji prętów.

$\vec{\Pi}_i^{*}$ - matryca transponowana z $\vec{\Pi}_i$.

Wektory prowadzących prętów kosinusowych:

$$\vec{A}_i = \frac{1}{L_i} \cdot \begin{Vmatrix} L_{ix} \\ Liy \end{Vmatrix}. \qquad (6.30)$$

Normalna siła jest stała na całej długości elementu gospodarstwa:

$$N_{i\text{нач}} = N_{i\text{кон}} = N_i \quad . \qquad (6.31)$$

Zbudujmy wektor ładunków zewnętrznych.

$$\vec{P} = \begin{Vmatrix} \vec{P}1 \\ \vec{P}2 \\ . \\ . \\ \vec{P}m \end{Vmatrix}, \qquad (6.32)$$

które elementy są matrycami - kolumnami $\vec{P}_j$ określającymi rzuty sił zewnętrznych działających na węzły, np. dla j-tego węzła, który mamy:

$$\vec{P}_j = \begin{Vmatrix} P_{xj} \\ P_{yj} \end{Vmatrix}, \qquad (6.33)$$

gdzie i P_{xj} P_{yj} - rzuty sił zewnętrznych działających na skrzyżowanie z odpowiednimi osiami współrzędnych. Wyrażenie, które ustanawia związek między wysiłkami wewnętrznymi a siłami zewnętrznymi, jest następujące:

$$\vec{P} = -\overline{S} \cdot \vec{N} \qquad , \qquad (6.34)$$

gdzie $\vec{N}$ - matryca - kolumna, której elementy są pożądanym wysiłkiem w prętach gospodarstwa;

$\overline{S}$ - matrycę uzyskaną z matrycy strukturalnej $\overline{S}_c$ poprzez zastąpienie elementów 1 odpowiadającymi im wektorami cosinusów prowadzących pręt oraz elementów (-1) matrycy odpowiadającymi im $\overline{S}_c$ wektorami cosinusów prowadzących ze znakiem odwrotnym. Aby określić nieznane siły w prętach, $\vec{P}$ należy wykluczyć z wektora elementy macierzy odpowiadające systemowym liniom odniesienia, a tym samym uzyskać wektor $\vec{Q}$. W ten sam sposób wiersze odpowiadające jednostkom wsparcia danego gospodarstwa powinny być wyłączone z matrycy $\overline{S}$. W ten sposób usuwane są oba rzędy dla obrotowego, przesuwnego węzła podporowego oraz jeden rząd dla obrotowego, przesuwnego węzła podporowego. W wyniku takich przekształceń otrzymujemy matrycę $\overline{S}_p$ $\vec{N}$. Następnie wektor siły jest rozwiązaniem dla równania macierzowego:

$$\vec{Q} = \overline{S}_p \cdot \vec{N}. \qquad (6.35)$$

Z równania (2.59) $\vec{N}$ można określić kolumnę matrycy:

$$\vec{N} = \overline{S}_p^{-1} \cdot \vec{Q}, \qquad (6.36)$$

gdzie $\overline{S}_p^{-1}$ odwrotna matryca **jest** względna $\overline{S}_p$.

3.3 Przykład obliczenia gospodarstwa płaskiego przy użyciu metody matrycowej

Aby wyjaśnić algorytm obliczania układów wędzisk metodą FEM w postaci macierzy, wykonajmy obliczenia najprostszej hodowli trzech wędzisk pokazanej na rysunku 98.

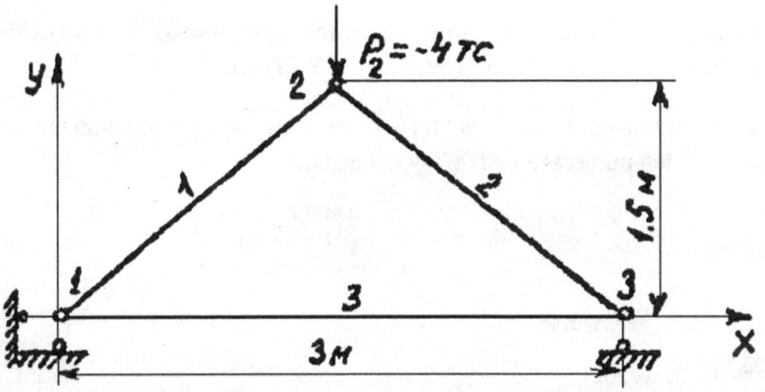

Rysunek 98 - Program "Flat Farm Scheme

Zbudujmy matrycę strukturalną gospodarstwa (Rys. 98) zgodnie z podaną wcześniej formą:

$$\overline{S}c = \begin{Vmatrix} 1 & 0 & 1 \\ -1 & 1 & 0 \\ 0 & -1 & -1 \end{Vmatrix} \begin{matrix} 1 - \breve{u} - \textit{узел} \\ 2 - \breve{u} - \textit{узел} \\ 3 - \breve{u} - \textit{узел} \end{matrix}$$

W zbudowanej matrycy:

rzędy są *węzłami gospodarstwa;*

kolumny są *prętami gospodarstwa.*

Zapiszmy matryce - kolumny współrzędnych węzłów gospodarstwa:

$$\vec{C}1 = \begin{Vmatrix} 0 \\ 0 \end{Vmatrix}, \vec{C}2 = \begin{Vmatrix} 1,5 \\ 1,5 \end{Vmatrix}, \vec{C}3 = \begin{Vmatrix} 3 \\ 0 \end{Vmatrix}$$

$$\vec{C} = \begin{Vmatrix} \vec{C}1 \\ \vec{C}2 \\ \vec{C}3 \end{Vmatrix} = \begin{Vmatrix} 0 \\ 0 \\ 1,5 \\ 1,5 \\ 3 \\ 0 \end{Vmatrix}.$$

W macierzy, $\vec{C}3$ liczba 3 oznacza współrzędną węzła 3 w osi X (X=3), druga cyfra 0 daje wartość węzła 3 w kierunku osi Y (Y=0).

Transkrybowana matryca $\overline{S}_c^*$ poprzez zastąpienie wierszy kolumnami przy zachowaniu ich numeracji będzie wyglądać tak:

$$\overline{S}c* = \begin{Vmatrix} 1 & -1 & 0 \\ 0 & 1 & -1 \\ 1 & 0 & -1 \end{Vmatrix} \begin{matrix} 1-й - стержень \\ 2-й - стержень \\ 3-й - стержень \end{matrix}$$

∟ → 3. węzeł

→ → ∟ 2. węzeł

∟ → → → Węzeł 1

Matryca długości projekcyjnych elementów gospodarstwa według wzoru (6.27):

$$\vec{\Pi} = \begin{Vmatrix} \overline{\Pi}1 \\ \overline{\Pi}2 \\ \overline{\Pi}3 \end{Vmatrix} = - \begin{Vmatrix} 1-10 \\ 01-1 \\ 10-1 \end{Vmatrix} \cdot \begin{Vmatrix} 0 \\ 0 \\ 1,5 \\ 1,5 \\ 3 \\ 0 \end{Vmatrix} = \begin{Vmatrix} 1,5 \\ 1,5 \\ 1,5 \\ 1,5 \\ 3 \\ 0 \end{Vmatrix}.$$

Długości prętów są obliczane przy pomocy wyrażenia (6.29):

$$L1 = \sqrt{\|1,51,5\| \cdot \begin{Vmatrix} 1,5 \\ 1,5 \end{Vmatrix}} = \sqrt{1,5 \cdot 1,5 + 1,5 \cdot 1,5} = 2,12м;$$

$$L2 = \sqrt{\|1,51,5\| \cdot \begin{Vmatrix} 1,5 \\ 1,5 \end{Vmatrix}} = \sqrt{1,5 \cdot 1,5 + 1,5 \cdot 1,5} = 2,12м;$$

$$L3 = \sqrt{\|30\| \cdot \begin{Vmatrix} 3 \\ 0 \end{Vmatrix}} = \sqrt{3 \cdot 3 + 0 \cdot 0} = 3м.$$

Wektory prowadzących prętów kosinusowych według wzoru (6.30):

$$\vec{A}1=\frac{1}{2,12}\cdot\begin{Vmatrix}1,5\\1,5\end{Vmatrix}=\begin{Vmatrix}0,707\\0,707\end{Vmatrix};$$

$$\vec{A}2=\frac{1}{2,12}\cdot\begin{Vmatrix}1,5\\-1,5\end{Vmatrix}=\begin{Vmatrix}0,707\\-0,707\end{Vmatrix};$$

$$\vec{A}3=\frac{1}{3}\cdot\begin{Vmatrix}3\\0\end{Vmatrix}=\begin{Vmatrix}1\\0\end{Vmatrix}.$$

Wektor obciążenia zewnętrznego przez ekspresję (6.32):

$$\vec{P}=\begin{Vmatrix}\vec{P}1\\\vec{P}2\\\vec{P}3\end{Vmatrix}=\begin{Vmatrix}0\\0\\0\\-4\\0\\0\end{Vmatrix}.$$

Aby otrzymać z matrycy strukturalnej, $\overline{S}_c$ $\overline{S}_c$ istotne elementy 1 $\overline{S}$ w matrycy zastąpimy odpowiednimi wektorami cosinusów kierunkowych (jeżeli element ma wartość (-1), to odpowiednie wektory należy ustawić znakiem odwrotnym):

$$\overline{S}=\begin{Vmatrix}0,707 & 0 & 1\\0,707 & 0 & 0\\-0,707 & 0,707 & 0\\0,707 & -0,707 & 0\\0 & -0,707 & -1\\0 & 0,707 & 0\end{Vmatrix}$$

↓ ↓ ↓↦ Trzeci pręt z 1 zamiennikiem przez $\overline{A}3$

↓ ↓↦ →→ Drugi pręt z zastąpieniem 1 przez $\overline{A}2$

↓ ↦→→→→– Pierwszy pręt z zastąpieniem 1 przez $\overline{A}1$

Aby zbudować matrycę-współrzędnik $\overline{Q}$ z wektora obciążeń zewnętrznych usuwamy $\vec{P}$ dwa pierwsze rzędy, ponieważ węzeł 1 ma umocowanie (podporę) w kierunku X (pierwszy rząd) i w kierunku Y (drugi rząd), a także usuwamy rząd 6 jako umocowanie węzła 3 w kierunku Y. Rezultatem będzie wektor macierzowy następnego rodzaju: $\overline{Q}$

$$\overline{Q}=\begin{Vmatrix}0\\4\\0\end{Vmatrix}.$$

Aby zbudować matrycę $\overline{S}_p$ z macierzy, usuwamy pierwszy, drugi i szósty wiersz w podobny sposób $\overline{S}$, jak w przypadku matrycy-wektora Q:

$$\overline{S}p = \begin{Vmatrix} -0,707 & 0,707 & 0 \\ -0,707 & -0,707 & 0 \\ 0 & -0,707 & -1 \end{Vmatrix}.$$

Rozwiązanie równań (6.35) i (6.36) w postaci macierzy daje następujący wynik:

$$\vec{N} = \begin{Vmatrix} N1 \\ N2 \\ N3 \end{Vmatrix} = \begin{Vmatrix} -2,828 \\ -2,828 \\ 1,999 \end{Vmatrix},$$

gdzie $\rightarrow$siły N1, N2 i N3 w prętach 1, 2 i 3 [Tc].

3.4 Program analizy naprężeń i odkształceń dla płaskich i objętościowych systemów rdzeniowych 3D FERM

3.4.1 Informacje ogólne

Program jest przeznaczony do analizy stanu naprężeń i odkształceń układów prętowych [26]. Analizowane układy mogą być płaskie i objętościowe, statycznie identyfikowalne i statycznie nieokreślone. Przyjmuje się, że elementy systemu są połączone w węzłach za pomocą idealnych zawiasów.

W programie przyjęto układ współrzędnych przedstawiony na rysunku 99.

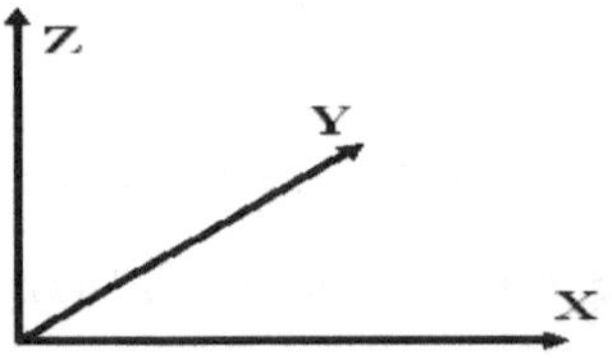

Rysunek 99 - Układ współrzędnych przyjęty w programie

Jednostki miary nie są ograniczone w programie, ważne jest, aby je prawidłowo koordynować.

3.4.2 Realizacja programu

Aby wykonać program, należy uruchomić plik wykonywalny 3D FERM, a następnie na ekranie pojawi się okno programu pokazane na Rysunku 100.

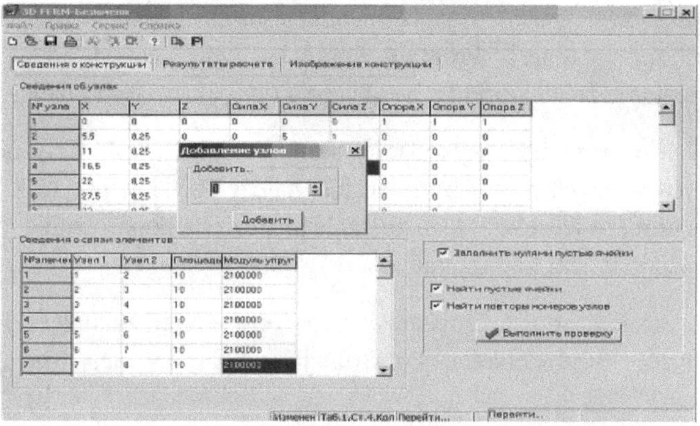

Rysunek 100 - Główne okno wprowadzania danych początkowych o budowie i połączeniu prętów systemu kratowego

Współrzędne węzłów konstrukcyjnych są zapisane w tabeli "Informacje o węzłach" (kolumny "X", "Y", "Z"). Zapisuje również informacje o przyłożonym obciążeniu (rzuty siły na osie współrzędnych dla każdego z węzłów; wykresy "Force X", "Force Y", "Force Z") oraz warunki zamocowania (obecność zamocowania na osiach współrzędnych dla każdego z węzłów oznaczono jako 1; wykresy "Support X", "Support Y", "Support Z").

W tabeli "Informacje o komunikacji elementów" podane są numery węzłów, które tworzą każdy z prętów konstrukcji (kolumny "Węzeł 1", "Węzeł 2"). Określono również pole przekroju poprzecznego i moduł sprężystości każdego z prętów.

Dodawanie węzłów (prętów) do tabel "Informacje o węzłach" i "Informacje o komunikacji elementów" odbywa się za pomocą wyskakujących menu, wywoływanych prawym przyciskiem myszy, po których następuje liczba węzłów (prętów), które mają zostać dodane do odpowiedniej tabeli. Usuwanie węzłów (prętów) odbywa się w podobny sposób.

Pole wyboru "Wypełnij puste komórki zerami" spowoduje, że przy próbie wykonania obliczeń wartości pustych komórek zostaną automatycznie wyrównane do zera. Może to być wygodne przy dużej liczbie wartości zerowych, ale możliwe jest, że mogą wystąpić błędy ze względu na fakt, że komórki, których wartości nie powinny być zerowe, są pomijane. Aby tego uniknąć, można sprawdzić, czy komórki nie są wypełnione. Aby to zrobić, należy zaznaczyć pole "Znajdź puste komórki" i nacisnąć przycisk "Wykonaj sprawdzenie". Program sprawdzi wprowadzone dane i jeśli wykryta zostanie pusta komórka, wyświetli komunikat o tym fakcie.

Możliwe jest również wykonanie kontroli powtarzalności numerów jednostek tworzących pręt. Aby to zrobić, należy nacisnąć przycisk "Znajdź podwójne numery węzłów". Jeśli zostanie znalezione dopasowanie, program wyświetli odpowiedni komunikat.

Obraz konstrukcji można zobaczyć na odpowiedniej zakładce (Rysunek 101). Sposób wyświetlania konstrukcji wybierany jest za pomocą przycisków:

XZ, <u>XZ</u> - rzut konstrukcji na płaszczyznę XZ; widoki odpowiednio z przodu (głównego) i z tyłu.

XY, <u>XY</u> - rzuty konstrukcji na płaszczyznę XY; widoki odpowiednio na dół i górę.

YZ, <u>YZ</u> - rzuty konstrukcji na płaszczyznę YZ; widoki odpowiednio po lewej i prawej stronie.

D to demetralizacja. Obraz jest obracany w tym trybie za pomocą przycisku.

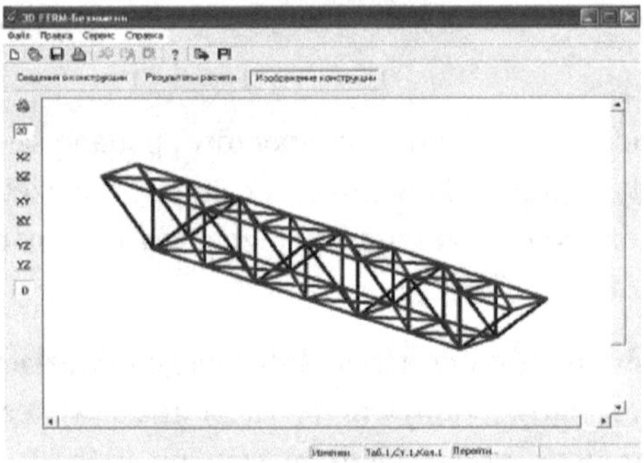

Rysunek 101 - Zakładka "Obraz konstrukcji"

Aby dokonać obliczeń, należy wybrać odpowiednią pozycję w menu głównym ("Serwis" - "Obliczenia") lub użyć klawisza "gorące" F9 lub przycisku "P!" na pasku narzędzi.

Wyniki obliczeń można znaleźć w odpowiedniej zakładce (Rysunek 102). W pierwszym oknie wyświetlane są długości prętów i przesunięcia

(przesunięcia) punktów węzłowych w kierunku osi współrzędnych X, Y i Z. W drugim oknie pokazano wyniki obliczeń reakcji odniesienia i reakcji (siły) w elementach (prętach) układu kratowego. Wszystkie te wyniki można zapisać do pliku ("Plik" - "Save").

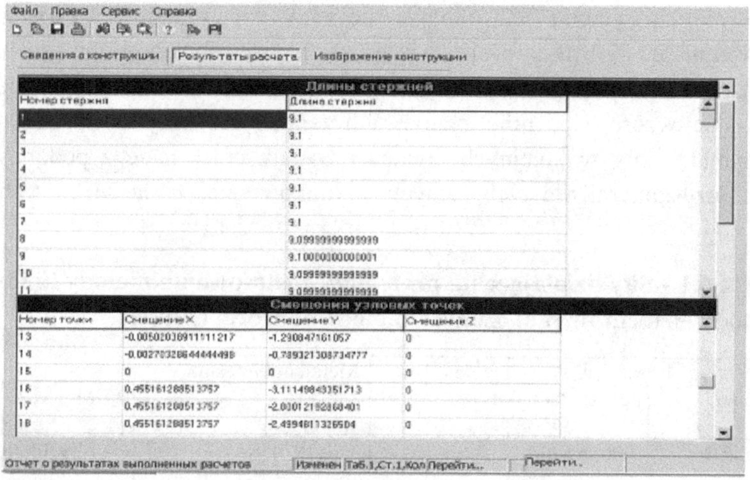

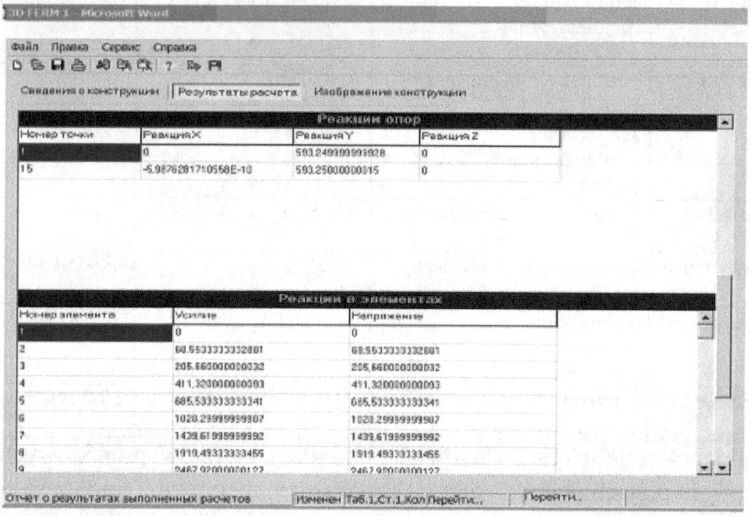

Rysunek 102 - Wyniki obliczeń programu 3D FERM

Porównanie wyników obliczeń sił w prętach metodą linii oddziaływania i MEM

Sprawdzenie obliczeń sił w prętach metodą linii oddziaływania i MES dla płaskiej kratownicy mostowej o rozpiętości $L = 55$ m ze schematem kratownicy wg tabeli 3.2 odbywa się przy równomiernie rozłożonym obciążeniu "e = 7 t/m na pasie dolnym na długości obciążenia 55 m i przy obciążeniu skupionym w postaci pojedynczego ładunku P = 10 t w węźle 5. Używając wzoru 6.3, linie metod obliczeniowych wpływu wyznaczyły maksymalne siły w kolejnych prętach i zostały porównane z podobnymi siłami uzyskanymi dla tych samych warunków obciążenia MEM (tabela 6.1).

Tabela 6.1 - Siły działające na pręty przy zastosowaniu metody liniowej i metody elementów skończonych metodą udarową (MEM)

Corepin	Rodzaj ładunku	Metoda obliczania	
		Linia skutki	FEM
Panel 2-3	Jednorodnie rozmieszczone q = 7 t/m	311,3970588 т	311,3970588 т
Panel 2-3	Ładunek skoncentrowany P=10 t w węźle 5	9,7058 т	9,7058 т
Panel 2'-3	Jednorodnie rozmieszczone q = 7 t/m	-298,9411764т	-298,9411764 т
Panel 2'-3	Ładunek skoncentrowany P=10 t w węźle 5	-6,4705 т	-6,4705 т
Raskos 3'-4	Jednorodnie rozmieszczone q = 7 t/m	- 206,35559 т	- 206,3556 т
Raskos 3'-4	Ładunek skoncentrowany P=10 t w węźle 5	5,9559 т	5,9554 т
Przechylenie 4-5	Ładunek skoncentrowany P=10 t w węźle 5	- 5,9559 т	-5,9554 т
Zawieszenie 1-1'.	Jednorodnie rozmieszczone q = 7 t/m	38,5 т	38,5 т
Zawieszenie 1-1'.	Ładunek skoncentrowany P=10 t w węźle 1	10,0 т	10,0 т

Wyniki pokazują niemal całkowitą zbieżność wysiłków projektowych w podobnych prętach obu tych metod. Tylko siły w rozpórkach według metody linii wpływu różnią się od tych w MES na czwartym miejscu po przecinku, ponieważ wzdłuż linii wpływu pole powierzchni linii wpływu rozpórki ω określa się za pomocą przybliżonej wartości sin α kąta nachylenia rozpórki (sin α = 0,8395701874750351). Jest to przybliżona wartość grzechu α i prowadzi do niedokładności obliczonej siły metodą linii wpływu.

Jak wspomniano wcześniej, ***przy rozważaniu systemów rdzeniowych dokładną metodą jest FEM.***

3.5 Przykład metody określania obciążeń zewnętrznych dla obliczeń MES przy użyciu programu 3D FERM

Na początku powtórzmy podstawowe przepisy dotyczące obliczania siły w prętach głównego gospodarstwa metodą linii oddziaływania:

- Główne gospodarstwa rolne znane są z płaskich konstrukcji prętowych ze sztywnymi jednostkami. Obliczenia dotyczące głównych gospodarstw przedstawiono na rysunku 23. W celu uproszczenia metod obliczeń statycznych w schematach projektowych, zespoły sztywne zastąpiono połączeniami przegubowymi elementów lub na krótko zawiasami;

- Schemat konstrukcyjny głównych gospodarstw rolnych powinien być definiowalny statycznie i niezmienny geometrycznie;

- statyczne obliczanie takich gospodarstw jest stosunkowo proste;

- Statycznie nieokreślone gospodarstwa, których obliczanie wymaga specjalnych metod, nie są uwzględnione w niniejszej instrukcji (w metodzie linii wpływu);

- gospodarstwo może być załadowane tylko w węzłach. Przy tej metodzie załadunku, elementy gospodarstwa pracują tylko na siłach wzdłużnych niż samo gospodarstwo i różnią się od ramy, której elementy pracują również na zginanie i cięcie;

- Należy pamiętać, że gospodarstwo może pracować również przy ciągłym, równomiernie rozłożonym obciążeniu. Ale nawet w tym przypadku, kratownica urządzenia konstrukcji jezdni pozwala na przenoszenie tego ciągłego obciążenia na główne gospodarstwa tylko przez węzły;

- siły w elementach (prętach) głównych gospodarstw rolnych powstają z kilku obciążeń, które przedstawiono w tabeli. 3.1 pod odpowiednimi numerami.

Przy określaniu sił w głównych elementach kratownicy bierzemy pod uwagę tylko oddziaływanie kombinacji głównej, która obejmuje następujące obciążenia:

- Stałe obciążenia pionowe pochodzące od ciężaru własnego konstrukcji stalowych konstrukcji przęsłowej (nr 1) oraz od ciężaru dna mostu (nr 2);

- tymczasowe obciążenie pionowe z taboru (nr 3);

- tymczasowe poziome obciążenie wzdłużne spowodowane hamowaniem lub przyspieszaniem taboru (nr 6);

- tymczasowe poziome poprzeczne obciążenie wiatrem (nr 7).

Inne obciążenia i uderzenia nie są brane pod uwagę warunkowo.

Podczas obliczeń w programie FEM, w odróżnieniu od metody linii wpływu w programie obliczeniowym w postaci danych początkowych wprowadzane są dane o geometrii przestrzennej (3D) kratownicy, które pozwolą na określenie siły w każdym z jej prętów kratownicy 3D. W tym przypadku, jeżeli pręt jest jednocześnie umieszczony w dwóch kratownicach umieszczonych w różnych płaszczyznach, całkowita siła wynikowa jest określana metodą FEM.

Zgodnie z metodą FEM równomiernie rozłożone obciążenie jest zastępowane przez skoncentrowane obciążenie (odbiór) z panelu do najbliższego węzła.

Metoda FEM pozwala również na obliczanie statycznie niezdefiniowanych gospodarstw.

W celu obliczenia sił w prętach przy użyciu metody FEM należy wcześniej wprowadzić informacje o geometrii kratownicy 3D, sprawdzić poprawność konstrukcji klikając na przycisk "Obraz konstrukcji", wyedytować wykryte błędy i w tym przypadku można wprowadzić informacje o obciążeniach węzłów w kierunku odpowiednich osi X, Y lub Z (siła X, siła Y. Siła Z) w odpowiednim węźle rozważanej kratownicy.

W celu obliczenia obciążenia węzłowego z ciężaru własnego konstrukcji stalowej i obciążenia dna mostu zgodnie ze wzorem (6.2), określa się natężenie równomiernie rozłożonych obciążeń:

0,5qn1- natężenie równomiernie rozłożone na długości przęsła obciążenia od ciężaru własnego konstrukcji metalowych w jednym gospodarstwie, t/m;

0,5qn2- intensywność równomiernie rozłożonego na całej długości przęsła obciążenia od ciężaru dna mostu na jednym gospodarstwie, t/m;

γfg - współczynnik niezawodności obciążenia (w dawnych normach - współczynnik przeciążenia) [6, tabela 8];

Wartość obciążenia węzłowego Qn dla każdego węzła w taśmie ładunkowej zostanie obliczona za pomocą poniższego wyrażenia:

$Qn = 0{,}5qn1\text{-}d\text{-}\gamma fg + 0{,}5qn2\text{-}d\text{-}\gamma fg$ (tony/node).

Siły pochodzące od chwilowego pionowego obciążenia ruchomego QV w każdym węźle części gospodarstwa zajmowanej przez pociąg określa się zgodnie ze wzorem (6.3) z parametrami:

0,5qe - intensywność równomiernie rozłożonego obciążenia pionowego z taboru (na gospodarstwo), w zależności od długości obciążenia części gospodarstwa zajmowanej przez pociąg λoraz wartości współczynnika α, t/m; (pkt 3.2.2 i tabela 3.2);

γfv - współczynnik niezawodności przy czasowym obciążeniu pionowym [6, tabela 13];

$1+ \mu = 1{,}20$ - współczynnik dynamiczny;

$QV = 0{,}5qe\text{-}d\text{-}\lambda_{fv\text{-}} (1+\mu)\text{-}\eta$, (tony/node),

gdzie d jest długością panelu pasa ładunkowego;

η - współczynnik kombinacji obciążenia (dla tymczasowego pionowego obciążenia ruchomego ($\eta = 0{,}8$).

Siła w każdym z prętów farmy 3D wynikająca z obciążenia wiatrem jest określana przez następujące pozycje.

Pasy kratownic głównych są również pasami poziomych kratownic wzdłużnych (rysunki 25 i 26), które odbierają i przekazują poziome poprzeczne obciążenie wiatrem do podpór mostu.

(nr 7 w tabeli 3.1). Obciążenia wiatrowe są generowane przez napór wiatru na główną farmę, jezdnię i tabor kolejowy znajdujący się na moście (Rysunek 94).

Przyjmuje się, że natężenie poprzecznego obciążenia wiatrem na konstrukcję przęsła w obecności pociągu na moście i przy uwzględnieniu współczynnika aerodynamicznego jest równe qw = 0,180 tc/m2.

Obliczenia dotyczące obciążenia wiatrem na głównej farmie, drodze i taborze są rozważane powyżej (punkt 3.2.2). Schemat wpływu tych obciążeń pokazano na rysunku 94.

W tym przypadku Ff to powierzchnia bocznej powierzchni gospodarstwa (m2);

Fnch - powierzchnia bocznej powierzchni jezdni mostu (m2);

Fpc - powierzchnia bocznej powierzchni taboru na moście (m2).

Jak wskazano, dolny pas przenosi większość tych obciążeń - 0,6FF, do 0,8Fpts i 0,8Fpts.

W związku z tym intensywność bieżącego obciążenia wiatrem na dolnym pasie głównego gospodarstwa jest równa

qwn = qw gfw (0,6Ff + 0,8Fpts + 0,8Fpts)/w, t/m,

gdzie In = *L* **jest** długością dolnego pasa, m;

gfw = 1,10 - 1,30 - współczynnik niezawodności dla obciążenia wiatrem [6, tabela 13.

Górny pas przenosi 0,6Ff, 0,4Fpts, 0,4Fpts.

Natężenie liniowego obciążenia wiatrem na górnym pasie

qwv = qw - gfw (0,6Ff + 0,4Fpts + 0,4Fpts)/Iv, t/m ,

gdzie Iv = L - 2d **to** długość górnego pasa, m (rysunek 26).

Przyjmuje się, że współczynnik rozkładu obciążenia wiatrem pomiędzy dolnym i górnym pasem jest taki sam i równy 0,6 ze względu na niepewność rozkładu.

Siłę od obciążenia wiatrem w każdym węźle dolnego pasa po stronie wiatru można określić

Qwn = qwn-d -η, tons/node.

Siłę wiatru w każdym węźle górnego pasa po stronie wiatru można określić

Qwvv = qwv-d -η, tons/node,

gdzie η **jest** współczynnikiem kombinacji obciążenia (dla obciążenia wiatrem $\eta = 0{,}5$).

Siły występujące podczas hamowania lub przyspieszania są przenoszone na dolne pasy kratownic głównych w węzłach przez belki wzdłużne i poprzeczne jezdni oraz przez dolne wzdłużne połączenia poziome (rysunek 93). Siły te powodują dodatkowe siły rozciągające lub ściskające w dolnych elementach pasa.

Na przykład w konstrukcji przęsłowej, której schemat przedstawiono na rysunku 96, w określonym kierunku V ruchu pociągu z sił hamowania w elementach dolnego pasa kratownic głównych rozciągających siły wzdłużne występują.

Normalne poziome obciążenie wzdłużne od sił hamowania przyjmuje się warunkowo jako poziome równomiernie rozłożone obciążenie o natężeniu tT = 0,1qe t/m. Zgodnie z przyjętym schematem siły rozciągające w elementach dolnego pasa głównego gospodarstwa rosną od obciążenia hamującego w kierunku wspornika przegubowo-przesuwnego A (rys. 96, *c*).

Siły w dolnych elementach pasa wynikające z obciążenia hamującego określane są według wzoru (w t).

QT = 0,5-tT --d-ni -η, (6,37)

gdzie 0,5 tT **to** intensywność rozłożonego obciążenia hamulców na gospodarstwo, t/m;

d - długość dolnego elementu pasa (panelu), m;

ni - liczba dolnych paneli pasa, licząc od wspornika zawiasowego B, wraz z poszukiwanym elementem;

η - współczynnik kombinacji obciążenia (dla obciążenia hamulca $\eta = 0{,}6$).

Największa pod względem wielkości siła rozciągająca przy hamowaniu konstrukcji w naszym przypadku występuje w elemencie ekstremalnym 1H-2H (rysunek 96). Jest on równy (w t) QT = 0,5-t-t -- *W* . W pozostałych jednostkach pasa nośnego osi, obciążenie hamujące QTi zostanie zredukowane w krokach qT = 0,5-t-t -d (t).

Poszczególne stwierdzone powyżej obciążenia zewnętrzne nie powinny być uwzględniane w obliczeniach z wartością 100% ($\eta = 1$), lecz z innym współczynnikiem kombinacji dla każdego obciążenia $\eta < 1$.

Przy jednoczesnym działaniu stałych obciążeń nr 1 i 2 (η = 1), tymczasowego ruchomego obciążenia nr 3 (η = 0,8), poziomego obciążenia hamowania nr 6 (η = 0,6) i obciążenia wiatrem nr 7 (η = 0,5).

Należy również wziąć pod uwagę, że nie jest konieczne pełne obciążenie mostu obciążeniem pociągu, aby stworzyć maksymalną siłę w każdym z prętów farmy 3D. Obciążenie częściowe mostu z obciążeniem ruchomym może powodować największe siły w rozpórkach, zarówno rozciągające jak i ściskające. Fakt ten można wyjaśnić za pomocą linii wpływu (tabela 3.2) rozpórki.

4 – 5′. Jeżeli pociąg obciąża odcinek mostu od węzła 0 do węzła 4, rozpórka 4 - 5' zostanie maksymalnie wydłużona. Przy pełnym obciążeniu mostu przez pociąg od węzła 0 do 10 nachylenie 4 - 5 ' będzie praktycznie rozładowane, ponieważ powierzchnia dodatniego odcinka linii oddziaływania nachylenia 4 - 5 ' $_{\omega лев}$ jest praktycznie równa powierzchni ujemnego odcinka linii oddziaływania $_{\omega прав}$: $_{\omega лев} \approx {}_{\omega прав}$, stąd ich suma algebraiczna będzie równa zeru i będzie równa zeru wysiłku nachyleniu 4 - 5 ' przy pełnym obciążeniu mostu przez ruchome obciążenie.

Dlatego też w celu znalezienia maksymalnej siły (ze znakiem +) oraz minimalnej siły (ze znakiem -) konieczne jest wciągnięcie pociągu na most przez kolejne załadowanie po jednej tablicy, zaczynając od tablicy 0 - 1, następnie pociąg zajmuje dwie tablice 0 - 2 itd. do momentu pełnego załadowania mostu od węzła 0 do węzła 10. Kontynuować warunkowy ruch pociągu, tak aby pierwsza płyta 0 - 1 została zwolniona, a obciążenie zajęło część mostu od węzła 1 do węzła 10, a następnie przemieszczać pociąg tak, aby pierwsze dwie płyty 0 - 2 itd. zostały zwolnione, aż pociąg całkowicie opuści most. Dla mostu w tabeli 3.2 przewidziano 19 wariantów obciążenia. Obliczyć siłę w prętach dla każdej opcji. Wyniki obliczeń są przenoszone do utworzonej wcześniej tabeli w programie Excel, której wynikiem będzie polecenie max/min dla każdego pręta dla kratownic głównych i komunikacyjnych w celu określenia maksymalnej i minimalnej wartości siły w każdym pręcie dla późniejszego wyboru (obliczenia) przekroju pręta.

Pręt, którego przekrój poprzeczny jest dobierany ze stanu stabilności pręta ściskanego, powinien być w niektórych przypadkach sprawdzany również pod kątem wytrzymałości na rozciąganie z siłą obliczeniową NI_{max}.

4. Wybór sekcji elementów gospodarstwa głównego

Pod względem konstrukcji i warunków obciążenia elementami kratownic głównych są pręty, które pracują pod wpływem cyklicznie zmieniających się sił wzdłużnych.

Pręty - elementy głównych kratownic konstrukcji przęseł mostu kolejowego wyróżniają się potężnymi, rozwiniętymi przekrojami poprzecznymi, co wynika z ich dużych długości i znacznej ilości działających w nich sił.

W starych mostach nitowanych pasy kratownic głównych były jednościenne z narożnikami i blachami poziomymi (rysunek *103a*). Elementy kratownicy były również jednościenne i przymocowane bezpośrednio do pionowych blach pasów. Gospodarstwa z elementami jednoetapowymi okazały się słabe do pracy w warunkach zwiększonego ciężaru pociągów głównie z powodu niewystarczającej sztywności ściskanych elementów w stosunku do osi ściany pionowej. Stwierdzono, że plon zastępuje elementy jednoetapowe elementami dwuetapowymi, które swoją konstrukcją okazały się bardziej odpowiednie do rozwoju przekroju poprzecznego i zapewnienia niezbędnej sztywności elementów, zarówno w płaszczyźnie gospodarstwa, jak i z niego (Rys. 103 b).

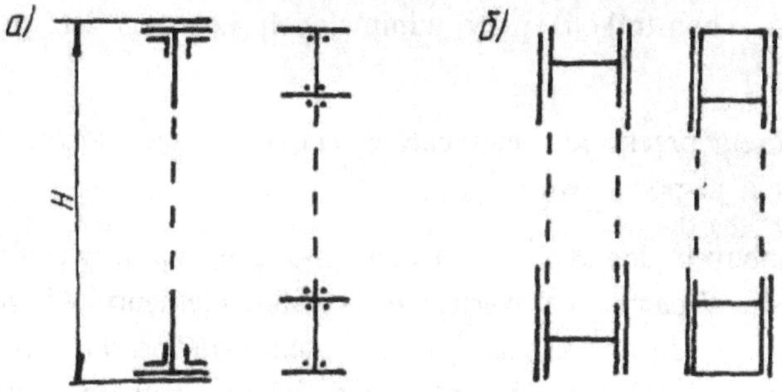

a - przekroje poprzeczne z pasami jednostopniowymi; b - przekroje poprzeczne z pasami dwustopniowymi

Rysunek 103 - Schematy obwodowe przekrojów głównych kratownic konstrukcji rozpiętościowych

Z tych powodów przy projektowaniu kratownic głównych pod współczesnym obciążeniem SC (K = 14) preferuje się elementy o przekroju dwustopniowym: W kształcie litery H (rys. 35 *c*) oraz w kształcie skrzynki (rys. 35 *c-i*). Oprócz wystarczająco wysokiej sztywności w dwóch płaszczyznach, elementy te są technologiczne w produkcji, wygodne do łączenia w połączeniach i węzłach, a także są wystarczająco ekonomiczne na koszt metalu.

Przykład zastosowania tych elementów można zobaczyć w konstrukcjach kratownic głównych typowej konstrukcji (rysunek 58).

Elementy o przekroju jednostopniowym typu I-Tauris (Rys. 35 *a*) praktycznie nie są stosowane w konstrukcjach skręcanych śrubowo kratownic głównych. Można je jednak stosować w konstrukcjach spawanych w głównych gospodarstwach o konstrukcji eksperymentalnej (Rys. 78 i inne).

Dobór odcinków elementów głównych gospodarstw rolnych jest trudną pracą inżynierską, gdyż powinien być dokonywany w granicach licznych, czasem sprzecznych wymogów utrzymania trwałości, stabilności, wytrzymałości, sztywności aerodynamicznej, a jednocześnie utrzymania produkcyjności elementów w produkcji, zrozumiałego zużycia metalu, wygody przy wykonywaniu prac montażowych itp.

Optymalny dobór przekrojów poprzecznych powinien zapewnić niezawodność i operatywność elementów (przez cały okres eksploatacji projektowanej konstrukcji) przy minimalnych kosztach ich produkcji i montażu.

Przed wyborem przekrojów elementów należy przyjąć główną koncepcję projektowania gospodarstwa.

Projekt podobnych głównych gospodarstw może być opracowany w jednej z dwóch wersji. W pierwszym wariancie wszystkie elementy w każdej grupie (pasy, rozpórki, zawieszki, słupy) mają ten sam przekrój poprzeczny, wybrany przez największą siłę w najbardziej obciążonym elemencie. W drugiej wersji, wszystkie elementy w każdej grupie są różne w swoich przekrojach, które są wybierane według wartości siły w nich zawartej.

Obie opcje mają swoje wady i zalety. Ale na wydatki technologiczne na produkcję i instalację pierwszy wariant ma przewagę, a na koszt metalu - drugi. Projekty modelowe głównych gospodarstw rolnych (tabela 4.1) dają pierwszeństwo drugiej opcji.

Oczywiście projekt może być zaakceptowany i pierwszy wariant rozwoju, ale to wszystko powinno być poza rozumowaniem.

Przed rozpoczęciem prac nad wyborem przekrojów elementów gospodarstwa głównego, należy je zidentyfikować i zaakceptować:

- typ przekroju poprzecznego elementu;
- obliczoną długość elementu;
- odbiór (metoda) zmiany wielkości przekrojów elementów;
- podstawowy schemat projektów połączeń i węzłów gospodarstwa głównego zastosowany do wybranego sposobu mocowania i połączeń (na śrubach ciernych, spawanych);
- odległość pomiędzy sparowanymi węzłami w świetle.

Należy również wybrać gatunek stali mostowej jako metalu podstawowego głównych elementów gospodarstwa.

Ogólne wymiary przekrojów poprzecznych głównych elementów gospodarstwa to wysokość "h" i szerokość "b" (rysunek 104). Wysokość przekroju poprzecznego nie powinna przekraczać 1/15 obliczonej długości elementu. Szerokość "b" wszystkich bez wyjątku elementów kratownicy głównej powinna być taka sama i równa odległości pomiędzy sparowanymi fazami węzłów w świetle. Zazwyczaj przyjmuje się go w konstrukcjach mostowych od 400 do 550 mm.

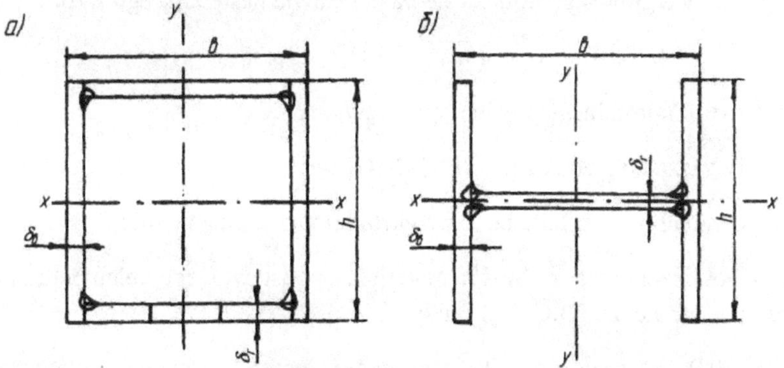

a - zamknięte w kartonie; *b* - otwarte w kształcie litery H

Rysunek 104 - Kształtowniki spawanych dwuściennych elementów kratownic głównych typowych konstrukcji rozpiętościowych

Zaleca się zachowanie proporcji pomiędzy szerokością i wysokością podwójnego przekroju ściany w zakresie b/h = 1,0-1,2.

Grubość blach poziomych δr jest pobierana ze współczynników:

- dla przekrojów poprzecznych pól δr ≥ b/80;

- dla przekrojów H δr ≥ b/45, ale nie mniej niż 12 mm, które spełniają wymagania dotyczące miejscowej stateczności blachy, gdy element jest eksploatowany przy ściskaniu wzdłużnym.

Grubość arkuszy pionowych δв jest pobierana ze współczynników:

- dla przekrojów poprzecznych pól δв = δr;

- dla przekrojów H δв ≥ 1,66-δr przy δв <= 24 mm oraz δв ≥ 2 δr przy δв > 24 mm.

Dopuszczalna grubość graniczna pionowych arkuszy kształtowników spawanych elementów zespawanych o konstrukcji "północnej" wynosi δв = 40 mm, konstrukcja zwykła - δв = 60 mm.

Z reguły zmiana przekrojów elementów taśmowych według różnych wartości sił odbywa się poprzez zmianę wysokości "h" i grubości δв blach pionowych.

Licząc na siłę. Rozciągnięte centralnie i ściśnięte centralnie elementy gospodarstwa głównego oblicza się na podstawie następującego wzoru

$$\sigma = N/ A_n \leq R_y - m/ \gamma_n , \qquad (6.38)$$

gdzie σ **to** normalne napięcie prądu, kgc/cm2;

N - najwyższa obliczona siła (NI lub NII), kgf;

Oszacowana powierzchnia netto przekroju poprzecznego, cm2;

Ry - obliczeniowa nośność materiału podstawowego elementu (stal mostowa, tabele 3.5 i 3.6), kgf/cm2;

m = 0,9 - współczynnik warunków pracy głównych elementów gospodarstwa;

$\gamma n = 1$ - współczynnik niezawodności do tego celu, z uwzględnieniem stopnia odpowiedzialności elementów.

Stąd wymagane pole przekroju poprzecznego elementów z warunków wytrzymałościowych jest równe (w cm2).

$$ATR \geq N \cdot \gamma n / RY \cdot m \qquad (6.39)$$

Ale to nie jest ostateczna wielkość obszaru. Korekta dotyczy prętów ściskanych w oparciu o ogólne badanie stabilności oraz wszystkich prętów (elementów) w głównym gospodarstwie rolnym w oparciu o badanie wytrzymałościowe.

Spełnienie warunków wg wzoru (6.25) gwarantuje sprężystość materiału w obliczonym przekroju elementu i tylko w nim. W tym przypadku zakłada się, że napięcia robocze w przekroju poprzecznym są równomiernie rozłożone.

Przy obliczaniu elementów przymocowanych do elementów węzłowych za pomocą śrub o dużej wytrzymałości, oblicza się powierzchnię przekroju Siatka jest pobierana na skrajny rząd śrub (Rysunek 58, część 1-1), minus otwory. Ale w ten sposób siła obliczeniowa N na elemencie jest zredukowana o wartość 0,5-Qbh-n, gdzie Qbh - siła nośna jednego zetknięcia połączenia ciernego, n - ilość śrub w przekroju konstrukcyjnym; Qbh-n - pełna nośność połączenia ciernego w pierwszym rzędzie styków śrubowych.

Przed sekcją 1-1, siła równa 0,5-Qbh-n jest "usuwana" z elementu, która jest przenoszona na skos przez siły tarcia. Mechanizm przenoszenia siły przez sprzęgło cierne pokazano na rysunku *49a*.

Obliczanie ogólnej stabilności. Nośność ściskanych prętów jest na ogół określana nie na podstawie ich wytrzymałości, lecz na podstawie ich ogólnej stabilności. W momencie utraty stabilności, ściśnięty element farmy zakręca się i traci nośność. Utrata stabilności następuje nagle, bez żadnych widocznych znaków ostrzegawczych. Tracąc stabilność i krzywiznę, ściśnięty pręt powoduje, że wokół jego środków obracają się fazki węzłowe, co z kolei prowadzi do rotacji i zginania pozostałych prętów przylegających do tych węzłów (rysunek 105).

Utrata stabilności ściśniętych prętów może stać się lawinowa i zakończyć się upadkiem gospodarstwa.

W związku z tym zapewnienie ogólnej stabilności ściskanych prętów kratownic głównych jest jednym z najważniejszych zadań podczas projektowania konstrukcji rozpiętościowej.

Problem ten nie ma bezpośredniego teoretycznego rozwiązania, a dobór przekrojów ściskanych elementów odbywa się metodą sekwencyjnego podejścia do pożądanego wyniku.

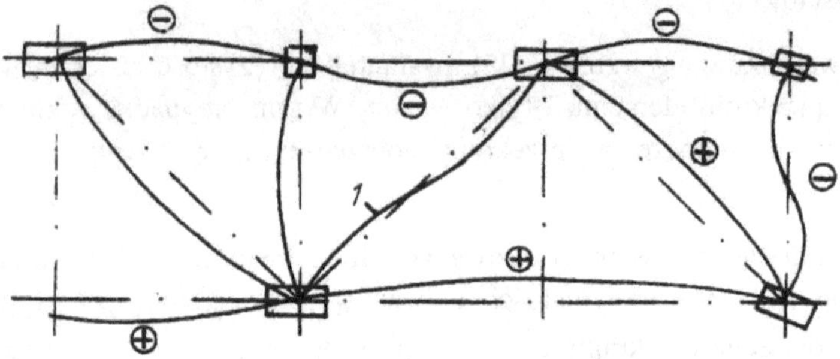

1 - pierwszy pręt (rozpórka) gospodarstwa, który stracił stabilność; "+" - pręt jest rozciągany; "-" - pręt jest ściskany

Rysunek 105 - Wzorzec deformacji gospodarstwa przy utracie stateczności przez ściskany pręt

Wybór sekcji rozpoczyna się od określenia wymaganej powierzchni za pomocą wzoru

Atr = N/ φ-Ry-m (6, 40)

gdzie Atr jest wymaganą powierzchnią przekroju poprzecznego elementu ściskanego centralnie w ogólnych warunkach stabilności, patrz 2;

N - siła ściskania elementu wzdłużnego, kgf;

φ < 1 - współczynnik zginania wzdłużnego określony z tabeli 6.2;

Ry - obliczeniowa nośność materiału podstawowego ściskanego elementu (wg tablic 3.5 i 3.6), kgf/cm2;

m jest współczynnikiem stanu roboczego elementu.

Wzór (6.26) zawiera dwie niewiadome: wymagany przekrój poprzeczny Atr oraz współczynnik zginania wzdłużnego φ, który jest funkcją elastyczności elementu.λ

$$l = \frac{l_0}{r}, \qquad (6.41)$$

gdzie $l_0 = \mu \cdot l$ jest obliczoną długością poszukiwanego elementu głównego gospodarstwa, zob;

$r = \sqrt{\frac{I_{min}}{A_{TP}}}$ - przekrojowy promień bezwładności, patrz;

I_{min} to najmniejszy osiowy moment bezwładności przekroju poprzecznego, patrz 4;

Atra - powierzchnia przekroju poprzecznego, cm2.

Wartości I_{min} i Atre nie są znane.

Wymagana powierzchnia przekroju elementu ściskanego (w pierwszym przybliżeniu) może być określona za pomocą wzoru (6.26), jeśli ma być ustalona przez elastyczność λelementu, na którym można wyznaczyć wartość współczynnika φ.

Maksymalna dopuszczalna elastyczność głównych elementów gospodarstwa została podana w tabeli 6.2.

Tabela 6.2 - Wartości graniczne elastyczności dla podstawowych elementów konstrukcji przęseł mostów kolejowych

Elementy konstrukcji	Ostatecznie elastyczność
Elementy sprężone i sprężone-rozciągnięte w głównych gospodarstwach rolnych; Podpory podpierające; elementy pasa rozciąganego w głównych gospodarstwach rolnych	100
Elementy rozciągające kratownic głównych, z wyjątkiem pasów; elementy wykorzystywane do zmniejszenia obliczonej długości.	150
Elementy ściskane wiązań wzdłużnych kratownic głównych i belek wzdłużnych oraz wiązań hamujących	130
To samo, naciągnięte.	130
Połączenia wzajemne	100
Inne elementy sieciowania	130

Wstępna elastyczność ściskanych i ściskanych elementów górnego pasa kratownicy głównej może być przyjęta na poziomie λ80; elastyczność ściskanych i ściskanych elementów kratownicy równa się λ100.

Odpowiednie wartości współczynnika φ mogą być przypisane zgodnie z tabelą 6.3.

Po nadaniu elastyczności λi zdefiniowaniu odpowiadającego jej współczynnika φ, w pierwszym przybliżeniu określamy wymagane pole przekroju poprzecznego przekroju Atr według wzoru (6.26) oraz wymagany promień bezwładności przekroju Gtr odpowiadający danej elastyczności.λ

$$r = \frac{l_0}{l}, \qquad (6.42)$$

gdzie $l_0 = \mu$-l jest obliczoną (swobodną) długością elementu, patrz;

μ - współczynnik redukcji długości sprasowanych elementów; w naszym przypadku przyjmujemy μ = 1 - dla sprasowanych elementów górnego pasa w gospodarstwie głównym i μ = 0,8 - dla sprasowanych i sprasowanych elementów kratowych;

l - długość elementu zgodnie ze schematem obliczeniowym gospodarstwa głównego, równa odległości między sąsiednimi węzłami, patrz.

Wielkość promienia bezwładności jest w sensie fizycznym miarą rozwoju przekroju poprzecznego elementu (przy jego stałej wielkości kwadratu Atr).

Idąc dalej, wykorzystując znane zależności [4], określamy w pierwszym przybliżeniu ogólne wymiary przekroju h i b, których obszar Atr zdefiniowany jest losowo, biorąc pod uwagę elastyczność elementuλ.

Do sekcji pudełka:

$$h_{TP} = \frac{r_{TP}}{0,43};$$

$$b_{TP} = \frac{r_{TP}}{0,43}. \qquad (6.43)$$

Dla Sekcji H:

$$h_{TP} = \frac{r_{TP}}{0,24}; \qquad (6.44)$$

$$b_{TP} = \frac{r_{TP}}{0,43}. \qquad (6.45)$$

Tabela 6.3 - Współczynniki φ do obliczania całkowitej stateczności prętów i belek

Elastycznośćλ	Współczynnik φ	Elastycznośćλ	Współczynnik φ
0	0,93	110	0,49 (0,44)
10	0,92	120	0,43 (0,41)
20	0,90	130	0,38 (0,37)
30	0,88	140	0,34
40	0,85	150	0,31
50	0,82 (0,80)	160	0,28
60	0,78 (0,73)	170	0,25
70	0,74 (0,66)	180	0,23
80	0,69 (0,60)	190	0,21
90	0,63 (0,54)	200	0,19
100	0,56 (0,49)		

Uwaga Dla elementów spawanych belki dwuteowej i przekrojów dwuteowych przyjmuje się w nawiasach wartości współczynnika φ przy obliczaniu stateczności w płaszczyźnie półki.

Ze względu na zwięzłość prezentacji rozważymy dalsze operacje obliczeń stateczności w odniesieniu do przekroju dwuteowego elementu (Rys. 104 b), mając na uwadze, że rozważany sposób obliczania prętów dla ogólnej stateczności jest w zasadzie uniwersalny i nie ma ograniczeń co do formy i rodzaju kształtowników.

Po określeniu wartości Atr, Gtr, Btr, wybieramy odcinek poziomy. Jego grubość w kategoriach stabilności lokalnej powinna wynosić co najmniej 1/45 odległości pionowej i co najmniej 12 mm. Z dopuszczalnym błędem, można przyjąć, że poziome pole przekroju poprzecznego w pierwszym przybliżeniu jest równe δг - b.

Pozioma powierzchnia przekroju poprzecznego jest brana pod uwagę poprzez uwzględnienie osłabienia otworów rynnowych.

Pozostała część powierzchni Atre, określona według wzoru (6.26), pomniejszona o powierzchnię poziomą netto, jest częścią pionową. Grubość δв jest brana pod uwagę w celu zapewnienia ich lokalnej stabilności w odniesieniu do grubości poziomej

δв / δг = 1,66...2,0 , (6,46)

ale nie więcej niż 40 milimetrów.

W pierwszym przybliżeniu, zwykle nie jest możliwe znalezienie niezbędnego przekroju poprzecznego, który spełniałby warunki spójności wartości Atr, Gtr, Btr, δг, δв oraz niezbędnych relacji δг / b , δв / δг i Gtr / lo, ponieważ przy określaniu pierwszych trzech wartości, początkowa wartość elastyczności została ustalona arbitralnie. Po stwierdzeniu rozbieżności, wartości te są korygowane z następujących powodów.

λJeśli początkowo przyjęta została elastyczność jako bardzo duża, to powierzchnia przekroju poprzecznego jest duża przy stosunkowo słabo rozwiniętych rozmiarach h i b. W związku z tym konieczne jest zmniejszenie obszaru Atre i opracowanie przekroju poprzecznego, co można osiągnąć poprzez zmniejszenie przyjętej elastyczności i, odpowiednio, zwiększenie współczynnika φ.

Podczas korygowania projektu, zmiany w obszarze przekroju dwuteowego są zwykle dokonywane poprzez zmianę wysokości pionowej h.

W ostateczności można również zmienić grubość pionów przy zachowaniu stałej, przyjętej szerokości przekroju poprzecznego b.

W przypadku zmiany wysokości pionowej h, stosunek h/lo = 1/15 jest wartością graniczną i nie może być przekroczony.

Jeśli przyjęta elastyczność jest niewielka, prowadzi to do powstania niewielkiego obszaru o nadmiernie rozbudowanym przekroju poprzecznym. W tym przypadku konieczne jest zwiększenie powierzchni i zmniejszenie rozmiaru przekroju poprzecznego.

Po określeniu parametrów sekcji A, h, b, δr , δ , sprawdza się ich spójność i w konsekwencji poprawność doboru sekcji, określając rzeczywisty poziom naprężenia ściskającego za pomocą wzoru

$$\sigma = N/ \varphi\text{-}_{Abr} \leq RY\text{-}m, \qquad (6.47)$$

gdzie $_{Abr}$ jest polem przekroju poprzecznego brutto, bez odejmowania luzów otworów na śruby, dla rynny itp;

φ = f(λ)- współczynnik zginania wzdłużnego, przyjęty na podstawie rzeczywistej najwyższej elastyczności elementu

$\lambda_1 = lo/rx$ i $\lambda_2 = lo/ry$,

gdzie *rx* i *ry* są promieniami bezwładności osiowej

$$r_X = \sqrt{\frac{I_X}{A_{бр}}} \text{ и } r_Y = \sqrt{\frac{I_Y}{A_{бр}}};$$

wartość współczynnika zginania wzdłużnego φ zgodnie z tabelą 6.2.

$\varphi min{=}f\,(\lambda_{max})$.

W razie potrzeby dokonywana jest dodatkowa korekta wielkości przekroju, zwykle ostatniego.

Wzór Eulera można wykorzystać do dodatkowej kontroli, aby upewnić się, że przekrój poprzeczny centralnie ściskanego elementu jest prawidłowo dobrany.

$$N \leq \pi 2E\text{-}_{Imin/}\,(\mu\text{-}l)^2\,\gamma st, \qquad (6.48)$$

gdzie N jest największą siłą bezwzględną elementu, kgf;

E - moduł sprężystości normalnej materiału podstawowego elementu (stal mostowa, E=2,1-106 kg/cm2);

γst - współczynnik stabilności, uwzględniający ewentualną krzywiznę i mimośrodowość ściskanego elementu;

I_{min} - minimalny moment bezwładności osiowej przekroju poprzecznego elementu, patrz 4;

$\mu\text{-}l = l_0$ - obliczona (swobodna) długość elementu, patrz.

Obliczenia wytrzymałościowe głównych elementów gospodarstwa opierają się na następującym wzorze

$$\sigma max = Nr_{max} / A_n \leq \gamma w\ Ry - m, \quad (6.49).$$

gdzie σ_{max} to najwyższe napięcie normalne w przekroju konstrukcyjnym (rozciąganie - dodatnie), kgc/cm2;

Nr_{max} to obliczona siła w elemencie (maksymalna siła w cyklu), określona metodą podaną w p. 6.2, kgf;

Jest to wartość przekroju poprzecznego elementu określona przez warunki wytrzymałości lub ogólnej stateczności zgodnie z wzorami (6.25) lub (6.32), patrz 2;

$\gamma w \leq 1$ - współczynnik redukcji oporu osiadania Ry; wartość współczynnika oblicza się według wzoru (6,35);

Ry - obliczeniowa nośność materiału podstawowego elementu (tabele 3.5 i 3.6), kgf/cm2;

m = 0,9 - współczynnik warunków pracy elementu.

Współczynnik γw określa się według wzoru

$$\gamma = 1/(\zeta\text{-}(a\text{-}Ke\text{-}{+}\text{-}b)\text{-}(a\text{-}Ke\text{-}{+}b)R \leq 1 \quad (6,50)$$

gdzie ζ jest współczynnikiem zależnym od długości obciążenia λlinii oddziaływania przy wyznaczaniu siły obliczeniowej Nr_{max}; przy > 22 m, λ= 1;

a, b - współczynniki uwzględniające wrażliwość stali na karby oraz niestacjonarność rzeczywistego obciążenia cyklicznego; współczynniki są określone z tabeli 6.4;

K jest efektywnym współczynnikiem koncentracji naprężeń, zaczerpniętym z tabeli 6.4; $R = Nr_{min} / Nr_{max}$ jest współczynnikiem asymetrii powtarzającego się cyklu obciążenia elementu;

Nr_{min} Nr_{max} to najniższa i najwyższa bezwzględna wartość siły w cyklu obciążenia elementu (wraz z jej znakami).

We wzorze (6.50), górne znaki w nawiasach powinny być akceptowane, jeśli

$Nr_{min} > 0$, a niższe, jeśli $Nr_{max} < 0$.

Tabela 6.4 - Współczynniki *a i b* do wzoru (6.50)

Znaki Stal	Wartości współczynników	
	a	b
16Д	0,64	0,20
15ХСНД	0,72	0,24
10XND, 15XND-40.	0,81	0,20
14G2AFD, 15G2AFDps	0,81	0,20

Tabela 6.5 - Współczynnik efektywnej koncentracji naprężeń Ke typowych elementów konstrukcji spawanych do obliczeń wytrzymałościowych [6]

Характеристика сечения	Схема соединения, расчетное сечение *a–a*	*Кэ* для сталей	
		16Д	низколег.
По основному металлу вдали от сварных швов			
Основной метал.л с прокатной поверхностью и фрезерованными кромками. То же с кромками после газовой резки: а) ручной; б) машинной.	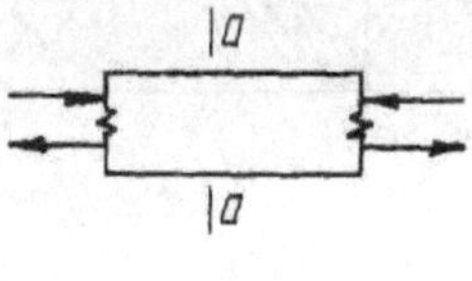	1,0 1,4 1,1	1.0 1,8 1,2
Основной метал.л с прокатной поверхностью и фрезерованными кромками: а) R = 1 мм (прямой угол); б) R = 10 мм; в) R ≥ 200 мм.	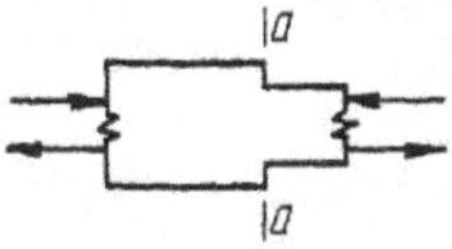 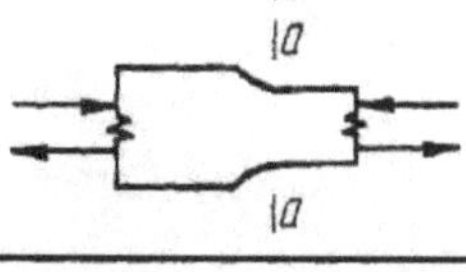	2.0 1,6 1,0	- - 1.0

Характеристика сечения	Схема соединения, расчетное сечение *а–а*	*Кэ* для сталей	
		16Д	низколег.
По основному металлу в местах перехода к сварным швам			
По основному металлу растянутых поясов балок и элементов ферм в сечениях вблизи поперечных диафрагм и ребер, приваренных угловыми швами: а) без механической обработки швов; б) при механической обработке.	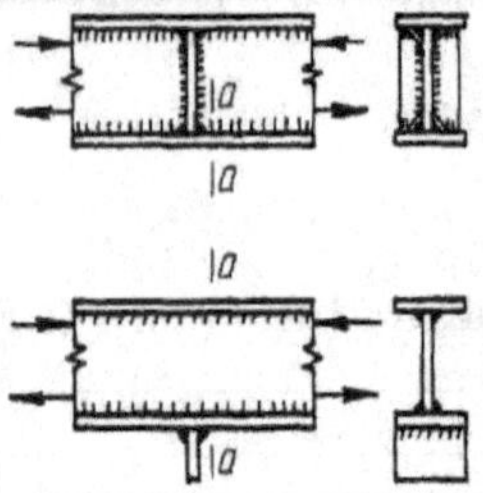	1,6 1,1	2.2 1.2
По основному металлу в переходах к смежным элементам			
По основному металлу элементов в местах, где обрываются смежные детали: а) фасонки прямоугольной формы, приваренные к поясам балок или элементов ферм встык или втавр, без механической обработки; б) фасонки плавной криволинейной формы, приваренные к поясам балок или элементов ферм встык или втавр, с механической обработкой (рис. 58).	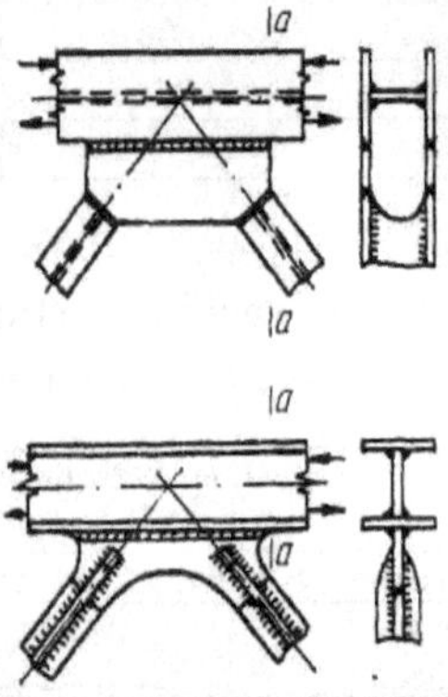	2.5 1.2	3.5 1.4

Kontynuacja tabeli 6.5

Характеристика сечения	Схема соединения, расчетное сечение *a–a*	*Кэ* для сталей	
		16Д	низколег.
По основному металлу вдали от сварных швов			
Основной металл элементов в сечениях: а) нетто со свободными отверстиями, образованными сверлением; б) то же, в прикреплении к узлу (или в стыке) с двусторонними накладками двустенчатых элементов, у которых прикрепленная часть сечения составляет к общей площади сечения не менее 60 %; в) то же, в прикреплении к узлу (или в стыке) с односторонними накладками одностенчатых элементов.	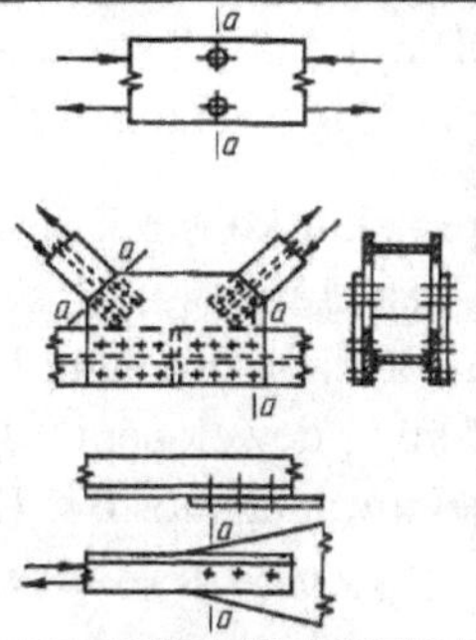	1,3 1,6 2,2	1.5 1.8 2.5
По основному металлу в местах перехода к сварным швам			
По основному металлу элементов в сечении по границе необработанного стыкового шва с усилением, имеющим плавный переход.	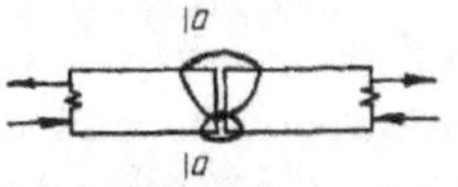	1.4	1.8
По основному металлу элементов в сечении по зоне перехода к стыковому шву, обработанному абразивным кругом или фрезой (рис. 54).	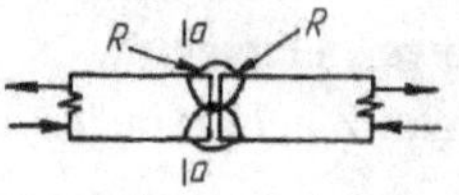	1.0	1.0
По основному металлу элементов, приваренных внахлестку, в сечении на границе лобового шва (рис. 55): а) без механической обработки этого шва (при отношении катетов $b/h \geq 2$); б) при механической обработке этого шва ($b/h \geq 2$).	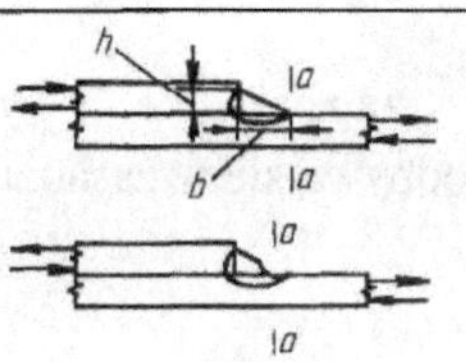	2.3 1.2	3.2 1.4
По основному металлу элементов, приваренных внахлестку фланговыми швами, в сечениях по концам этих швов.	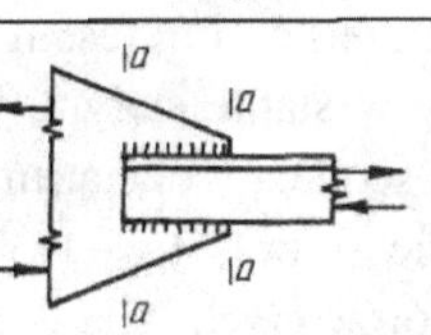	3.4	4.4

Na podstawie wyników badań wytrzymałościowych elementów może być konieczne dostosowanie wielkości ich przekrojów wybranych z warunków wytrzymałości lub stabilności, lub podjęcie innych środków w celu zapewnienia wystarczającego poziomu wytrzymałości zmęczeniowej elementów. Świadome i skuteczne działania w tym kierunku są możliwe tylko w oparciu o wystarczające zrozumienie istoty porażki zmęczeniowej we wszystkich jej istotnych aspektach.

5. Problem złamania zmęczeniowego

W rozdziale **V** podano krótki opis zmęczenia materiału jako jednego z rodzajów uszkodzeń mechanicznych, które są niebezpieczne dla metalowych konstrukcji mostowych. Dla praktyki projektowej informacje te nie są wystarczające i powinny zostać rozszerzone i określone.

Podczas opracowywania projektu konstrukcji rozpiętościowej nieunikniona jest potrzeba obsługi i specjalnej wytrzymałości zmęczeniowej elementów i połączeń. Ale produktywna praca ze źródłami literackimi jest możliwa tylko przy pewnym przeszkoleniu dewelopera. Jednocześnie podręczniki i instrukcje dotyczące projektowania mostów [2, 5, 31] oraz odpowiednie dokumenty regulacyjne [6] nie poświęcają tej kwestii absolutnie wystarczającej uwagi.

Poniższy rozdział powinien do pewnego stopnia wypełnić tę lukę. Przy wyborze materiału przekrojowego chodziło o ujawnienie i objaśnienie w zwięzłej formie istoty metody i sposobów zapewnienia niezbędnej wytrzymałości zmęczeniowej elementów i połączeń głównej struktury gospodarstwa, co jest jednym z najważniejszych zadań projektu konstrukcji przęsłowej.

Rozwiązanie problemu zapewnienia wytrzymałości zmęczeniowej elementów (belek) jezdni odbywa się w zasadzie tą samą metodą.

Definicje i terminy

Cykl napięciowy jest najmniejszym okresem zależności napięcia od czasu i jest okresowo powtarzany w stanie stałym, jak pokazano na rysunku 103. Przedstawione na rysunku schematy obciążeń cyklicznych są wykreślone we współrzędnych "naprężenie - czas" (σ - t). W razie potrzeby, wykresy te można narysować we współrzędnych "siła w elemencie - czas".

Napięcie znamionowe - napięcie odniesione do nieprzerwanego przekroju poprzecznego i określone za pomocą podstawowych wzorów, np.

$$s_n = \frac{N}{A}; s_n = \frac{M}{W}; t_n = \frac{Q}{A},$$

przy założeniu równomiernej dystrybucji.

Maksymalne napięcie σ_{max} jest najwyższym cyklicznym napięciem o wartości algebraicznej. Napięcie rozciągające jest uważane za dodatnie, a napięcie ściskające za ujemne.

Minimalne napięcie σ_{min} jest najniższym cyklicznym napięciem o wartości algebraicznej. Napięcie rozciągające jest uważane za dodatnie, a napięcie ściskające za ujemne.

Zakres napięcia $2\sigma a = \sigma_{max} - \sigma min$ - algebraiczna różnica maksymalnego i minimalnego napięcia cyklu.

Amplituda napięcia (lub zmiennej części składowej napięcia cyklu) jest równa połowie zakresu napięcia cyklu

$\sigma a = 0{,}5(\sigma max - \sigma min)$.

Średnie napięcie (lub stała składowa napięcia cyklu) - średnia algebraiczna z minimalnego napięcia cyklu

$\sigma m = 0{,}5(\sigma max + \sigma min)$.

Wielokrotne obciążenie dowolnym typem cyklu można sobie wyobrazić jako nakładanie na siebie symetrycznego cyklu o amplitudzie σa na napięcie statyczne równe wartości średniego napięcia cyklu σm. Najwyraźniej widać to na rysunku 106 b.

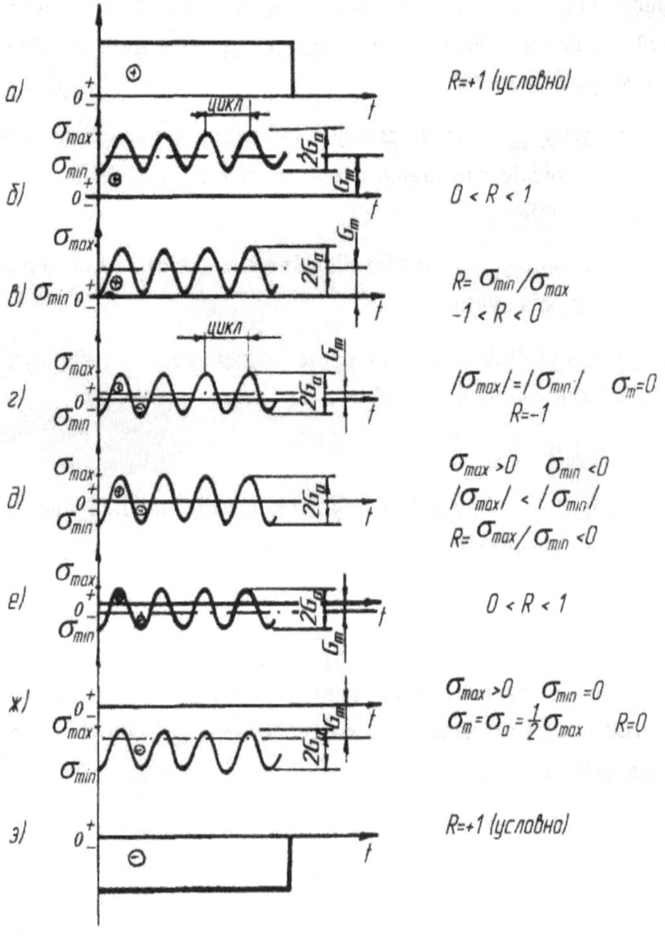

Rysunek 106 - Rodzaje powtarzających się zmiennych cykli obciążenia o różnych wartościach współczynników asymetrii R(r) = σmin/σmax.

<u>Cykliczny współczynnik asymetrii</u> - stosunek najmniejszej w wartości bezwzględnej napięcia cyklu do największej z uwzględnieniem ich znaków. Wynika z tego na przykład, że dla cyklu napięciowego pokazanego na rysunku *106g* współczynnik asymetrii R = $_{\sigma min}$ / $_{\sigma max,}$ od ¦ σmin´<¦ σmax´. Dla pętli na rysunku 106 e R = $_{\sigma max}$ / $_{\sigma min}$, od ¦ σmax¦<¦ σmin¦.

Wartości współczynników asymetrii dla wszystkich możliwych typów obciążeń znajdują się w zakresie od R = +1 do R = -1.

Współczynnik amplitudy cyklu A charakteryzuje stosunek zmiennej σa do stałej $_{\sigma m}$ składowych cyklu A = σa / $_{\sigma m}$ = (1-R)/(1+R). Przy σ_a = 0 obciążenie staje się statyczne, przy $_{\sigma m}$ = 0 obciążenie ma symetryczny cykl zmienny.

Krzywa zmęczenia i granica wytrzymałości - te pojęcia będą rozpatrywane łącznie, ponieważ są one bezpośrednim odzwierciedleniem i wynikiem badań eksperymentalnych i są obiektywnie powiązane.

Jednym z głównych celów badań zmęczeniowych jest ocena odporności próbek (pierwiastków, związków itp.) na zniszczenie pod wpływem obciążenia cyklicznego (zmiennego powtarzalnego).

Badania zmęczeniowe wykonywane są na specjalnych maszynach wytrzymałościowych umożliwiających badanie odporności zmęczeniowej próbek o różnych kształtach i rozmiarach w szerokim zakresie rodzajów obciążeń i częstotliwości cykli ekspozycji. Przeprowadzają również testy in-situ struktur, które dostarczają najcenniejszych danych. Ale są one bardzo długie i drogie.

W celu skonstruowania krzywej zmęczeniowej i uzyskania wiarygodnych informacji o odporności materiału na zniszczenie zmęczeniowe w każdym z wariantów warunków próby zmęczeniowej, konieczne jest posiadanie co najmniej 9-10 podobnych próbek. Wraz ze wzrostem liczby próbek w serii, zwiększa się wiarygodność informacji.

Krzywa zmęczenia (wykres σ - N) pokazana na rysunku 107 jest najczęstszą formą prezentacji wyników badań laboratoryjnych.

Każdy z punktów, na których skonstruowana jest krzywa zmęczeniowa, jest wynikiem próby zmęczeniowej przed zniszczeniem jednej próbki (tego samego typu) przy danej wartości $_{\sigma max}$ cyklu obciążenia, której typ jest wybierany z góry i która jest utrzymywana bez zmian podczas całej serii prób (R = konst).

Próby zmęczeniowe wykonywane są przy stopniowo malejącej wartości σ_{max} dla każdej kolejnej próbki, która jest badana do zniszczenia. Gdy ostatnie próbki z serii wytrzymają określoną liczbę cykli obciążenia bez uszkodzenia, próba zostaje zakończona. Ta określona liczba cykli jest nazywana bazą testową. Dla próbek stali (pierwiastków, związków) podstawa jest pobierana średnio w 2-106 cyklach. Ta wartość bazowa nie jest wybrana przypadkowo.

Specjalne próby zmęczeniowe wykazały, że próbki stalowe (elementy, złącza), które wytrzymały 2-106 cykli obciążeniowych bez pęknięć zmęczeniowych, mogą nadal pracować, zachowując jednocześnie swoją nośność i integralność pod wpływem dowolnej liczby (przypuszczalnie) cykli obciążeniowych. Należy pamiętać, że nie wszystkie materiały budowlane mają takie niesamowite właściwości, ale tylko stale i stopy tytanu.

Wartość maksymalnego napięcia cyklu $\sigma_{max,}$ poniżej której próbka (element, połączenie) bez zniszczenia może pracować tak długo, jak chcesz, tzn. pod wpływem dowolnej liczby cykli obciążenia (od 2-106 i więcej), jest powszechnie określana jako prawdziwa granica wytrzymałości i oznaczana symbolem $_{\sigma R}$, gdzie R - współczynnik asymetrii cyklu.

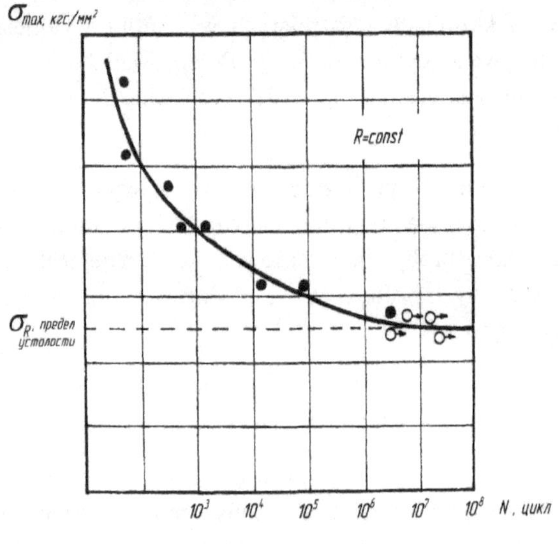

σtax - maksymalne naprężenie w cyklu; *N* - liczba cykli obciążenia przed zniszczeniem próbki

Rysunek 107 - Krzywa zmęczenia (Wohler) jako graficzne przedstawienie laboratoryjnych danych zmęczeniowych z serii podobnych próbek w postaci współrzędnych naturalnych $_{\sigma max\text{-}N.}$

Granica zmęczeniowa σ_R jest jedyną obiektywną miarą oceny odporności materiału (elementu, połączenia) na uszkodzenie zmęczeniowe.

Przy wykreślaniu krzywej zmęczeniowej na osi, rzędna określa wartość $_{\sigma max}$, na osi odciętych - liczbę cykli obciążenia N, które próbka wytrzymała do momentu uszkodzenia. Sama krzywa zmęczenia zajmuje średnie miejsce w polu punktów doświadczalnych, nakreślając tylko zależność korelacji wartości $_{\sigma max}$ i N_i.

Jak widać na rysunku 107, prawy przekrój krzywej zmęczeniowej wychodzi na poziomą linię prostą, której rzędna jest równa średniej wartości granicy wytrzymałości $_{\sigma R}$. Wyjście na poziomej linii prostej występuje, jak już wspomniano, przy N = 2-106 cyklach.

Krzywa zmęczeniowa skonstruowana we współrzędnych logarytmicznych lg $_{\sigma max}$ - lgN (Rysunek 108) ma postać pochylonej linii A-B z punktem przerwania przy $_{\sigma max}$ = $_{\sigma R}$ i przejściem do odcinka poziomego. Pochylona linia A-B dokładnie odwzorowuje wyniki badań zmęczeniowych i w tym sensie jest identyczna z "klasyczną" krzywą zmęczeniową (rysunek 107), w zakresie N = 2-106.

Krzywa zmęczenia przy liniowym charakterze zależności lg $_{\sigma max}$ - lgN jest wygodniejsza w statystycznym przetwarzaniu danych doświadczalnych, porównywaniu wyników podobnych badań, obliczaniu ograniczonych granic wytrzymałości, itp.

<u>Ograniczona granica wytrzymałości</u> jest największym naprężeniem, które próbka może wytrzymać bez pęknięcia, gdy jest narażona na określoną liczbę cykli. Odnosząc się do wartości ograniczonej granicy wytrzymałości, należy wskazać liczbę cykli, do których jest ona przypisana. Krzywa zmęczenia materiału (rys. 105) przedstawia wartość ograniczonej granicy wytrzymałości w oparciu o badania N = ^{105} cykli.

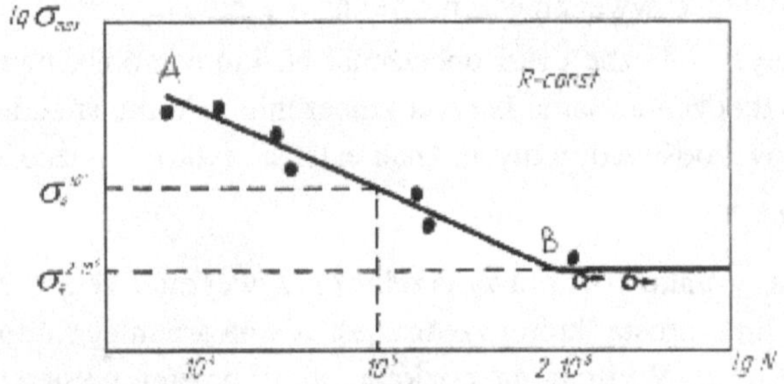

Rysunek 108 - Krzywa zmęczenia we współrzędnych logarytmicznych

Trwałość N to liczba cykli obciążenia, jaką próbka wytrzymała do zniszczenia (w określonych warunkach badania).

Krzywe zmęczenia o równym prawdopodobieństwie. Charakterystyka zmęczeniowa - granica zmęczeniowa i trwałość nie są dobrze określonymi, stałymi wartościami, ale wartościami probabilistycznymi, ponieważ badania zmęczeniowe ujawniają znaczne wahania wartości losowych.

Przetwarzanie wyników badań zmęczeniowych często ogranicza się do konstruowania średnich krzywych zmęczeniowych (rysunki 107 i 108) oraz wyznaczania średnich wartości granicznych zmęczenia materiału dla badanych serii próbek σ_R.

Wartość średniej krzywej nie jest zbyt wysoka, ponieważ dostarcza jedynie jakościowych informacji o odporności badanych próbek na zniszczenie zmęczeniowe przy różnych poziomach maksymalnego naprężenia cyklicznego σ_{max}.

Konstrukcja i zastosowanie uśrednionych krzywych zmęczeniowych może być wystarczające i dopuszczalne tylko w przypadku przeprowadzania badań porównawczych, aby ocenić, na przykład, wpływ różnych procesów na wytrzymałość materiałów (elementów, połączeń) na uszkodzenia zmęczeniowe.

Nie jest możliwe zastosowanie średniej granicy zmęczenia materiału w obliczeniach wytrzymałościowych, ponieważ prawdopodobieństwo przedwczesnego uszkodzenia (jak również niezawodność) projektowanego i produkowanego elementu konstrukcyjnego jest nieznane.

Wartość wyników badań zmęczeniowych może być znacznie zwiększona poprzez przetworzenie pola punktów doświadczalnych przy użyciu statystyki matematycznej.

Rozważmy pokrótce metodologię krzywych zmęczeniowych o równym prawdopodobieństwie uszkodzenia.

Rysunek 109 przedstawia pole punktów doświadczalnych uzyskanych z badań zmęczeniowych serii podobnych próbek o łącznej liczbie n przy sześciu poziomach napięcia $_{\sigma max}$.

Na każdym poziomie $_{\sigma max\ i}$ równe części całkowitej liczby próbek są badane przed uszkodzeniem. Nazwijmy tę część próbek próbką pv, a łączną liczbę badanych próbek o populacji n = 6nv .

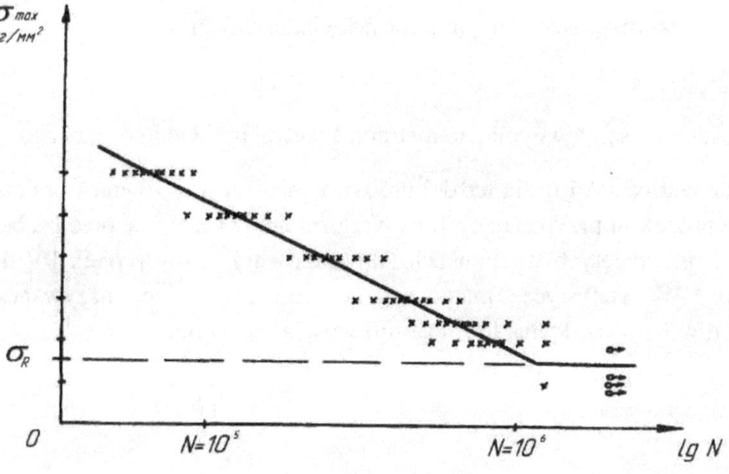

Rysunek 109 - Pole punktu doświadczalnego, na podstawie wyników badań zmęczeniowych podobnych próbek przy sześciu poziomach maksymalnego naprężenia w cyklu $_{\sigma max}$ we współrzędnych pół-logarytmicznych *σmax - lgN;* wszystkie próbki badano przy stałej wartości współczynnika asymetrii cyklu *R = konst.*

Ustalono, że charakter rozkładu punktów doświadczalnych na każdym poziomie σ_{max} podlega prawu normalnego rozkładu. Pozwala to na skonstruowanie eksperymentalnych wykresów rozkładu trwałości próbki N_i dla każdej próbki (Rysunek 110). Te wykresy-histogramy to krzywe rozkładu normalnego (krzywe gaussowskie) według ich parametrów.

Aby zbudować histogram dla każdej próbki na wszystkich poziomach σ_{max}, konieczne jest obliczenie średniej wartości ā trwałości zniszczonych próbek.

$$\bar{a}=\sum Ni/pv, \qquad (6.51)$$

gdzie pv jest wartością pobrania próbki przez liczbę pobranych próbek, szt;

N_i to długowieczność *i-tej próbki*, cykli oraz wartość średniego odchylenia kwadratowego $\sigma = \sqrt{S2}$,

gdzie S2 jest rozproszeniem punktów doświadczalnych

$$S2=\sum(N_i - \bar{a})^2, \qquad (6.52)$$

Wartości ā i σ są głównymi parametrami krzywej rozkładu normalnego.

Oprócz wartości ā i σ dla każdej próbki, konieczne jest również obliczenie liczby próbek ni przypadających na wartości ich trwałości w przedziałach I, II i III osi odciętych w ułamkach (%) całkowitej liczby próbek PV danej próbki. W statystyce matematycznej udziały takie nazywane są częstotliwością względną, lub "częstotliwością" zdarzenia.

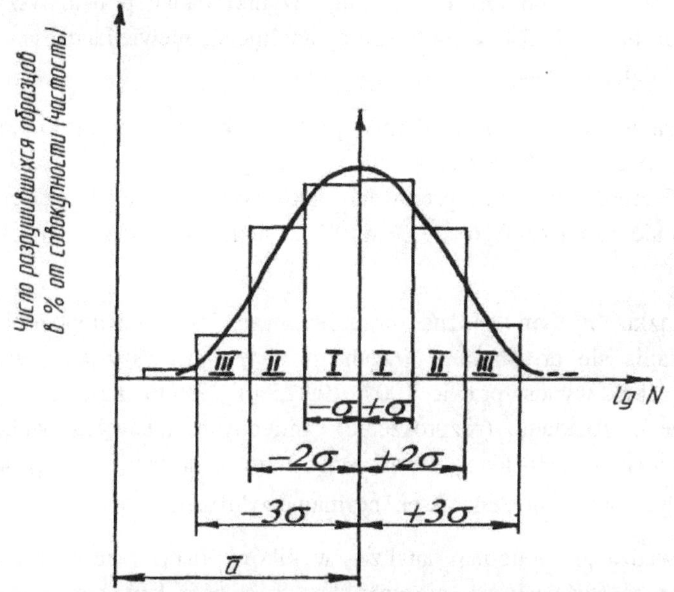

a - średnia trwałość badanych próbek próbki; σ - średnie kwadratowe odchylenie trwałości od wartości średniej (odchylenie standardowe); I, II, III - przedziały odchyleń trwałości próbek od wartości średniej.

Rysunek 110 - Schemat doświadczalny (histogram) rozkładu (rozproszenia) trwałości próbek jednej próbki badanych na jednym poziomie cyklu, zgodnie z prawem "normalnego" rozkładu gaussa

W pierwszym odstępie osi odciętych o szerokości 2σ (Riunok 110), próbki o wytrzymałości mieszczą się w zakresie od (ā - σ) do (ā + σ). Przy normalnym rozkładzie, jaki mamy w tym przypadku, udział takich próbek (częstotliwość) z ogólnej liczby próbek w próbie wynosi średnio 0,6827 (68,27%). W drugim przedziale, równym szerokości pierwszego, spada mniejszy odsetek próbek - 0,2718 (27,18%). W trzecim przedziale, równym szerokości każdej z dwóch pierwszych próbek, tylko 0,0430 (4,3%) próbek wpada do próbki.

Nietrudno jest obliczyć, że 95,45% wszystkich próbek mieści się w obszarze rozprzestrzeniania się punktów doświadczalnych o szerokości równej dwóm pierwszym przedziałom (4σ lub ± 2σ).

Pole rozpraszania 6σ (± 3σ) obejmuje wyniki badań prawie wszystkich próbek próbki - 99,75%. Poza tą strefą znajduje się niewielka część - 0,25% próbek (i całej populacji).

Należy zauważyć, że wartość ułamka próbek, które dostały się do pierwszej strefy rozpraszania "one-sigma" zgodnie z wynikami badań (±σ) i równa 68,27 % może być interpretowana jako wartość prawdopodobieństwa dostania się do tej strefy 68,27 % wyników badań wszystkich próbek danej próbki.

W związku z tym można argumentować, że prawdopodobieństwo przedostania się do obszaru "trzechsigma" (± 3σ) wszystkich wyników badań próbek wynosi prawie 100% (99,75%). Jest to niezmienne prawo normalnego rozkładu (rozproszenia) zmiennych losowych wokół ich średniej wartości. Różnica w trwałości badanych próbek przy $_{\sigma max}$ = const ma, jak już zauważono, charakter "normalnego" rozkładu.

Przeprowadzając podobną analizę wyników badań przy wszystkich przyjętych wartościach $_{\sigma max}$, możemy skonstruować rodzinę histogramów dla wszystkich próbek, a na nich - krzywe o równym prawdopodobieństwie uszkodzenia zmęczeniowego (rys. 111).

Przedstawiony na rysunku wykres przedstawia wyniki statystycznego przetwarzania danych z prób zmęczeniowych serii (zestawu) podobnych próbek przeprowadzonych na kilku poziomach σmax w zakresie wartości od oporu czasowego materiału σB do granicy zmęczenia $_{\sigma R\ na}$ podstawie około 2-106 cykli. Przy konstruowaniu rodziny krzywych o równym prawdopodobieństwie użyto prawie całego pola punktów doświadczalnych (99,75%), ponieważ szerokość pasma rozpraszania *KL* = ± 3σ. W związku z tym informacje zawarte w wykresie są statystycznie wiarygodne.

Oczywiście, najcenniejszą informacją jest informacja o trwałości Ni i ograniczonych granicach zmęczenia badanych próbek.

W ten sposób za pomocą prostych operacji na wykresie można określić wartości ilościowe N1 i N2 , gdzie N1 = Ncr - 3σ - granica statystycznie wiarygodnej liczby cykli obciążenia, którą próbki próbki mogą wytrzymać bez uszkodzenia podczas prób zmęczeniowych na poziomie z prawdopodobieństwem uszkodzenia P < 1%, oraz stopień wiarygodności

Rs > 99% (Rysunek 111). Wartość N1 może być interpretowana jako ważna, statystycznie wiarygodna trwałość próbek z całej serii (w określonych warunkach testu zmęczeniowego).

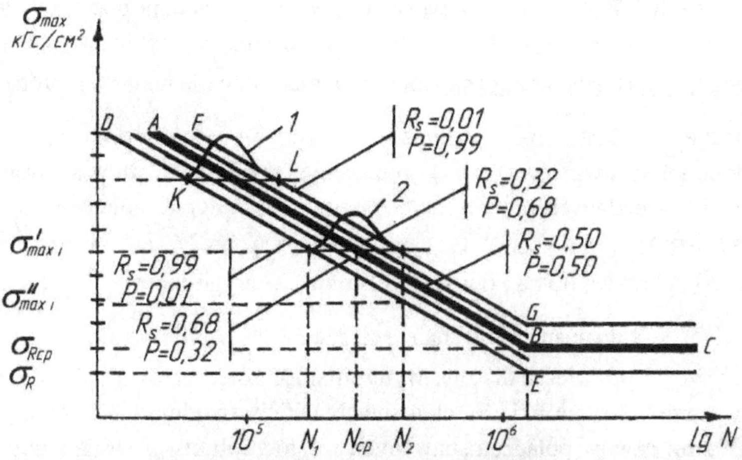

P - prawdopodobieństwo złamania; *Rs = 1 -P* - wiarygodność; 1 , 2 - wykresy rozkładu trwałości badanych próbek przy przyjętych poziomach $\sigma_{max\,i}$ (histogramy, rysunek 106); *KL* = *±3σ* - szerokość strefy rozkładu trwałości badanych próbek "trzysigma"; *ABC* - średnia krzywa zmęczenia; *DE* - krzywa zmęczenia o parametrach *Rs = 0,99* i *P = 0,01; FG* - krzywa zmęczeniowa o parametrach *Rs = 0,01* i *P* = 0,99; *N1, Ncp; N2* - odpowiednio najmniejsza, średnia i najdłuższa trwałość jednej próbki badanej na poziomie maksymalnego naprężenia w cyklu $\sigma_{max\,i}$; σ_{Rcp} - granica zmęczenia określona na podstawie średniej krzywej *ABC;* σ_R - granica zmęczenia określona na podstawie krzywej zmęczenia *DE*

Rysunek 111 - Krzywe o równym prawdopodobieństwie uszkodzenia zmęczeniowego we współrzędnych σ_{max} **- *N***

N2 = Ncr + 3σ - to graniczna liczba cykli obciążenia, która nie wytrzymuje prawie wszystkich próbek próbki (i całego zestawu) w tych warunkach badania, p > 99%, Rs < 1,0%.

Należy zauważyć, że wartość trwałości próbek tej samej próbki, określona na podstawie średniej krzywej zmęczenia materiału (nachylona linia AB), jest równa Ncr; w zakresie trwałości ta wartość Ncr (p = Rs = 50%) jest nie do przyjęcia dla praktycznych celów projektowych.

Zwiększenie trwałości próbek badanego typu do poziomu, na przykład N2, można uzyskać poprzez zmniejszenie wartości maksymalnego napięcia cyklu do wartości σ_{maxi}. Pod tym obciążeniem, liczba cykli N2 będzie stanowić trwałość próbek o wysokim stopniu niezawodności (p < 1%, Rs > 99%).

Uwaga, jeżeli N2 jest równy przypisanej podstawie badania pod względem liczby cykli, to maksymalna wartość naprężenia w cyklu σ_{maxi} jest ograniczoną wartością graniczną zmęczenia materiału dla badanych próbek.

Informacje podane na wykresie z rodziną krzywych równego prawdopodobieństwa (rys. 111) pozwalają stwierdzić, że za granicę zmęczeniową badanych próbek (na podstawie 2-106 cykli) należy uznać nie wartość σ_{RcR} wyznaczoną krzywą uśrednioną (AB), ale wartość σR wyznaczoną krzywą dolną i o wysokim stopniu wiarygodności.

Wartość $_{\sigma R}$ jest uważana za granicę zmęczenia całej próbki (elementu). W rzeczywistości odzwierciedla ona wytrzymałość zmęczeniową najsłabszego punktu (przekroju) próbki. W elementach takich znajdują się z reguły w pobliżu stref szwów połączeń spawanych węzłów lub otworów na śruby (w wariancie wykonania węzłów na śrubach o dużej wytrzymałości).

W tych obszarach, podczas pracy elementu, tworzy się koncentracja naprężeń, która powoduje powstawanie pęknięć zmęczeniowych (omówione bardziej szczegółowo poniżej). Fakt ten jest brany pod uwagę przy wyborze przekrojów projektowych (tabela 6.4).

Granica zmęczenia $_{\sigma R}$ elementu konstrukcyjnego, określona na podstawie wyników terenowych badań zmęczeniowych, przetworzonych metodami statystyki matematycznej, jest jedyną obiektywną i wiarygodną miarą wytrzymałości zmęczeniowej elementu. Niestety, próby zmęczeniowe dużych elementów i zespołów są bardzo kosztowne i czasochłonne. W praktyce musimy więc zadowolić się testowaniem małych próbek za pomocą uproszczonych programów. Badania te pozwalają jednak na uzyskanie bardzo cennych danych, które przy kwalifikowanym podejściu całkiem słusznie mogą być wykorzystane w obliczeniach dotyczących wytrzymałości i przy wyborze wariantu konstrukcyjnej rejestracji elementów i połączeń konstrukcji metalowej.

Wróćmy do formuły (6.34), która służy do badania elementów głównego gospodarstwa na wytrzymałość. Koncepcja wzoru jest wystarczająco prosta: wytrzymałość zmęczeniowa badanego elementu jest podana, jeżeli naprężenie bieżące w przekroju obliczeniowym σmax, ef nie przekracza obliczonej nośności zmęczeniowej (γw -Ry).

Zgodnie z przeznaczeniem, ta charakterystyka projektowa jest tolerowanym napięciem ograniczającym napięcie prądu σmax. Fizycznie jest to odpowiednik granicy zmęczenia σR badanego elementu.

Jako podstawę obliczeń odporności zmęczeniowej (γw-Ry) przyjmuje się charakterystykę Ry. Jest to obliczeniowa nośność metalu podstawowego badanego elementu (wybrany gatunek stali mostowej, tabele 3.5 i 3.6). Charakterystyka Ry jest wartością stałą (Ry = $\sigma Tmin$ / γm).

Również stałą wartością we wzorze (6.35) jest Nr max - maksymalna siła cyklu obciążenia, pod wpływem której element pracuje. Sposób określania wartości maksymalnej Nr jest rozważany powyżej w punkcie 6.2.

Zadaniem obliczeń wytrzymałościowych jest określenie wymaganego pola przekroju poprzecznego elementu netto.

$$An \geq Nr_{max} / \gamma w - Ry,$$

gdzie należy zapewnić wymaganą trwałość (2-106 cykli i więcej) elementu.

Nietrudno zauważyć, że przy stałych wartościach Nr max i Ry wielkość powierzchni jest określana przez wielkość współczynnika redukcyjnego γw według wzoru (6,50).

Przy wyznaczaniu wartości współczynnika γw uwzględnia się bezpośrednio tylko dwa główne czynniki wpływu: koncentrację naprężeń (przez C) oraz specyficzność obciążenia zmęczeniowego elementu (przez R). Pozostała część czynników wpływu jest uwzględniana pośrednio poprzez wartości empirycznych współczynników *a i* b (tabela 6.4).

Jednak, jak wiadomo, trwałość elementu na wymaganym poziomie (2-106 cykli) może być zapewniona tylko pod warunkiem, że $\sigma max \leq \sigma R$.

Analiza doświadczeń eksploatacyjnych konstrukcji przęsłowych w ramach mostów eksploatacyjnych pozwala na ustalenie poziomu maksymalnego napięcia cyklu obciążeniowego, przy którym faktycznie zapewniona jest wymagana trwałość elementów kratownic głównych.

Poprzez odpowiedni dobór normatywnie ustalonych wartości współczynników a i b "bezpiecznych" napięć $_{\sigma max}$ oraz charakterystyki projektowej (γw-Ry) są zadowalająco przybliżone.

Definicja obliczonej wartości oporu zmęczeniowego

(γw - Ry) oraz badania wytrzymałościowe przeprowadzane według wzorów (6.4) i (6.5) zapewniają niezawodność i użytkowalność elementów kratownic głównych w granicach 2-106 cykli obciążeń pod warunkiem właściwego doboru materiału, optymalnego zaprojektowania elementów i połączeń, a także odpowiedniej kontroli technicznej podczas produkcji i montażu.

Najlepszym sposobem zapobiegania przedwczesnym pęknięciom zmęczeniowym jest wyeliminowanie lub ograniczenie czynników przyczyniających się do uszkodzeń zmęczeniowych.

Eksperymentalne badania zmęczeniowe i doświadczenia eksploatacyjne konstrukcji stalowych pracujących pod obciążeniami cyklicznymi pokazują, że na wytrzymałość elementów spawanych na zmęczenie materiału mają wpływ następujące czynniki:

- koncentracja naprężeń spowodowana geometrycznym kształtem elementów i połączeń, a także wadami pochodzenia technologicznego;
- liczba cykli dla powtarzających się zastosowań obciążenia;
- charakterystykę cyklu przeładunkowego;
- właściwości mechaniczne materiału;
- efekt skali;
- jakość obróbki lub stan powierzchni;
- Prędkość załadunku;
- naprężenia szczątkowe;
- rdza, itp.

Stężenie naprężeń jest zjawiskiem, które z zewnątrz przejawia się w lokalnym wzroście naprężeń w obszarach przyległych do miejsc z gwałtowną zmianą przekroju poprzecznego elementów pod względem kształtu i wielkości lub z niejednorodnością materiału i występuje w elemencie pod wpływem obciążenia zewnętrznego.

Koncentratory naprężeń mogą być gzymsami, nacięciami, wgnieceniami, wybojami, zadrapaniami, szczelinami, ubytkami wewnętrznymi, pęknięciami itp. W połączeniach spawanych koncentratory są wadami pochodzenia technologicznego i ostrymi przejściami wynikającymi ze specyficznej konstrukcji.

W praktyce badawczej wszystkie koncentratory geometryczne są umownie nazywane nacięciami.

Charakter rozkładu naprężeń w blachach rozciąganych z nacięciami pokazano na rysunku 112.

Stopień koncentracji napięć jest szacowany za pomocą współczynnika koncentracji ciśnienia CT, który definiuje się jako stosunek maksymalnego napięcia w strefie koncentracji do napięcia nominalnego w tym samym miejscu, obliczonego na podstawie teorii elementarnej.

$$CT = \sigma_{max} / \sigma_H \quad (6,53)$$

Wartość nominalna napięcia σ_H jest obliczana za pomocą przekroju netto (H-H, Rysunek 112). Czasami wygodniej jest obliczyć wartość σ_H na podstawie pełnego przekroju poprzecznego.

Wartość teoretycznego współczynnika koncentracji naprężeń można określić za pomocą wzoru Inglisa

$$K_T = 1 + 2\sqrt{\frac{L}{R}}, \quad (6.54)$$

gdzie L oznacza obliczoną długość cięcia; w przypadku cięć wewnętrznych (rysunek 112 *a, b*) długość obliczoną przyjmuje się jako połowę pełnej długości L = C, w przypadku cięć zewnętrznych (rysunek 109 *c, d*) długość obliczoną przyjmuje się jako pełną długość fizyczną L = C;

R jest promieniem krzywizny końca(-ów) cięcia w obliczonym przekroju poprzecznym netto (H-H) zorientowanym zwykle w kierunku obciążenia rozciągającego.

Dla cięcia wewnętrznego w postaci otworu okrągłego obliczona długość L = 1/2-d = C, promień krzywizny końców cięcia w przekroju netto R = 1/2-d =

C oraz teoretyczny współczynnik spiętrzenia naprężeń KT = 3. W konsekwencji, σmax = KT -σH = 3σH. W przypadku cięcia wewnętrznego w postaci wydłużonej elipsy (rys. 112 b) współczynnik CT jest ważniejszy i rośnie wraz z ostrością ciętych końców.

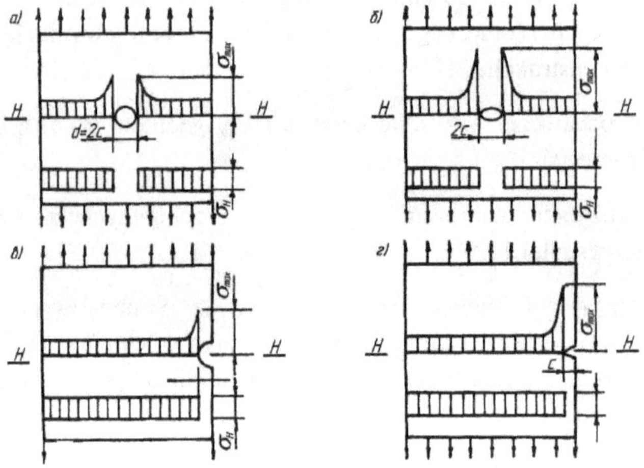

a - Cięcie wewnętrzne w postaci okrągłego otworu; *b* - Cięcie wewnętrzne w postaci eliptycznego otworu; *c* - Cięcie zewnętrzne okrągłe; *d* - Cięcie zewnętrzne ostre w postaci przychodzącego naczynia **Rysunek 112** - Rozkład **naprężeń w rozciągniętych płytach z nacięciami**

W przypadku bardzo ostrych cięć wzór (6,39) podaje zawyżone wartości CT. Nietrudno zauważyć, że przy $R \geq 0$ wartość KT ma tendencję do nieskończoności, a σmax ma tendencję do nieskończoności przy najbardziej umiarkowanych wartościach napięcia nominalnego σH.

Oszacowanie wartości współczynnika CT według wzoru (6,39) odbywa się przy założeniu izotropowego, jednorodnego i niezakłóconego materiału ciała o zachowaniu sprężystym aż do jego zniszczenia.

W rzeczywistych korpusach metalowych o strukturze polikrystalicznej, miejscowa wartość naprężenia σmax nie może być wyższa niż granica plastyczności materiału σT, ponieważ efekt koncentracji jest osłabiony przez odkształcenie plastyczne materiału w strefie koncentracji. Zdolność do deformacji plastycznej pod obciążeniem to unikalne właściwości korpusów metalowych. Właściwość ta, uniemożliwiająca realizację potencjalnej wytrzymałości teoretycznej korpusów metalowych, jest jednocześnie rodzajem mechanizmu ochronnego, który zapobiega występowaniu zbyt dużych naprężeń szczytowych w strefach koncentracji σ_{max}.

Materiały kruche (szkło, żeliwo, itp.), należy zauważyć, nie posiadają takiego mechanizmu ochronnego. Dlatego też ostre cięcia są bardzo niebezpieczne dla produktów wykonanych z tych materiałów.

Koncentracja naprężeń znacznie zmniejsza wytrzymałość zmęczeniową korpusów metalowych, ale ta redukcja nie jest tak duża jak ta sugerowana przez wzór (6.39), który nie bierze pod uwagę możliwości odkształcania plastycznego korpusów metalowych.

Rzeczywisty negatywny wpływ koncentracji naprężeń w elementach metalowych pracujących pod wpływem obciążenia cyklicznego jest szacowany przez wartość efektywnego współczynnika koncentracji K, który jest definiowany jako stosunek granicy wytrzymałości σ-1 próbki gładkiej do granicy wytrzymałości $\sigma\text{-}1_{,k}$, próbki o koncentracji naprężeń.

Klucz $= \sigma\text{-}1 / \sigma\text{-}1_{,k}$ ($_6$,55)

Wartości granic zmęczeniowych wyznacza się poprzez porównawcze badania zmęczeniowe dwóch serii próbek w podobnych warunkach na podstawie 2-106 cykli obciążenia przy współczynniku asymetrii cyklu R = -1.

Przy definiowaniu klucza dla elementów rzeczywistych (połączeń) jako próbki referencyjnej "gładkiej", przyjmuje się całą płytę z materiału podstawowego połączenia ze skórką toczną i frezowanymi krawędziami.

Współczynnik efektywnego stężenia płytki Ke = 1 (tabela 6.5).

Analiza danych przedstawionych w tabeli pozwala stwierdzić, że wytrzymałość zmęczeniowa wszystkich rozpatrywanych elementów (o wartość $_{\sigma R}$) jest inna niż wytrzymałość zmęczeniowa próbki referencyjnej "gładkiej". Główną przyczyną spadku jest negatywny wpływ efektu koncentracji naprężeń spowodowany geometrycznym kształtem elementów. W praktyce badawczej efekt ten nazywany jest wrażliwością na karby. Wartość współczynnika K może być użyta do oszacowania wrażliwości na karbowanie różnych gatunków stali. Tabela 6.5 pokazuje, że niskostopowe stale mostowe są bardziej wrażliwe na nacinanie niż niskoemisyjna stal mostowa 16D.

Jest to bardzo ważny czynnik do rozważenia przy wyborze materiału bazowego konstrukcji stalowych, ponieważ w nieudanej formie elementów (połączeń) wybrana stal niskostopowa może nie być lepsza od niskoemisyjnej.

Należy podkreślić, że stosowanie stali niskostopowych może być skuteczne tylko przy wysokiej jakości projektowania i produkcji oraz odpowiedniej kontroli technicznej na wszystkich etapach produkcji i eksploatacji konstrukcji.

Zgodnie z tabelą 6.5, można stwierdzić, że na nośność zmęczeniową elementów wpływają nie tylko właściwości materiału, ale również geometria cięcia (w przekroju projektowym). Do oceny stopnia wpływu tych czynników przyjęto "wskaźnik wrażliwości karbu", który charakteryzuje zależność między rzeczywistym wpływem karbu na wytrzymałość zmęczeniową materiału a wpływem przewidywanym przez teorię sprężystości.

$$q = \frac{K_э - 1}{K_T - 1}, \qquad (6.56)$$

gdzie K jest efektywnym współczynnikiem koncentracji naprężeń, określonym doświadczalnie;

KT to teoretyczny współczynnik koncentracji naprężeń określony wzorem Inglisa (6,51);

q jest wielocyklowym współczynnikiem wrażliwości na zmęczenie materiału dla karbów.

Ze stosunku (6,56) wynika, że przy całkowitej niewrażliwości materiału na nacięcie (Ke = 1) wartość q = 0.

Jeśli efekt nacięcia występuje przy pełnym obciążeniu cyklicznym materiału (K = CT), wówczas wartość q = 1.

Prawdziwe stale budowlane mają 0 < q < 1.

Eksperymentalnie ustalono, że wraz ze wzrostem ostrości cięcia wartości współczynników Ka i KT nearerzhdeniya oraz współczynnika wrażliwości q aspiruje do nieskończoności. Stwierdzono również, że wrażliwość materiału na karb rośnie wraz ze wzrostem właściwości wytrzymałościowych $_{(\sigma T, \ \sigma B,}$ NV).

Uwzględnienie czynnika wrażliwości na nacięcie pozwala projektantowi na efektywniejsze oszacowanie wyników obliczeń i podjęcie optymalnych decyzji przy wyborze podstawowego materiału, sposobu łączenia i konstrukcyjnej rejestracji elementów, węzłów, połączeń i koniugacji.

Rodzaj obciążenia cyklicznego wraz z koncentracją naprężeń jest jednym z najważniejszych czynników decydujących o wytrzymałości głównych elementów kratownicy na zniszczenie zmęczeniowe.

Przy ocenie wytrzymałości zmęczeniowej elementów o dopuszczalnej wartości zmęczeniowej $_{\sigma R}$ (na podstawie 2-106 cykli obciążenia), jak przyjmuje się w krajowej praktyce badań, $_{\sigma R}$ jest najmniejszą wartością przy obciążeniu zmiennym cyklem symetrycznym (R = -1).

Ten eksperymentalnie ustalony wzór jest pokazany na wykresie granicznym naprężeń Goodmana (rysunek 113) i odzwierciedlony we wzorach (6.49) i (6.50) do obliczeń wytrzymałościowych. Przy obciążeniu zmęczeniowym o współczynniku asymetrii cyklu R = -1 obliczona oporność (γw -Ry) przyjmuje najniższą wartość.

Naprężenia szczątkowe znaku dodatniego w obwodowych strefach połączeń spawanych mogą mieć wartość równą granicy plastyczności materiału. Mogą one zintensyfikować rozprzestrzenianie się powstałego pęknięcia, a tym samym zmniejszyć trwałość elementów. Szczególnie niebezpieczne są wtórne (reaktywne) naprężenia rozciągające. Ich pojawienie się jest możliwe z powodu nieudanego zaprojektowania połączeń spawanych, złej kolejności spoin oraz stosowania mocnych metod montażu i zamocowania.

Jak pokazano powyżej, pęknięcie zmęczeniowe występujące w elemencie o wysokim reaktywnym polu naprężeń rozciągających może zostać przekształcone w natychmiastowe kruche pęknięcie elementu lub całej konstrukcji z wynikiem awaryjnym.

Technologiczne metody zapobiegania resztkowym naprężeniom reaktywnym są rozważane powyżej na przykładzie montażu i spawania złącza montażowego elementów (rysunek 65).

Współczynnik korozji. Metalowe konstrukcje przęseł mostowych, pracujące na otwartej przestrzeni, przez większość czasu eksploatacji znajdują się w stanie wilgotnym, tj. pod wpływem środowiska korozyjnego, w którym zachodzi i przebiega proces elektrochemiczny korozji atmosferycznej [17]. W zagłębieniach, szczelinach i głuchych kieszeniach, w których gromadzi się trwale zwilżony pył, korozja atmosferyczna może występować prawie bez przerwy.

Jednoczesne oddziaływanie korozji i naprężeń zmiennych aktywuje oba procesy wzajemnie, co prowadzi do bardzo dużego zmniejszenia odporności zmęczeniowej elementów metalowych (połączeń).

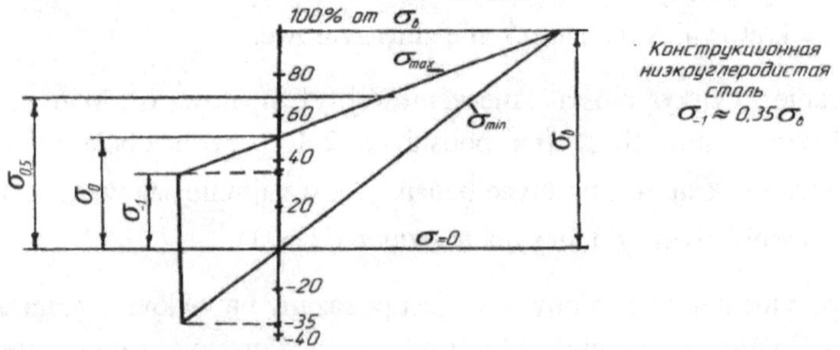

σв - opór czasowy (granica wytrzymałości) stali; *σ-1, σ0, σ0,5* - granice wytrzymałości przy wartości współczynnika asymetrii cyklu, odpowiednio *R = -1; R = 0; R = 0,5*.

Rysunek 113 - Wykres graniczny naprężeń Goodmana, przedstawiający wpływ rodzaju cyklu zmiennych naprężeń wielokrotnych na wytrzymałość stali na pękanie w wyniku zmęczenia materiału

Podczas projektowania należy podjąć wszelkie możliwe środki w celu ochrony konstrukcji metalowych budynku przed korozją atmosferyczną [20; 21; 22]. Główne z nich zostały omówione w rozdziale **5**.

Podsumowując, należy podkreślić, co następuje. Podczas przeprowadzania obliczeń wytrzymałościowych zakłada się - co jest warunkiem wstępnym - że nie występują niedopuszczalne wady elementów i połączeń kratownic głównych [11].

6. Dźwigar jezdni

Rozmieszczenie i działanie dźwigara jezdni opisano w rozdziale **4**, punkt 4.6, rysunki 30, 40 i 41. Podłużne i poprzeczne belki kosza belki pracują w trudnych warunkach.

W celu uproszczenia obliczeń w przypadku braku konstrukcyjnego włączenia belek w prace łączeniowe z pasami kratownic głównych, belki mogą być obliczane oddzielnie jako proste cięcie i tylko dla stałych i tymczasowych ruchomych obciążeń pionowych. W obliczeniach nie uwzględnia się wpływu obciążenia poziomego wywołanego siłami hamowania i wydłużeniami odkształceniowymi dolnych pasów kratownic głównych.

Obliczanie belek wzdłużnych. Konstrukcja belki i jej przekrój poprzeczny pokazane są na rysunku 114.

Podłużne belki nowoczesnych konstrukcji rozpiętościowych są całkowicie spawanymi belkami dwuteowymi składającymi się z pionowego arkusza (ściany) i dwóch poziomych arkuszy (pasów), jak pokazano na rysunku 114 *c*, połączonych ze sobą szwami wzdłużnymi w talii. Szwy wykonywane są "w łodzi" poprzez automatyczne spawanie pod warstwą topnika.

Wysokość belek wynosi 1/5-1/7 ich rozpiętości, tj. "b = (1/5-1/7)"***b***. Wysokość ściany "ST =" b - $_{2tp}$, gdzie $_{tp}$ - grubość półki. Grubość ścianki testera powinna wynosić co najmniej 12 mm. W tym przypadku, jeśli tST < 1/50 VST, ściana powinna być wzmocniona pionowymi żebrami poprzecznymi o sztywności zapobiegającej utracie miejscowej stabilności. Poprzeczne żebra usztywniające umieszczone są w odległości nie większej niż 2hST i 2 m od siebie. Grubość żeber wynosi nie mniej niż 10 mm, a szerokość - nie więcej niż 15 grubości żeber i nie mniej niż "ST /(30-40) mm". Żebra są spawane po obu stronach ściany symetrycznie ciągłymi dwustronnymi szwami narożnymi. Końce żeber są przyspawane zarówno do taśmy ściskanej, jak i do ściany, do taśmy rozciąganej - nie spawanej, a pomiędzy końcami żeber i taśmą dolną jest zainstalowana uszczelka szczelnie przylegająca do płyty o grubości do 20 mm i przyspawana tylko do żeber po obu stronach szwów kątowych.

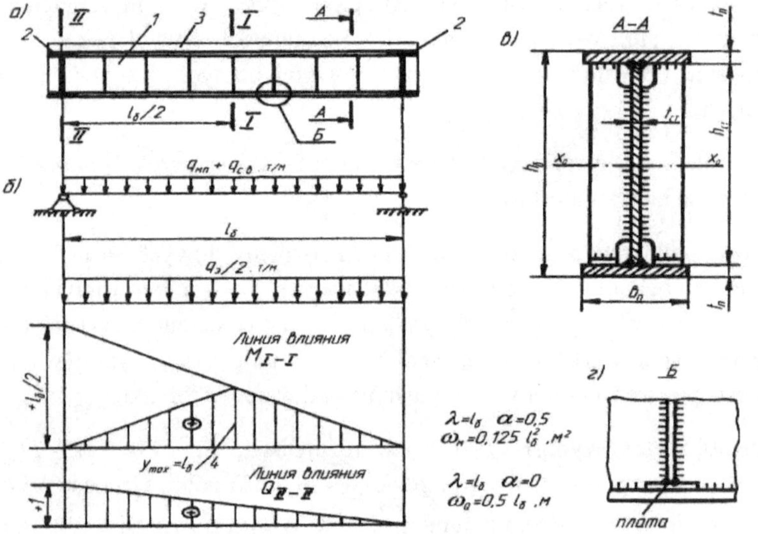

a - fasada belkowa; *b* - schematy obciążenia belki, schemat obliczeniowy i linie oddziaływania; *c* - przekrój poprzeczny belki; 1 - belka wzdłużna; 2 - belki poprzeczne; 3 - układ mostów

Rysunek 114 - Schematy obliczeniowe rozkroju wzdłużnego dźwigara jezdni

Odległość między osiami belek wzdłużnych wynosi 1,9 m. Ogólną stabilność belek wzdłużnych zapewniają linki wzdłużne (Rys. 41), które są zainstalowane w odległości 0,25hb od pasa górnego. Ogniwa hamujące zainstalowane w dolnych pasach belek wzdłużnych (rysunek 25) dodatkowo zwiększają ogólną stabilność belek wzdłużnych. Elementy łączone są wykonane z pojedynczych narożników o przekroju co najmniej 80x80x8 mm i przymocowane do ścian belek za pomocą śrub o dużej wytrzymałości (Rysunek 41).

W warunkach lokalnej stabilności, szerokość górnego sprasowanego pasa powinna być nie większa niż 20 grubości pasa, Bp = 20tp, i nie mniejsza niż 240 mm. Maksymalna grubość wzdłużnych pasów dźwigarów nie może być większa niż 50 mm w przypadku normalnych konstrukcji dźwigarów i nie większa niż 40 mm w przypadku "konstrukcji dźwigarów północnych". Jeżeli wymagana grubość pasa przekracza podane wartości, należy zastosować pasy w postaci wiązki dwóch arkuszy, połączonych szwami spawanymi wzdłużnie. Grubość taśmy powinna wynosić co najmniej tp = 2tST = 24 mm.

Obliczony moment zginający w przekroju poprzecznym I-I w środku rozpiętości belki wzdłużnej (rysunek 114, b) do obliczenia wytrzymałości i wytrzymałości belki przy normalnym naprężeniu określa się za pomocą wzoru (6.57).

(w tm)

$$M_I=[("MP + "sv") \cdot \gamma fg +0,5 "e \, \gamma_{fv} \cdot (1+ \mu)]\cdot\omega, \quad (6,57).$$

gdzie SMP = 3 t/m - stałe obciążenie na belkę od ciężaru mostu z wjazdem na balast i 1,0 t/m - z wjazdem na belki poprzeczne;

"sv = 0,6 t/m - stałe obciążenie belki od ciężaru własnego;

"e = 18 t/m - równoważne obciążenie czasowe na dwie belki z taboru na długości obciążenia ($\lambda = Ib$) < 20 m;

γfg = 1,30 - współczynnik niezawodności przy stałym obciążeniu;

γfv = 1,10 - współczynnik niezawodności przy obciążeniu czasowym;

1+ μ = 1,20 współczynnik dynamiki obciążenia w czasie;

$\omega=0,125 \cdot l2$ powierzchnia linii oddziaływania momentu zginającego w obliczonym odcinku I-I, metr (rysunek 114 b).

Obliczoną siłę poprzeczną w odcinku II-II podpory służącą do obliczenia wytrzymałości stycznej belki określa się za pomocą wzoru (6.58) (w t).

$$QII =[("mp + "sv)\cdot \gamma fg +0,5 "e \, \gamma_{fv} (1+ \mu)]\cdot\omega_Q \quad , \quad (6,58).$$

gdzie ω_Q = 0,5 - **Ib** jest polem linii oddziaływania siły poprzecznej w obliczonym odcinku II - II, m (Rys. 114 b).

Wymiary przekroju wiązara wzdłużnego (rys. 114 c) przyjmuje się zgodnie z powyższymi zaleceniami i przełożeniami, a następnie sprawdza się je pod kątem wytrzymałości i sztywności lub wyznacza się je za pomocą następującej metody.

Ze stanu wytrzymałości belki w najbardziej obciążonym przekroju poprzecznym

I-I

$\sigma = MI / WX0 \leq RY \cdot m$,

Wymagany moment nośny przekroju poprzecznego belki do osi obojętnej *X0-X0* (Rys. 114, c) jest równy

$WX0 = MI / RY \cdot m$,

gdzie RY jest obliczoną nośnością materiału belki głównej;

m = 0,9 - współczynnik warunków pracy.

Ponieważ...

$$W_{X0} = \frac{2I_{X0}}{h_б},$$

moment bezwładności przekroju poprzecznego belki w stosunku do osi *X0 - X0* jest równy

$IX0 = MI \cdot "b / 2 RY \cdot m$,

Ignorując własne momenty bezwładności pasów, moment bezwładności przekroju belki dwuteowej względem osi *X0 - X0 określa się na* podstawie znanych zależności:

$IX0 = (tst \cdot h3st/12) + 0,5\ Up \cdot h2st$,

gdzie *Ap* jest obszarem pasów.

Stąd, po zaakceptowaniu, że wysokość ściany jest równa wysokości belki "st ≈*"b* i m = 1, po przekształceniach otrzymamy

$Ap = (MI / RY \cdot "b) - (tst \cdot "b / 6)$ (6.59)

Powierzchnia przekroju poprzecznego belki jest równa sumie powierzchni przekrojów ścian i dwóch pasów.

$Ab = Ast + 2Ap$

Jeśli przyjmiemy ***TST* = *SB,*** po przekształceniu otrzymamy

$Ab = (2\ MI / RY \cdot "b) + (2\ tst \cdot "b / 3)$. (6.60)

Optymalną wartość wysokości "B" wiązki można wyznaczyć z warunków minimalnego natężenia metalu poprzez zrównanie pierwszej pochodnej wartości Ab w funkcji składników, w równaniu (6.60) - przez "B".

Mamy to:

$$"b \approx k\sqrt{MI / _{RY\text{-}test}} \quad , \quad (6.61)$$

gdzie k jest zależnym od konstrukcji stosunkiem belki stalowej spawanej o stałym przekroju poprzecznym na całej długości k = 1,20.

Rozważany wniosek dotyczący optymalnej wysokości belki nie jest ścisły, ponieważ nie uwzględnia współczynnika rozkładu momentu zginającego między ścianą a pasami belki ze zmianami jej wysokości oraz współczynnika utraty stateczności.

Ale z wzoru (6,46) wynika, że im cieńsza ściana (tst), tym większa wysokość i tym bardziej ekonomiczne (pod względem zużycia metalu) są belki.

Należy zauważyć, że efekt oszczędności metalu ze względu na względne przerzedzenie ściany i zwiększenie wysokości belki może być znaczący w seryjnej produkcji belek do konstrukcji budowlanych ogólnego przeznaczenia. Jednak przy projektowaniu belek jezdni części konstrukcji przęsłowych, biorąc pod uwagę ich odpowiedzialne wyznaczenie, metoda ta powinna być stosowana z dużą starannością.

Priorytetowymi kryteriami jakości konstrukcji stalowych przęseł mostowych nie są opłacalność ekonomiczna metalu, ale niezawodność i użytkowalność w ustalonym długim okresie eksploatacji, który może być zapewniony tylko przy wysokiej wytrzymałości zmęczeniowej wszystkich elementów, w tym belek jezdni.

Ograniczenie stopnia koncentracji ciśnienia (na wielkości czynnika Ke) w miejscach dokowania i mocowania elementów konstrukcji przęsłowych środkami konstrukcyjnymi i technologicznymi, w tym belek jezdni, jest najskuteczniejszym sposobem utrzymania nie tylko niezbędnej wytrzymałości zmęczeniowej elementów, ale również zmniejszenia ich zużycia metalu.

Zalecenie to jest w pełni zgodne z fizycznymi intencjami i praktycznym ukierunkowaniem istniejących podejść w celu zapewnienia wystarczającej wytrzymałości zmęczeniowej elementów, odzwierciedlonej, co nie jest trudne do zauważenia, we wzorach projektowych (6.49, 6.50 i 6.63).

Wysokość "b" określa się w pierwszym przybliżeniu za pomocą wzoru (6.61), ustalając grubość ścianki $_{testera,}$ której wartość należy przyjąć co najmniej 12 mm. Następnie, na podstawie relacji i ograniczeń omówionych powyżej, przekrój poprzeczny belki jest konstruowany z definicją wszystkich wymiarów przedstawionych na rysunku 114. Wybrany przekrój poprzeczny musi być badany pod kątem wytrzymałości i trwałości.

Przekrój *I-I* jest sprawdzany pod kątem wytrzymałości na naprężenia normalne za pomocą wzoru

$$\sigma max = (MI / s\text{- "b }) \leq Ry\text{-}m, \qquad (6.62)$$

gdzie σmax to normalne naprężenia rozciągające przy skrajnych włóknach przekroju poprzecznego, kgc/cm2;

MI - obliczony moment zginający na odcinku I-I belki, określony wzorem (6.42), kgc-cm;

"b - moment oporu wybranego przekroju poprzecznego belki względem osi obojętnej $_{X0\text{-}X0}$, cm3;

c = 1,05 - współczynnik uwzględniający możliwość wystąpienia ograniczonych odkształceń plastycznych w skrajnych włóknach rozpatrywanego przekroju;

Ry - obliczeniowa nośność materiału podstawowego (stali mostowej) belki, kgc/cm2;

m = 0,9 - współczynnik stanu belki.

Jeśli warunki wytrzymałościowe nie są spełnione, gdy odchylenie σmax od wartości nośności obliczeniowej Ry wynosi więcej niż 5% (w ten lub w inny sposób), należy skorygować przekrój poprzeczny poprzez zmianę wielkości *tp* lub "b" bez przekraczania określonych zaleceń.

Przy projektowaniu belek, połączenia spawane pasów łączących ścianę z pasami powinny być wyznaczone na długości ciągłej, dwustronnej, z pełną penetracją grubości ściany. Jeśli te warunki są spełnione, przyjmuje się, że obliczona grubość szwów w talii jest równa grubości ściany, *tsh= tST.*

Odcinek spawanych spoin pasowych powinien mieć gładkie przejścia do materiału podstawowego. W tych warunkach przyjmuje się, że efektywny współczynnik koncentracji wiązki w przekroju *I-I jest równy Ke=1,0.*

Spoiny te można uzyskać poprzez automatyczne spawanie łukiem krytym w pozycji "łodzi".

Badanie wytrzymałościowe belki w sekcji *I-I przeprowadza się zgodnie z* następującym wzorem

$\sigma max = (maxMI / "b) \leq \gamma w$ -RY -m, (6.63).

gdzie σmax jest maksymalnym naprężeniem rozciągającym cyklu przeładunkowego na belce w przekroju *I-I*, kgf/cm2;

γw - współczynnik obliczony według wzoru (6.35), przy obliczaniu do przyjęcia:

Ke = *1,0* jest efektywnym współczynnikiem koncentracji w sekcji I-I;

R = *minMI / maxMI* - współczynnik asymetrii cyklu obciążenia belki w przekroju *I-I*; wartość *minMI określa* wzór (6,57), gdy belka narażona jest tylko na stałe obciążenie ("mp + "sv"); *wartość maxMI określa ten* sam wzór, gdy belka narażona jest zarówno na stałe obciążenie ("mp + "sv"), jak i na tymczasowe obciążenie 0,5qe od taboru; pozostałe wartości określono wcześniej.

Badanie naprężeń stycznych przeprowadza się według następującego wzoru

$\tau max = (Q\text{-}S / Ib\text{ -tst}) \leq Rs$ -m, (6,64)

gdzie τmax to wzdłużne naprężenie ścinające w przekroju obojętnym *X0-X0,* które występuje przy zginaniu belki, kgf/cm2 (Rysunek 114 c);

Q - obliczona siła poprzeczna obliczona według wzoru (6,58), kgf;

S - statyczny moment połowiczny przekroju belki względem osi obojętnej *X0-X0*, cm3;

Ib - moment bezwładności przekroju poprzecznego belki względem osi neutralnej X0-X0, cm4;

Test - grubość ściany belki, patrz;

Rs - obliczeniowa nośność materiału belki głównej na ścinanie, kgf/cm2 (tabela 3.5);

m = *0,9* - współczynnik stanu belki.

Kontrolę połączeń spawanych belek teowych ze ścianą w przypadku niepełnego przetopu grubości ściany (Rysunek 48) wykonuje się według wzoru (5.4).

Przy pełnej penetracji ściany na całej grubości (rys. 48; rys. 114 *c*) sprawdzić połączenia spawane pod względem wytrzymałości przeprowadzić na podstawie wzoru

$$\tau = (Q\text{-}"n / I_{st} - t_{st}) \leq R_{ws\text{-}m},$$ (6,65)

gdzie τ to ścinające naprężenie wzdłużne w metalu spawanego szwu taśmowego złącza Taurus, kgc/cm2;

Q - obliczona siła poprzeczna obliczona według wzoru (6,43), kgf;

Ib jest momentem bezwładności przekroju poprzecznego belki względem osi *Ho-Ho,* patrz rysunek 114 *c*);

SP - moment statyczny przekroju półki w stosunku do osi $_{X0\text{-}X0}$, $^{cm3;}$

tsh = *tST* - obliczona grubość spoiny TDR, przyjęta jako równa grubości ściany, patrz;

Śruby - obliczeniowa nośność metalu spoiny na ścinanie, kgf/cm2 (tabela 5.2);

t = *0,9* - współczynnik warunków pracy.

Badanie sztywności dźwigara wzdłużnego ogranicza się do określenia ugięcia względnego *f/L,* które nie powinno przekraczać standardowej wartości dla belek mostowych.

$$f / Lb \leq 1/750$$, (6,66)

gdzie *f* jest ugięciem belki w przekroju poprzecznym ***I-I w*** środku rozpiętości od wpływu stałych (SMP + Ssv) i *tymczasowych* obciążeń pionowych $0,_{5qe}'$, patrz niżej;

L6 - rozpiętość belek, patrz;

1/750 - normatywna wartość odchylenia względnego.

Wartość ugięcia *f obliczana jest za pomocą* wzoru

$$F = 5\,MI - L2/ (48EIb)$$, (6.67)

gdzie $_{MI}$ jest obliczonym momentem zginającym w przekroju poprzecznym *I-I w* środku rozpiętości belki, obliczonym według wzoru (6.42), kgc-cm;

$E^{\cdot 162}$ - sztywność zginania belki;

$E = 2{,}1 \cdot 10^6$ kgf/cm2 - moduł normalnej sprężystości stali;

I_b - moment bezwładności przekroju poprzecznego belki względem neutralnej osi *Ho-Ho,* cm4 (Rysunek 114 *c*).

Obliczanie belki poprzecznej

Belki poprzeczne, które nie są konstrukcyjnie uwzględnione w działaniu połączenia z pasami kratownic głównych, są obliczane jako proste rozpiętości poprzeczne Ibn równe odległości pomiędzy osiami kratownic głównych (Rysunek 115 *a, b*).

Nacisk belek wzdłużnych $G = G1 + G2$ na belkę poprzeczną określa się zgodnie ze schematem obliczeniowym (rysunek 115 *g*), przy założeniu obrotowego mocowania belek wzdłużnych zgodnie z poniższymi wzorami:

a) Ze stałych obciążeń

$$G1=(''mp+qce)\text{-}\gamma fg\text{-}\omega, \qquad (6.68)$$

gdzie "mp = *3,0* t/m - stałe obciążenie od ciężaru dna mostu (na jednąbelkę wzdłużną);

qce = *0,6* t/m - stałe obciążenie od ciężaru własnego belki wzdłużnej, (rysunek 115 *g*);

γfg = *1,30* współczynnika niezawodności przy stałym obciążeniu;

ω = *"b* jest polem linii oddziaływania siły *G*, m (rysunek 115 *d*);

ib - obliczona rozpiętość belki wzdłużnej, m;

b) z tymczasowego załadowania

$G2 = 0{,}5qe\text{-}(1+\mu) - \gamma fv - \omega$, (6,69).

gdzie "e = *18* t/m - tymczasowe normatywne obciążenie pionowe z taboru o długości linii ładunkowej $\lambda = {}_{2lb} < 20\,m$ i a = *0,5;*

γfv = *1,10* współczynnika niezawodności obciążenia czasowego;

ω = *1b* jest polem wpływu siły na linię *G*, m .

Obliczone momenty zginające w przekroju *I-I w* środku rozpiętości belek poprzecznych obliczane są za pomocą wzorów:

a) W celu zbadania wytrzymałości przy normalnym obciążeniu

$M_I = (G1 + G2) \text{-}(a+0{,}5c) + (\text{qcen} - {}^{12bp})\,\mathbf{/8}$, (6, 70)

gdzie *a* jest odległością między osiami głównego gospodarstwa rolnego a belkami wzdłużnymi, m (rysunek 115a);

qcen - stałe obciążenie od ciężaru własnej belki poprzecznej, t/m;

1bp - obliczona rozpiętość belki poprzecznej, m;

b) w przypadku badań wytrzymałościowych

$M_I = (G1' + G2)\text{-}(a+0{,}5c) + (\text{qcen}\text{-}{}^{12bp})\,\mathbf{/8}$, (6, 71)

gdzie *G1'* jest siłą od stałych obciążeń obliczoną za pomocą wzoru (6.68) przy wartości współczynnika γfg = *1,0;*

G2'- siła od pionowego obciążenia czasowego, obliczona według wzoru (6,69) przy wartości współczynnika γfv = *1,0.*

Obliczoną siłę poprzeczną na odcinkach *II-II* na podporach poprzecznych do badania wytrzymałości na naprężenia styczne oblicza się według wzoru

$$QII = G1 + G2 + 0,5(\text{"}svp \cdot l6n \cdot \gamma fg) \quad (6,72)$$

gdzie wartości wszystkich wartości są podane wcześniej oraz na Rys. 115 b.

Siły obliczeniowe w odcinkach *III-III*, w miejscach mocowania belek wzdłużnych do poprzecznego, obliczane są za pomocą wzorów:

a) Moment zginający

$$MIII = (G1+G2) \cdot a + 0,5qcвn \cdot a \cdot (l6n-a) \cdot \gamma fg \quad (6.73)$$

gdzie wartości wszystkich wartości są przedstawione wcześniej oraz na rysunku 115 b;

b) siła poprzeczna

$$QIII = G_1 + G2 + 0,5qcen \cdot (l6n-a) \cdot \gamma fg \quad (6,74)$$

gdzie wartości wszystkich wartości są podane wcześniej oraz na rysunku 115 b.

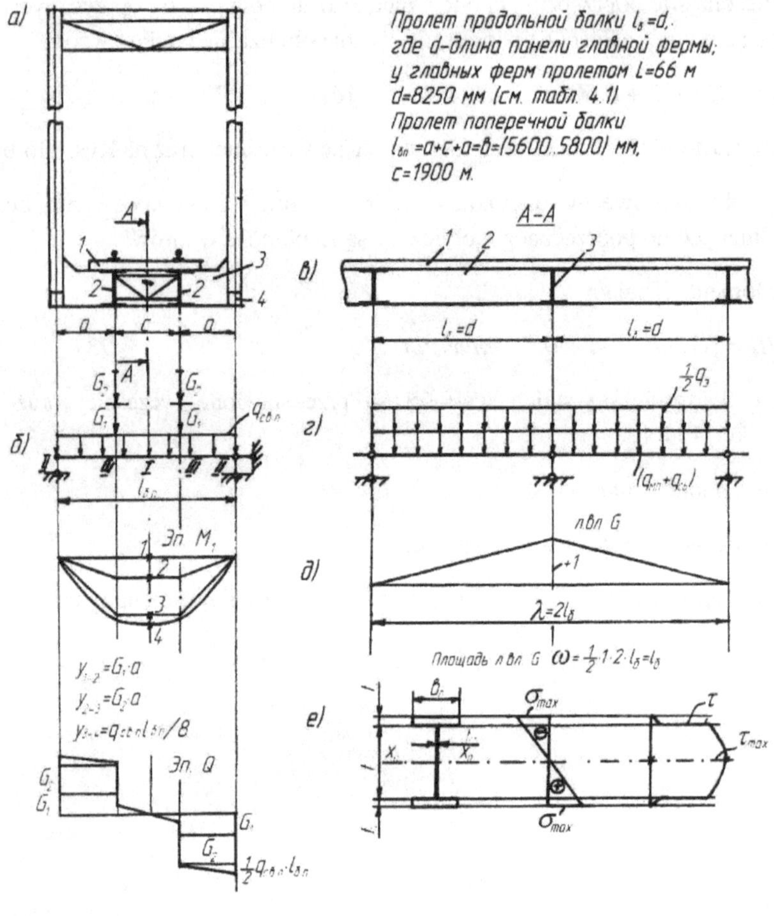

a - schemat położenia belki w konstrukcji przęsła; *b* - obliczony schemat belki; epiury momentów zginających i sił poprzecznych; *c* - schemat łączenia belek wzdłużnychi poprzecznych w rostverku; *d* - schemat obciążenia belek wzdłużnych; *e* - linia oddziaływania siły *G = Gi + G2* - nacisk belek wzdłużnych na belkę poprzeczną; *f* - przekrój belki poprzecznej; nakładki rozkładu naprężeń normalnych i stycznych w przekroju przy zginaniu belki; 1 - łożamostu; 2 - belek wzdłużnych; 3 - belki poprzecznej; 4 - pasa dolnego gospodarstwa głównego.

Rysunek 115 - Schematy obliczeniowe rozkroju poprzecznego konstrukcji jezdni

Dobór przekroju poprzecznego belki, sprawdzenie wytrzymałości przy naprężeniach normalnych i stycznych oraz obliczenie wytrzymałości połączeń spawanych (połączeń pasowych) ściany z pasami wykonuje się zgodnie z instrukcjami i wzorami uwzględnionymi powyżej w obliczeniach belki wzdłużnej.

Obliczanie mocowania belek wzdłużnych do belek poprzecznych za pomocą połączeń ciernych na śrubach o dużej wytrzymałości. Na mocowaniu (rysunek 41) siła poprzeczna Q i referencyjny moment zginający Mop, ze względu na sztywność mocowania, jest równa 0,6 momentu zginającego w przekroju poprzecznym w środku rozpiętości belki wzdłużnej.

Podczas ustawiania belek wzdłużnych i poprzecznych na tym samym poziomie, cała siła poprzeczna Q jest odbierana tylko przez pionowe kąty mocowania, ponieważ płaskie poziome podkładki (ryby) nie są wystarczająco sztywne, aby wytrzymać obciążenia pionowe.

Przeciwnie, prawie cały moment podtrzymujący jest odbierany przez rybę, ponieważ narożniki przywiązania, ze względu na jego giętkość, nie odbierają zauważalnej części momentu.

Wymaganą ilość śrub o dużej wytrzymałości do mocowania narożników pionowych do ściany *n1* belki wzdłużnej określa wzór

$$n1 \geq Q/(mB \cdot Qvh\text{-}n) \qquad (6,75)$$

gdzie Q = QII jest obliczoną wartością siły ścinającej w *II-II* przekroju poprzecznym belki wzdłużnej, obliczoną przy użyciu wzoru (6.43);

mv = 0,9 - współczynnik warunków pracy łącznika;

Qvh - obliczona siła ścinająca jednego styku śrubowego połączenia ciernego (patrz punkt 5.3);

ns = 2 - liczba styków powierzchniowych płytki połączonych jedną śrubą o wysokiej wytrzymałości w rzędzie *ni.*

Pionowe narożniki łączące są przymocowane do ściany krzyżulca za pomocą dwóch rzędów śrub o dużej wytrzymałości *n2* (Rysunek 41), których liczba w jednym rzędzie *n2 = n1, ponieważ* liczba styków śrub o dużej wytrzymałości w rzędach *n2,* pracujących na postrzeganie siły poprzecznej *QII,* wynosi *ns = 1.*

Pasy belek podłużnych w mocowaniu są połączone poziomymi nakładkami (ryby).

Obliczona siła pozioma w rybie jest równa

$$N = 0{,}6\, M_I \lambda (''b + _{tn''}) \quad , \quad (6{,}76)$$

gdzie $_{MI}$ jest obliczonym momentem zginającym w przekroju poprzecznym w środku rozpiętości dźwigara wzdłużnego (rysunek 114), obliczonym według wzoru (6.57);

$''b + _{tona}$ - bark reaktywnej pary sił poziomych N w dolnej i górnej rybie";

"b" to wysokość belki wzdłużnej;

tona - grubość ryby, wstępnie pobrana 2,5-3,0 cm.

Wymagana grubość ryby jest równa

$$tn \geq N/[m\text{- RY-}\, mv\, (bn - 2 - d0)], \quad (6{,}77)$$

gdzie $m = 0{,}9$ jest współczynnikiem warunków pracy belki wzdłużnej;

$mv = 0{,}9$ - współczynnik warunków pracy ryb;

$''n - 2 - d0$ - szerokość sekcji rybnej sieci;

$''n = ''p''$ jest szerokością wzdłużnego pasa belki;

d0 - średnica otworu na śrubę.

Wymagana liczba śrub o dużej wytrzymałości przy mocowaniu ryby do wzdłużnego pasa belki jest równa

$$n3 \geq N/(m\text{-}QBh) \quad (6{,}78)$$

Obliczenia dotyczące mocowania belek poprzecznych do głównych jednostek gospodarstwa (Rysunek 116).

Mocowanie odbywa się poprzez łączenie kątowników pionowych, których przekrój powinien wynosić co najmniej 100x100x12 mm.

Wymagana ilość śrub o wysokiej wytrzymałości do mocowania narożników do ściany poprzecznej jest równa

$$n1 \geq QII\, /\, mv - QBh - ns\,, \quad (6{,}79)$$

gdzie *QII* jest obliczoną siłą poprzeczną w przekroju poprzecznym podpory (rys. 115), obliczoną przy pomocy wzoru (6.72);

mv = *0,9* - współczynnik warunków pracy śrub mocujących narożniki do pionowej ściany belki;

ns = *2* - liczba styków śrubowych jednej śruby o dużej wytrzymałości w rzędzie *n1*.

Przymocowanie kątowników pionowych do głównej jednostki gospodarstwa odbywa się za pomocą dwóch rzędów śrub o dużej wytrzymałości *n2* z ich liczbą w jednym rzędzie *n2* = *n1, ponieważ* liczba styków śrub o dużej wytrzymałości w rzędach *n2,* pracujących na postrzeganie siły poprzecznej *QII,* wynosi *ns* = *1.*

Obliczenia mocowania belki poprzecznej do węzła kratownicy głównej na wytrzymałość pod wpływem momentu obrotowego odniesienia *Mopa* nie przeprowadza się ze względu na niepewność wartości momentu obrotowego. Jednak jego wpływ jest brany pod uwagę poprzez rozwijanie przekrojów nośnych belek poprzecznych na wysokości przez urządzenie przedłużające wsporniki, co pozwala na zwiększenie wytrzymałości mocowania poprzez ustawienie dwóch dodatkowych rzędów śrub o dużej wytrzymałości *n3* (Rysunek 116).

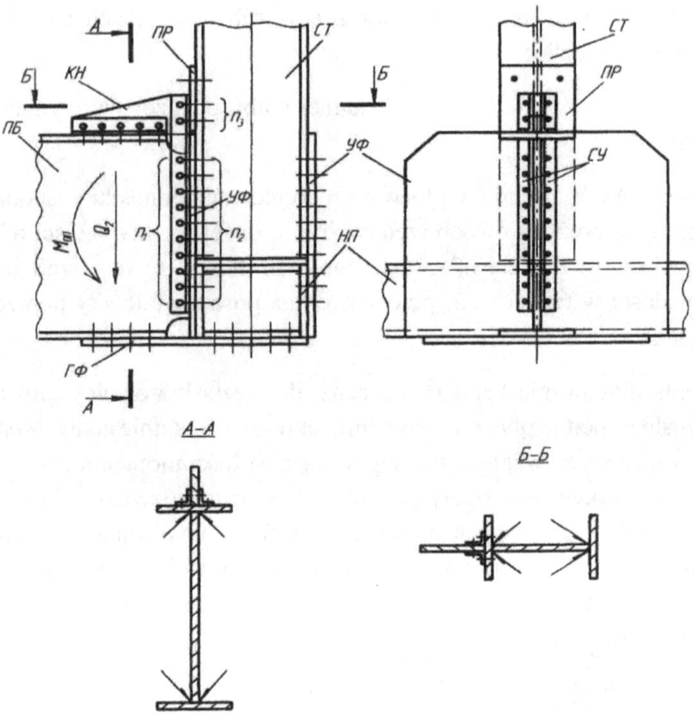

PB - belka poprzeczna; *NP* - pas dolny; *ST* - stelaż (zawieszenie) kratownicy głównej; *UV* - fazowanie połączeń; *SU* - narożniki łączące; *KN* - podpora wspornikowa; *PR* - uszczelka; *HF* - fazowanie poziome; *n1, n2, n3* - rzędy śrub o dużej wytrzymałości połączeń ciernych.

Rysunek 116 - Obliczanie mocowania belki poprzecznej do węzła w dolnej części-głównego pasa gospodarstwa.

Jeżeli półki narożne nie pozwalają na umieszczenie wymaganej ilości śrub o dużej wytrzymałości, przyjmują narożniki z szerszymi półkami do dwurzędowego rozmieszczenia śrub lub zwiększają wysokość przedłużenia konsoli, co pozwala na wydłużenie przedniej części śrub.

Zauważono powyżej, że zgodnie z wymaganiami SNiP 2.05.03-84 w mostowych konstrukcjach metalowych dopuszcza się stosowanie fabrycznie spawanych elementów (prętów i belek), ale z ich połączeniem w połączeniach i zespołach, najczęściej na śrubach o dużej wytrzymałości.

Na razie stosowanie połączeń spawanych i łączonych śrubami jest dozwolone tylko w sposób eksperymentalny. Powody tego ograniczenia zostały omówione powyżej.

Prace nad rozwojem technologii i technologii spawania mostowych konstrukcji metalowych przy jednoczesnym ich doskonaleniu powinny być prowadzone w sposób ciągły. Tylko w takich warunkach problem konstrukcji mostu spawanego może być skutecznie rozwiązany.

Projekt kursu musi przyczynić się do rozwiązania tego problemu.

Analiza konstrukcji mocujących belki wzdłużne jezdni do belek poprzecznych rozważanych w niniejszej instrukcji pokazuje, że w każdej wersji połączeń montażowych wszystkie są podobne pod względem ich podstawowej struktury i charakteru pracy.

Na mocowanie mają wpływ: siła poprzeczna w przekroju poprzecznym belki wzdłużnej (rysunek 114 sekcja *II-II*) oraz moment odniesienia około *0,6MI*, gdzie $_{MI}$ - moment zginający w przekroju poprzecznym w środku rozpiętości belki wzdłużnej (rysunek 114 sekcja *I-I*).

W konstrukcji mocowania belki wzdłużnej do belki poprzecznej za pomocą spawanych złączy montażowych (Rysunek 82), siła poprzeczna Q przyjmuje połączenie spawane IV, którego szwy pracują na ścinanie.

Stan wytrzymałościowy połączenia spawanego IV:

a) Kiedy ścianka (CT) wiązara wzdłużnego jest całkowicie stopiona do pełnej grubości (rysunek 82, przekrój *B-B*, opcja 1)

$\tau = Q/As \leq Rws$ - m , (6,80)

gdzie τ jest naprężeniem ścinającym w przekroju konstrukcyjnym (*A-A*) połączenia spawanego *IV*, kgf/cm2;

Q = QII - siła ścinająca w odcinku podparcia (*II-II*) belki wzdłużnej, kgf (rysunek 114);

$Ash = tST \cdot (Ish_{st} - 10)$ - obliczona powierzchnia przekroju poprzecznego spoiny *IV*, cm2;

tST - grubość ścianki belki wzdłużnej, patrz;

$Ish_{st} - 10$ - obliczona długość połączenia spawanego *IV*, patrz;

Śruby - obliczeniowa nośność metalu spoiny przy ścinaniu, kgf/cm2 (tabela 5.2);

m = 0,9 - współczynnik warunków pracy łącznika;

b) gdy grubość ściany belki wzdłużnej nie jest w pełni stopiona (rysunek 82, przekrój *B-B*, wariant 2), gdy ściana jest połączona dwoma złączami narożnymi

$\tau = Q/As \leq Rwf - m$, (6,81)

gdzie τ - naprężenie ścinające w przekrojach konstrukcyjnych (*A-A*) spoin kątowych *IV*, kgc/cm2;

Ash = 2-β-k-(Ish - 10) - obliczone pole przekroju dwóch połączeń narożnych połączenia *III*, patrz 2;

β-k - obliczona grubość połączenia kątowego, patrz;

β - współczynnik kształtu szwu kątowego (tabela 5.6);

k to cewnik w szwie kątowym, patrz tabela 5.5;

Rwf - obliczeniowa nośność metalu na szwie kątowym (przy ścinaniu), kgf/cm2 (tabele 5.3 i 5.4).

Przy opracowywaniu projektu rozpatrywanego mocowania należy preferować pierwszą wersję połączenia spawanego ścian belki.

Połączenie spawane *II* pasów wzdłużnych i poprzecznych belek (rysunek 82 *a, b*), działa na zasadzie rozciągania pod wpływem sił N wynikających z referencyjnego momentu obrotowego *Mopa*. Obliczoną wartość siły rozciągającej *N określa się za pomocą* wzoru

$$N = \frac{M_{оп}}{h_б}, \qquad (6.82)$$

gdzie *Mop = 0,6MI* jest momentem odniesienia, gdzie $_{MI}$ jest wartością momentu zginającego w przekroju poprzecznym *I-I w* środku belki wzdłużnej, kgc-cm (rysunek 114);

"*b* - wysokość dźwigara wzdłużnego w sekcji nośnej, patrz tabela 2.

Stan wytrzymałościowy spawanego połączenia doczołowego *II*

$\sigma = N/Ash \leq RWY$, (6,83)

gdzie σ jest normalnym napięciem rozciągającym w przekroju konstrukcyjnym (*A-A*) przegubu *I*, kgf/cm2;

Ash = *δш* - *(Iш* $_n$ *-10)* - powierzchnia obliczonego przekroju poprzecznego szwu, cm2;

δш = *mn* - obliczona grubość szwu równa grubości górnego pasa dźwigara wzdłużnego, por;

(*"sch* $_p$ *-10"*) - obliczona długość połączenia *II*, patrz załącznik *II.*

Dolny pas belki wzdłużnej w części podparcia pracuje przy ściskaniu od uderzenia momentu podparcia. W konstrukcji mocującej pokazanej na rysunku 82, dolne pasy belek nie mają bezpośredniego połączenia. Jego urządzenie może znacznie zmniejszyć wytrzymałość zmęczeniową dolnego pasa poprzecznego.

Siła ściskająca *N*, występująca w dolnym pasie wiązara wzdłużnego od momentu odniesienia, jest przyjmowana przez siły tarcia stykające się z płytą *PL* z dolnym pasem belki poprzecznej i dolnym odcinkiem połączenia spawanego *III*.

Warty uwagi jest wariant połączenia dolnych pasów belek podłużnych i poprzecznych za pomocą blach nakładanych (ryb) za pomocą śrub o dużej wytrzymałości.

W tym przypadku dochodzimy do połączonego spawania śrubowego danego mocowania.

Rysunek 84 przedstawia konstrukcję mocowania belki poprzecznej do głównej jednostki gospodarstwa rolnego za pomocą złączy spawanych montażowo. W części nośnej belki poprzecznej, która jest sztywno przymocowana do zespołu, siła poprzeczna Q i moment obrotowy odniesienia o niepewnej wielkości akt.

Siła poprzeczna jest pochłaniana tylko przez złącze spawalnicze rozgałęzione w kształcie litery T *I* pracujące nad ścinaniem. Połączenie powinno być wykonane z pełnym stopieniem ściany poprzeczki do pełnej grubości z późniejszą obróbką mechaniczną odcinków końcowych (Rysunek 84 a, b).

W tym stanie, wytrzymałość połączenia spawanego *I* można obliczyć przy użyciu wzoru (6.65) na wpływ siły poprzecznej *QII* w przekroju poprzeczki (Rysunek 115).

Jeżeli konieczne jest zwiększenie długości stentu szwu Ish (Rysunek 84), należy opracować kształtowe przedłużenie wysokości *FN*.

Moment obrotowy kotwienia nie jest brany pod uwagę w obliczeniach wytrzymałościowych. Jednak jego wpływ jest brany pod uwagę przy konstruowaniu mocowania sekcji końcowych belki poprzecznej, a w konsekwencji sekcji nośnych. Rozwój wysokości końcowych odcinków belek poprzecznych jest możliwy nie tylko za pomocą kształtek, ale również innych środków, z których jeden jest pokazany na rysunku 85.

WYKAZ LITERATURY

1 Denisov Yu. A. Statystyka budowy układów rdzeniowych i belkowych: podręcznik szkoleniowy. Kurgan: CMI, 1994. 100 c.

2 Evgrafov GK, Bogdanov NN Projektowanie mostów. Moskwa: Transport, 1966.

3 Darkov A. V., Shaposhnikov NN Mechanika budowlana: podręcznik. 11. edycja. er... - Saint-Petersburg : Wydawnictwo Lan, 2008. - – 656 c.

4 Konstrukcje metalowe : edukacyjne dla szkół wyższych / w trakcie edycji.

Y. I. Kudishina. –. 11. edycja, er. - Moskwa: Centrum Wydawnicze Academia, 2008. - – 688 c.

5 Projektowanie mostów metalowych : podręcznik /

A. A. Petropavlovsky i inni; pod redakcją AA Petropavlovsky. - Moskwa: Transport, 1982. - – 320 c.

6 Normy i przepisy budowlane. SNiP 2.05.03-84. Mosty i rury. Rosstandart. Moskwa, 2011.

7 Kozmin Yu. D. Wyniki badań dynamicznych metalowych konstrukcji przęsłowych eksploatowanego mostu kolejowego. Instytut Badawczy Mostów w LIIZhT, komunikat nr 39, Transgeldorizdat, 1956.

8 Obliczanie połączeń spawanych i konstrukcji. Przykłady i problemy / A.N. Serenko, M.N. Krumbolt, K.V. Bagryansky. - Kijów: Szkoła Vishcha, 1977. - – 336 c.

9 Nikolaev G. A., Vinokurov VA Spawane konstrukcje. Obliczenia i projektowanie: edukacyjne. dla uczelni / pod redakcją G. A. Nikolaeva. Moskwa: Vysh. shk. 1990. - – 446 c.

10 Wytrzymałość połączeń spawanych przy zmiennym obciążeniu. UKRAIŃSKA SSR AKADEMIA NAUK. Spawanie elektryczne in-t. E.O. Paton / Ed. I. Trufyakova. - Kijów: Science. dumka, 1990. - – 256 c.

11 Munze, V.H. Wytrzymałość zmęczeniowa spawanych konstrukcji stalowych (w języku rosyjskim) / Per. z języka angielskiego. - Moskwa : Maszynownia, 1968.

12 Specyfikacje techniczne dotyczące projektowania i produkcji spawanych konstrukcji przęsłowych mostów kolejowych. - Moskwa : Transport państwowy. kolej, 1956.

13 Larionov V.P. Elektryczne spawanie łukowe konstrukcji w wersji północnej. - Nowosybirsk: Nauka, 1986.

14 Sala V. Kihara H. et al. Kruche pęknięcia konstrukcji spawanych. Nowy Jork, 1967 / Moskwa: Mashinostroyenie, 1974.

15 Collins J. Uszkodzenia materiałów w konstrukcjach. Analysis, Prediction, Prevention / per English, Moscow : Mir, 1984.

16 Zniszczenie. Tom 5. Calculation of Structures for Brittle Strength / Edited by G. Liebovitz; Moscow : Mashinostroenie, 1977.

17 Mattson E. Korozja elektrochemiczna. /Per. ze Szwecji.; pod redakcją Ya.M. Kolotyrkin - Moskwa : Metalurgia, 1991. - – 158 c.

18 Turner K., Radon J. Pomiar odporności na pęknięcia na stali konstrukcyjnej o niskiej wytrzymałości. /Nowe metody oceny odporności metalu na kruche pękanie. Kolekcja artykułów. /pod redakcją YN Rabotnova. Moskwa: Świat, 1972.

19 Kampyu F. Wpływ naprężeń resztkowych na strukturę. Naprężenia szczątkowe w metalach i konstrukcjach metalowych: kolekcja artykułów (w języku rosyjskim) / Proc. of Intern. R. Osgood. Moskwa, 1957.

20 Forrest, P. Metal Fatigue (w języku rosyjskim) / Per. z angielskiego. - Moskwa : Maszynownia, 1968.

21 Technologia kontroli korozji / Yukhnevich R. et al. - Warszawa, 1973. - Per. z Polski. Chemia, 1978. 304 c.

22 Rosenfeld E. P. Korozja i ochrona metali / (Rozdział IV. Korozja i kwestie projektowe). Moskwa: Metalurgia, 1969. - – 448 c.

23 Koshin I.I. Konstrukcje stalowe. /Zbiór prac naukowych Kujbyszewskiego MISI. Dokumenty budowlane i architektoniczne. 1956. № 10. C. 65.

24 Gorbunov B. N. Lite spawane belki i mosty. - Moskwa, Leningrad; Stroizdat, 1941. - – 140 c.

25 Muhin K. B. Statystyka budynków w przykładach: tutorial. - Moskwa: Szkoła Wyższa, 1972.

26 Spawanie w ZSRR. Tom 2. Teoretyczne podstawy spawania, wytrzymałości i konstrukcji. Produkcja spawalnicza. Moskwa : Nauka, 1981.

27. Nikolaev G. A. Spawanie mostu kolejowego o rozpiętości 45 m na linii Ufa-Ishimbayevo // Avtogennoe Delo. - – 1935. - – № 8.

28 Gordon J.E. Structures, albo dlaczego rzeczy nie pękają /z angielskiego. - Moskwa: Świat, 1980.

29 Evgrafov G.K., Osipov V.O. Konserwacja i rekonstrukcja mostów. - Moskwa : Transport, 1964.

30 Smirnov VA Mosty wiszące o dużych rozpiętościach: podręcznik szkoleniowy dla uniwersytetów. - Drugie wydanie. Przerywacz. - Moskwa: Szkoła Wyższa, 1975.

31 Mosty i tunele kolejowe: podręcznik dla uniwersytetów V Osipov, VG Khrapov itp.; pod redakcją V.V. Osipov. O. Osipova. - Moskwa : Transport, 1988. - – 367 c.

32 Encyklopedyczny Słownik Fizyki / Ed.

A. M. Prochorow - Moskwa: Encyklopedia, 1983. - – 928 c.

33 D.I. Nawrocki Obliczanie konstrukcji spawanych z uwzględnieniem koncentracji naprężeń - Moskwa : Mashinostroenie, 1968. - – 170 c.

34 Denison E., Stuart Y. Jak czytać mosty. Intensywny kurs na temat historii budowy mostu // per. angielski. - Moskwa : "RIPOL Classic", 2012. - – 255 c.

35 Garf E. F., Snisarenko V. V. Opracowanie i zastosowanie konstrukcji spawanych z rur // Spawanie automatyczne. - – 2008. - – C. 32 – 37.

36 Patent na użyteczny model nr 72703. Drążek mostu kratowego. Autorzy: Kazakov S. E., Halloween V. V., Sidorov VK, Timoshenko O. I. Priorytet użytecznego modelu od 02.05.2007 r.

37 Patent na wzór użytkowy nr 59081. Górny pas konstrukcji przęsła mostu metalowego typu kratowego. Autorzy: Kazakov S. I., Antonov S.S. Priorytet użytecznego modelu od 25.07.2006 r.

38 Patent na wzór użytkowy nr 58556. Dolny pas konstrukcji przęsła mostu metalowego typu kratowego. Autorzy: Kazakov S. I., Antonov S.S. Priorytet użytecznego modelu od 25.07.2006 r.

39 Patent na użyteczny model nr 58557. Konstrukcja rozpiętościowa mostu metalowego typu kratowego. Autorzy: Kazakov S. I., Antonov S.S. Priorytet użytecznego modelu od 25.07.2006 r.

40 Patent na użyteczny model nr 59080. Połączenie dolnego pasa konstrukcji przęsłowej metalowego mostu kratowego. Autorzy: Kazakov S. I., Antonov S.S. Priorytet użytecznego modelu od 25.07.2006 r.

41 Patent na użyteczny model nr 59082. Pręt konstrukcji przęsła mostu metalowej kraty. Autorzy: Kazakov S. E., Antonov S. C. Priorytetowy charakter wzoru użytkowego z dnia 25.07.2006 r.

42 Patent na użyteczny model nr 59090. Zespół mocowania poprzecznego typu kratowego. Autor S. Kazakov. I. Priorytet użytecznego modelu od 17.04.2006 r.

43 Patent na użyteczny model nr 61308. Jednostka metalowej farmy. Autor S. Kazakov. I. Priorytet użytecznego modelu od 20.10.2006 r.

44 GOST 20295-85 Rury stalowe spawane do głównych rurociągów gazowych i naftowych. Specyfikacje.

45 GOST 19281-89 Stal walcowana o podwyższonej wytrzymałości. Ogólne specyfikacje techniczne.

46 Patent na wynalazek nr 2291938. Jednostka metalowej farmy. Autorzy: Kazakov S. E. Polukhin M. B. Priorytet wynalazku od 27.06.2005 r.

47 Patent na użyteczny model nr 58135. Jednostka metalowej farmy. Autor S. Kazakov. I. Priorytet użytecznego modelu od 26.06.2006 r.

48 Patent na użyteczny model nr 66370. Jednostka metalowej farmy. Autor S. Kazakov. I. Priorytet użytecznego modelu od 10.04.2007 r.

49 Patent na użyteczny model nr 69876. Jednostka metalowej farmy Bridge. Autor S. Kazakov. I. Priorytet użytecznego modelu z 03.11.2006 r.

50 Patent na użyteczny model nr 78237. Jednostka metalowej farmy Bridge. Autor S. Kazakov. I. Priorytet użytecznego modelu z dnia 18.04.2008 r.

51 Patent na wzór użytkowy nr 59299. System do monitorowania stanu naprężeń i odkształceń metalowego mostu kratowego. Autorzy: Kazakov S. E., Antonov S. C. Priorytetowy charakter wzoru użytkowego z dnia 25.07.2006 r.

52 Patent na użyteczny model nr 59300. System monitorowania stanu naprężeń i odkształceń konstrukcji, na które nałożone są zwiększone wymagania bezpieczeństwa. Autorzy: Kazakov S. E., Antonov S. C. Priorytetowy charakter wzoru użytkowego z dnia 25.07.2006 r.

53 Kazakov S. I. Projektowanie konstrukcji spawanych: podręcznik szkoleniowy. - Kurgan : Wydawnictwo Kurgan State University Publishing House, 2012. - – 175 c.

54 Kazakov S. I. Projektowanie konstrukcji spawanych. - LAP LAMBERT Academic Publishing. Saarbrucken, Deutschland / Niemcy. 2013. - – 386 c.

55 Kazakov S. I. Spawanie i cięcie termiczne metali: podręcznik szkoleniowy. Kurgan : Wydawnictwo Kurgan State University. 2014. - – 365 c.

56 Patent na wynalazek nr 2447980 Metoda laserowego spawania elektrożużlowego. Autor Kazakov S.I. Priorytet wynalazku z 03.06.2010.

FSC
www.fsc.org
MIX
Papier | Fördert gute Waldnutzung
FSC® C083411

Kolibri 360 GmbH
Ferdinand-Jühlke-Straße 7
99095 Erfurt, Deutschland
produktsicherheit@kolibri360.de

Druck:
CPI Druckdienstleistungen GmbH
im Auftrag der
Kolibri 360 GmbH
Ferdinand-Jühlke-Str. 7
99095 Erfurt